住房城乡建设部土建类学科专业"十三五"规划教材
高校建筑电气与智能化学科专业指导委员会规划推荐教材

公共安全技术（第二版）

张九根　王克河　主编
谢秀颖　马小军　主审

U0291357

中国建筑工业出版社

图书在版编目(CIP)数据

公共安全技术/张九根等主编. —2版. —北京：中国建筑工业
出版社，2018.7（2024.11重印）
住房城乡建设部土建类学科专业"十三五"规划教材
高校建筑电气与智能化学科专业指导委员会规划推荐教材
ISBN 978-7-112-22070-0

Ⅰ.①公… Ⅱ.①张… Ⅲ.①智能化建筑-公共安全-安全技术-
高等学校-教材 Ⅳ.①TU89

中国版本图书馆 CIP 数据核字(2018)第 070365 号

本教材依据《高等学校建筑电气与智能化本科指导性专业规范》编写，内容
包括：

第1章公共安全技术概论，介绍公共安全系统的概念、功能与组成，公共安
全技术的发展；第2章公共安全技术原理，介绍公共安全系统的构成，公共安全
系统的前端技术、信息传输技术、信息存储技术、信息显示技术等；第3章和第4
章分别介绍火灾自动报警系统和安全技术防范系统，在介绍各子系统的组成及系统
工作原理的基础上，重点叙述主要设备选择和系统设计的相关要素，即强调工程性；
第5章应急响应系统，包括建筑应急响应系统和城市应急联动系统；第6章公共安
全系统机房、供配电、防雷与接地。

本教材编写力求结构体系体现新颖性、课程目标强调工程性、具体内容突出
先进性。

本教材是高等学校建筑电气与智能化学科专业指导委员会规划推荐教材，亦
可作为智能建筑工程设计、技术咨询、工程招投标人员的参考书。

如果需要本书配套课件，请发邮件至 jckj@cabp.com.cn，电话：010-
58337285，建工书院http://edu.cabplink.com。

责任编辑：张 健 王 跃 齐庆梅
责任校对：刘梦然

住房城乡建设部土建类学科专业"十三五"规划教材
高校建筑电气与智能化学科专业指导委员会规划推荐教材

公共安全技术
（第二版）

张九根 王克河 主编
谢秀颖 马小军 主审

*

中国建筑工业出版社出版、发行（北京海淀三里河路 9 号）
各地新华书店、建筑书店经销
北京科地亚盟排版公司制版
建工社（河北）印刷有限公司印刷

*

开本：787×1092 毫米 1/16 印张：14 字数：346 千字
2018 年 5 月第二版 2024 年 11 月第十次印刷
定价：**30.00 元**（赠教师课件）
ISBN 978-7-112-22070-0
（31875）

教材编审委员会

主　　任：方潜生

副主任：寿大云　任庆昌

委　　员：（按姓氏笔画排序）

　　　　　于军琪　王　娜　王晓丽　付保川　杜明芳

　　　　　李界家　杨亚龙　肖　辉　张九根　张振亚

　　　　　陈志新　范同顺　周　原　周玉国　郑晓芳

　　　　　项新建　胡国文　段春丽　段培永　郭福雁

　　　　　黄民德　韩　宁　魏　东

序

自 20 世纪 80 年代智能建筑出现以来，智能建筑技术迅猛发展，其内涵不断创新丰富，外延不断扩展渗透，已引起世界范围内教育界和工业界的高度关注，并成为研究热点。进入 21 世纪，随着我国国民经济的快速发展，现代化、信息化、城镇化的迅速普及，智能建筑产业不但完成了"量"的积累，更是实现了"质"的飞跃，已成为现代建筑业的"龙头"，为绿色、节能、可持续发展做出了重大的贡献。智能建筑技术已延伸到建筑结构、建筑材料、建筑能源以及建筑全生命周期的运营服务等方面，促进了"绿色建筑"、"智慧城市"日新月异的发展。

坚持"节能降耗、生态环保"的可持续发展之路，是国家推进生态文明建设的重要举措。建筑电气与智能化专业承载着智能建筑人才培养的重任，肩负着现代建筑业的未来，且直接关系到国家"节能环保"目标的实现，其重要性愈加凸显。

全国高等学校建筑电气与智能化学科专业指导委员会十分重视教材在人才培养中的基础性作用，多年来下大力气加强教材建设，已取得了可喜的成绩。为进一步促进建筑电气与智能化专业建设和发展，根据住房和城乡建设部《关于申报高等教育、职业教育土建类学科专业"十三五"规划教材的通知》（建人专函［2016］3号）精神，建筑电气与智能化学科专业指导委员会依据专业标准和规范，组织编写建筑电气与智能化专业"十三五"规划教材，以适应和满足建筑电气与智能化专业教学和人才培养需求。

该系列教材的出版目的是为培养专业基础扎实、实践能力强、具有创新精神的高素质人才。真诚希望使用本规划教材的广大读者多提宝贵意见，以便不断完善与优化教材内容。

全国高等学校建筑电气与智能化学科专业指导委员会
主任委员
方潜生

第二版前言

《公共安全技术》是在全国高等学校建筑电气与智能化学科专业指导委员会指导下，根据建筑电气与智能化专业规范要求编写的专业核心课程教材，2014年出版以来受到各有关专业教师的好评。本教材系统、全面地展现了公共安全技术的概念、原理、系统、工程设计与应用规范等，形成一个体系。

本书第二版修订，广泛收集了教材使用者以及相关专家的意见和建议，修订重点是：原理性内容上反映新技术应用，设计性内容上符合新规范要求；增加智慧城市相关内容；解决前后内容衔接上的一些问题。具体修订内容说明如下：

1. 按《智能建筑设计标准》GB 50314—2015 的定义，微调"公共安全技术"定义，将"应急联动系统"改为"应急响应系统"，第5章标题相应作修改。

2. 第1章，修改了公共安全系统中相关概念；增加了燃烧的基本原理，对火灾自动报警系统的概念作了广义和狭义的描述；修改了智慧城市的概念。

3. 第2章，章首的概念性内容按新规范作修改；第2.3节前端技术第3小节中视频探测技术增加了CMOS视频传感器和摄像机的内容；第2.3节信息传输技术第2小节中视频信号的传输方式补充了数字视频信号的传输内容。

4. 第3章，第3.1节标题改为火灾自动报警系统组成与工作原理，按广义概念介绍系统组成，增加了系统工作原理；第3.3节标题改为消防设施联动控制，结构上由原来8小节按各消防设施分别介绍，调整为2小节：消防设施及其工作原理、消防设施联动控制原理，内容上增加了部分消防设施控制电路图的分析；原3.9节火灾自动报警系统的性能化设计改为性能化防火设计简介；原3.7节电气火灾监控系统设计和3.8节可燃气体探测报警系统设计合并为火灾预警系统；取消原3.6节消防应急照明与疏散指示系统设计；增加消防设备电源监控系统。

5. 第4章，调整部分名词概念，删减了工作原理性内容，扩充了设备性能及适用场合等应用性内容；第4.1节补充了日夜型摄像机、网络摄像机和硬盘录像机等内容；第4.2节增加常用入侵探测器设备技术参数比较；第4.6节增加车牌识别设备、不同类型停车场配置要求；增加了实践性强的思考题和习题。

6. 第5章，标题改为应急响应系统，内容作相应修改；第5.1节标题和内容均按最新标准作修改，增加了5.1.4节紧急广播系统与信息发布与疏散导引系统的联动；第5.2节标题改为城市应急联动系统概述，合并原5.2.1和5.2.2小节，删去了5.2.5小节。

7. 第6章，按最新规范修改了部分内容。

8. 增加了参考文献，删去规范标准的年号。

需要说明的是，作为一门专业课的教材，本书力求新颖性、工程性、先进性。在介绍各子系统的组成及系统工作原理的基础上，重点叙述主要设备选择和系统设计的相关要素，即强调工程设计方法；在技术上和相关设计规范的应用上力图体现先进性。但是，高新技术发展日新月异，高新技术产品层出不穷，新技术和新产品的推广应用速度越来越快，设计规范标准的修订周期越来越短，教材的滞后性无法避免。因此，使用本教材时，除掌握教材所提供的基本概念、基本原理和基本方法外，还要了解有关技术的发展、关注设计规范的修订，特别注意不能把本教材当作规范、标准来使用。

本版第1、5章由何毅修订，第2章由林昕修订，第3、6章由张九根修订，第4章由王克河修订。

感谢山东建筑大学谢秀颖教授和南京工业大学马小军教授为本书审稿并对修订稿提出宝贵意见；感谢华东交通大学、哈尔滨学院、南京工程学院、内蒙古科技大学、西安建筑大学等学校的老师们参加本书修订意见征求会，指出了第一版书中的问题，并对修订提供了好的建议；感谢一位未留名的老师通过出版社转来的修订建议；感谢第一版副主编张永坚老师为本书做的贡献。

限于作者水平有限，加之编写时间仓促，书中难免有不足或不妥之处，敬请读者赐教。

编者

2018年2月

第一版前言

公共安全系统（public security system）是为维护公共安全，综合运用现代科学技术，以应对危害社会安全的各类突发事件而构建的技术防范系统或保障体系。公共安全系统对火灾、非法侵入、自然灾害、重大安全事故和公共卫生事故等危害人们生命财产安全的各种突发事件，建立起应急及长效的技术防范保障体系；并具有以人为本、平战结合、应急联动和安全可靠的功能。公共安全系统一般包括火灾自动报警系统、安全技术防范系统和应急联动系统等。

公共安全系统是智能建筑的主要子系统，对应地，"公共安全技术"是建筑电气与智能化专业的专业核心课程，是建筑智能化工程知识领域的核心知识单元，其主要内容包括：公共安全系统、安全技术防范系统、火灾自动报警系统、应急联动系统、消防联动系统、消防—建筑设备联动系统、公共安全系统集成技术、城市区域联网安防系统。

本教材依据《高等学校建筑电气与智能化本科指导性专业规范》编写，内容安排如下：

第1章公共安全技术概论，包括公共安全系统的概念、功能与组成，公共安全技术的发展。

第2章公共安全技术原理，包括公共安全系统构成、前端技术、信息传输技术、信息存储技术和信息显示技术。

公共安全系统中的火灾自动报警系统和安全技术防范系统的各相关子系统，其结构体系都包括前端、传输、信息处理/控制/管理和显示/记录/执行四大单元。不同（功能）的子系统，只是各单元的具体内容有所不同。基于此，将火灾自动报警系统和安全技术防范系统的上述四大单元的主要技术统一做原理性的叙述，是本书编写的特色之一。

第3章火灾自动报警系统，包括系统组成与类型、火灾探测报警系统、消防联动控制系统、家用火灾报警系统、电气火灾监控系统、可燃气体探测报警系统、火灾自动报警系统的性能化设计。

第4章安全技术防范系统，包括视频安防监控系统、入侵报警系统、出入口控制系统、访客对讲系统、电子巡查系统、停车场管理系统、安全技术防范系统集成与综合管理、住宅小区安全防范系统。

第5章应急联动系统，包括建筑应急联动系统和城市应急联动系统。此部分在以往的教材中鲜有系统介绍，尤其是纳入地区应急联动体系已经是正在兴起的智慧城市的重要组成部分，故独立为一章。

第6章公共安全系统机房、供配电、防雷与接地。火灾自动报警系统的监控中心宜独立设置，但与安防系统监控中心合并设置越来越普遍，故合并在一起叙述。火灾自动报警系统、安全技术防范系统和应急联动系统的供电、防雷与接地的要求基本相同，也合并在一起叙述。

本教材编写力求新颖性、工程性、先进性。

新颖性——一般"消防"和"安防"分别成书,即使合编,也是简单拼接。本教材体系安排抓住"消防"和"安防"技术核心——信息处理技术的应用,从原理上介绍公共安全系统中的技术。

工程性——在介绍各子系统的组成及系统工作原理的基础上,重点叙述主要设备选择和系统设计的相关要素,即强调工程设计方法,这也是本书的一大特色。

先进性——主要体现在技术上和相关设计规范的应用上。

此外,尚需说明的是,曾有一位前辈讲过,编写教材要做到"天衣有缝",意思是不要面面俱到,要有取有舍、留有余地,给读者思考的空间。本教材在内容范围和深度的把握上、思考题的设置上力图遵循这样的思想。

本书由南京工业大学、山东建筑大学、南京三江学院联合编写,第1、5章由何毅编写、第2章由林昕编写、第3、6章由张九根编写、第4章由张永坚编写,全书由张九根统稿。

感谢山东建筑大学谢秀颖教授和南京工业大学马小军教授为本书审稿。

限于作者水平有限,加之编写时间仓促,书中难免有不足或不妥之处,敬请读者赐教。

目　录

第1章　公共安全技术概论

公共安全技术（public security technology）是为维护公共安全，运用现代科学技术，以应对危害社会安全的各类突发事件而构建的综合技术防范系统或安全保障体系。本书将主要讨论建筑智能化领域的公共安全系统，该系统主要包括火灾自动报警系统、安全技术防范系统和应急响应系统等部分。

本章将在概述公共安全系统的基本概念、火灾自动报警系统和安全技术防范系统等内容的基础上，分析公共安全技术的现状及发展趋势。最后，对智慧城市框架背景下的公共安全系统进行介绍。

1.1　公共安全系统概述

1.1.1　公共安全系统的基本概念

1. 安全

根据现代汉语词典的解释，所谓"安全"就是没有危险、不受侵害、不出事故。中文所说的"安全"，在英文中有"Safety"和"Security"两种解释。牛津大学出版的《现代高级英汉双解辞典》对"Safety"一词的主体解释是：安全、平安、稳妥；保险（锁）、保险箱等。而对"Security"一词的主体解释是：安全、无危险、无忧虑；提供安全之物，使免除危险或忧虑之物；抵押品，担保品；安全（警察），安全（部队）等。

实际上，中文所讲的"安全"是一种广义的安全，它包括两层涵义：一是指自然属性或准自然属性的安全，对应英文中的"Safety"，他的被破坏主要不是由于人的有目的的参与而造成的，而是由自然灾害事故（如水、火、震灾等）或准自然灾害事故（如产品设计缺陷、环境、卫生条件恶化等）所产生的对安全的破坏；二是指社会人文性的安全，即有明显人为属性的安全，它与英文中"Security"相对应，他的被破坏主要是由于人的有目的的参与而造成的，如入侵盗窃、抢劫、破坏等刑事犯罪等。因此广义地讲，"安全"应该包括"Safety"和"Security"两层含义。

2. 公共安全

公共安全是指公民、个人和社会的安全，指公民个人和社会从事正常的生活、学习、工作、娱乐、交往所必需的稳定的外部环境和秩序；指多数人的生命、健康、公私财产、民主权利和自我发展有可靠的保障，最大限度地避免各种灾难的伤害。

公共安全的范畴主要包括信息安全、食品安全、公共卫生安全、公众出行安全、避难者行为安全、人员疏散的场地安全、建筑公共安全、城市生命线安全、恶意和非恶意的人身安全和人员疏散等。

其中，信息安全是指为数据处理系统而采取的技术的和管理的安全保护，保护计算机硬件、软件、数据不因偶然的或恶意的原因而遭到破坏、更改或显露。信息安全本身包括的范围很广，大到国家军事政治等机密安全，小到如防范商业企业机密泄露、防范青少年对不良信息的浏览、个人信息的泄露等。信息安全主要包括以下五方面的内容，即需保证信息的保密性、真实性、完整性、未授权拷贝和所寄生系统的安全性。信息安全是一门涉及计算机科学、网络技术、通信技术、密码技术、信息安全技术、应用数学、数论、信息论等多种学科的综合性学科。

3. 公共安全系统

公共安全系统（public security system）是智能建筑一个主要的子系统。《智能建筑设计标准》GB 50314—2015 中给出的定义是：公共安全系统是为维护公共安全，运用现代科学技术，具有以应对危害社会安全的各类突发事件而构建的综合技术防范或安全保障体系综合功能的系统。其功能是：应有效地应对建筑内火灾、非法侵入、自然灾害、重大安全事故等危害人们生命和财产安全的各种突发事件，并应建立应急及长效的技术防范保障体系；应以人为本、主动防范、应急响应和严实可靠。公共安全系统包括火灾自动报警系统、安全技术防范系统和应急响应系统等。

火灾自动报警系统（automatic fire alarm system）是探测火灾早期特征、发出火灾报警信号，为人员疏散、防止火灾蔓延和启动自动灭火设备提供控制与指示的消防系统。火灾自动报警系统包括火灾探测报警系统、消防联动控制系统、可燃气体探测报警系统和电气火灾监控系统等。

安全技术防范系统（security & protection system）是以维护社会公共安全为目的，运用技防产品和其他相关产品所构成的入侵和紧急报警系统、视频安防监控系统、出入口控制系统、防爆安全检查系统等，或由这些系统组合或集成的电子系统或网络。安全技术防范系统一般由安全防范综合管理系统和若干个相关子系统组成，民用建筑及通用工业建筑中较常用子系统包括：入侵和紧急报警系统、视频安防监控系统、出入口控制系统、电子巡查系统、访客对讲系统、停车库（场）管理系统及各类建筑物业务功能所需的其他相关安全技术防范系统。

应急响应系统（emergency response system）是为应对各类突发公共安全事件，提高应急响应速度和决策指挥能力，有效预防、控制和消除突发公共安全事件的危害，具有应急技术体系和响应处置功能的应急保障机制或履行协调指挥职能的系统。

1.1.2 火灾自动报警系统

1. 燃烧的基本原理

火灾是一种违反人们意志，在时间和空间上失去控制，并给人类带来灾害的燃烧现象。

（1）燃烧本质

通常，人们所看到的燃烧现象，大多是可燃物质与空气（氧）或其他氧化剂进行剧烈反应而发生的放热发光现象。

燃烧通常伴有火焰、发光和/或发烟的现象。燃烧区的温度较高，使其中白炽的固体粒子和某些不稳定（或受激发）的中间物质分子内电子发生能级跃迁，而发出各种波长的光。发光的气相燃烧区就是火焰，它的存在是燃烧过程中最明显的标志。由于不完全燃烧等原因，燃烧产物中会混有一些微小颗粒，这样就形成了烟。

本质上讲，燃烧是一种可燃物与氧化剂作用发生氧化反应。若反应速率低，产生的热量又随时散失，没有发光现象，则为一般氧化反应；若反应剧烈，瞬时放出大量的热和光，则成为燃烧。故燃烧的基本特征表现为：放热、发光、发烟、伴有火焰等。

近代链式反应理论认为燃烧是一种游离基的链式反应（也称链锁反应），即化合物或单分子中的共价键在外界因素（如光、热）的影响下，裂解成化学活性非常强的原子或原子团——游离基（也称自由基），在一般条件下这些原子或原子团容易自行结合成分子或与其他物质分子反应生成新的游离基。反应物产生少量新的游离基时，即可发生链式反应。反应一经开始，许多链式步骤就自行发展下去，直至反应物裂解完为止。如氢在空气中的燃烧反应：

$$H_2 + 能量 \longrightarrow 2H^+$$
$$H^+ + O_2 \longrightarrow O^{2-} + OH^-$$
$$OH^- + H_2 \longrightarrow H_2O + H^+$$
$$O^{2-} + H_2 \longrightarrow OH^- + H^+$$

从上述反应式可以看出，游离基有氢原子、氧原子及羟基，反应过程中每一步都取决于前一步生成的物质，故称这种反应为链式反应。

（2）燃烧条件

燃烧必须具备三个条件：可燃物、氧化剂和温度，用图形表示称为燃烧三角形，如图 1-1（a）所示。对有焰燃烧，因燃烧过程中存在未受抑制的游离基作为中间体（即链式反应），故有焰燃烧的条件应增加链式反应，即形成燃烧四面体，如图 1-1（b）所示。

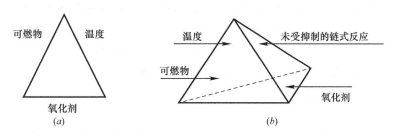

图 1-1　燃烧的必要条件

1）可燃物

凡能与空气中的氧或其他氧化剂起化学反应的固体、液体、气体物质称为可燃物。常见的可燃物有木材、纸张、汽油、酒精、氢气、乙炔气等。

2）氧化剂

能帮助和支持可燃物燃烧的物质，即能与可燃物发生氧化反应的物质称为氧化剂，如氧、氟、氯等。

3）温度

温度即为引火源，是供可燃物和氧化剂发生燃烧反应的能量来源。常见的是热能，其他还有由化学能、电能、机械能等转变而来的热能。燃烧反应可以通过用明火点燃处于空气（或氧气）中的可燃物或通过加热处于空气（或氧气）中的可燃物来实现。

4）链式反应

大多数有焰燃烧都存在链式反应。

具备了燃烧的必要条件，并不等于燃烧必然发生。在各种必要条件中，还有一个"量"的概念，即发生燃烧或持续燃烧的充分条件。

① 一定的可燃物浓度

可燃气体或蒸气只有达到一定浓度才会发生燃烧。如车用汽油在−38℃以下，甲醇在7℃以下时均不能达到燃烧所需的浓度，此时，虽有足够的氧气和明火，仍不能发生燃烧。

② 一定的氧气含量

可燃物发生燃烧有最低含氧量要求，低于这一浓度，虽然燃烧的其他条件已具备，燃烧仍不会发生，如汽油的最低氧含量要求为 14.4%，煤油为 15%。

③ 一定的点火能量

可燃物发生燃烧有最小点火能量要求，达到这一强度要求时才会引起燃烧反应，如汽油的最低点火能量为 0.2mJ。

④ 不受抑制的链式反应

对于无焰燃烧，以上三条件同时存在、相互作用，燃烧就会发生。对于有焰燃烧，除以上三条件外，燃烧过程中存在未受抑制的游离基，形成链式反应，燃烧才能持续下去。故不受抑制的链式反应也是有焰燃烧的充分条件之一。

（3）燃烧类型

1）闪燃

在一定温度下，易燃与可燃液体（固体）表面上产生足够的可燃蒸气，遇火能产生一闪即灭的短促燃烧现象，称为闪燃。

在规定的试验条件下，液体（固体）表面能产生闪燃的最低温度称为闪点，如汽油闪点为−50℃、乙醇 12.8℃、松木 240℃、聚乙烯 340℃。闪点是衡量物质火灾危险性的重要参数。在消防工作中，以闪点的高低作为评价液体火灾危险性的依据。闪点越低的液体，其火灾危险性就越大。根据闪点可对液体生产、加工、储存的火灾危险性进行分类，进而采取相应的防火安全措施。

2）着火

可燃物质与空气共存，达到某一温度或与火源接触即发生燃烧，并在火源移去后仍能继续燃烧，直至可燃物燃尽为止，这种持续燃烧的现象叫着火。可燃物质开始持续燃烧所需要的最低温度叫燃点。如松木燃点 250℃、聚乙烯 341℃。

一切可燃液体的燃点都高于其闪点。控制可燃物质的温度在燃点以下，也是预防火灾发生的措施之一。

3）自燃

可燃物质在空气中连续均匀地加热到一定的温度，在没有外部火花、火焰等火源的作用下，能够发生自动燃烧的现象叫做受热自燃。

可燃物质受热发生自燃的最低温度叫自燃点。在这一温度时，可燃物质与空气接触，不需要明火源的作用就能自动发生燃烧。如汽油自燃点 415℃～530℃，木材 250℃～350℃，聚乙烯 520℃。

可燃物质自燃点不是固定不变的，它主要取决于氧化时所放出的热量和向外导出的热量。液体与气体可燃物（包括受热时能熔融的固体）的自燃点还受到压力、浓度、含氧量、催化剂等因素的影响；固体可燃物自燃点与固体粉碎颗粒的大小、分解产生的可燃气体数量及受热时间长短等因素有关。

引起物质受热自燃的因素主要有：接触灼热物体、直接用火加热、摩擦生热、化学反应、高压压缩、热辐射作用等。有些空气中的可燃物质，在远低于自燃点的温度下自燃发热，且这种热量经过长时间的积蓄使物质达到自燃点而燃烧，这种现象叫做物质的本身自燃。物质本身自燃发热的原因有物质的氧化生热、分解生热、吸附生热、聚合生热和发酵生热。物质的本身自燃和受热自燃，两种现象的本质一样，只是热的来源不同，因此两者可以统称为自燃。

4）爆炸

物质发生急剧氧化或分解反应，使其温度、压力增加或使两者同时增加的现象，称为爆炸。在爆炸时，势能（化学能或机械能）突然转变为动能，有高压气体生成或释放出高压气体，且这些高压气体随之作机械功，如移动、改变形状或抛射周围物体。

爆炸按爆炸物质在爆炸过程中的变化，可分为物理爆炸、化学爆炸。物理爆炸是由于液体变成蒸气或者气体迅速膨胀，压力急速增加，并大大超过容器的极限压力而发生的爆炸，如蒸汽锅炉、液化气钢瓶等的爆炸。化学爆炸是因物质本身起化学反应，产生大量气体和高温而发生的爆炸，如炸药的爆炸、可燃气体与空气混合物的爆炸等。

消防工作中，对可燃气体、蒸气、粉尘环境的火灾爆炸危险性，用爆炸极限来判定，进而采取相应的防范措施。爆炸极限（又称爆炸浓度极限或燃烧极限或火焰传播极限）是可燃气体、蒸气或粉尘与空气混合后，遇火源产生爆炸的浓度范围，通常以体积百分比表示，最低浓度为爆炸下限（%LEL，low explosive limit），最高浓度为爆炸上限（%UEL，upper explosive limit）。如甲烷的爆炸极限在空气中为 5%～15%、在氧气中为 5.4%～60%，一氧化碳的爆炸极限在空气中为 12.5%～74%、在氧气中为 15.5%～94%。

2. 火灾发展过程

火灾发生、发展的整个过程是非常复杂的，影响因素也很多，但通过对燃烧理论的研究发现，热量传播伴随在火灾发生、发展的整个过程，是影响火灾发展的决定性因素，而且热量传播的三种途径（传导、对流和辐射）在火灾发展的各个阶段起的作用也各不相同。下面以建筑室内火灾为例介绍火灾的发展和蔓延。

根据室内火灾温度随时间的变化特点，可以将火灾的发展过程分为三个阶段，即火灾初期增长阶段、火灾充分发展阶段、火灾减弱阶段，如图 1-2 所示。

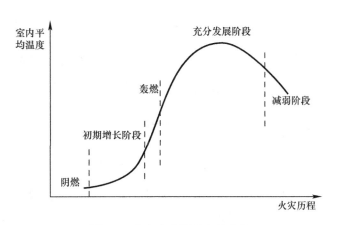

图 1-2　室内火灾温度变化曲线

（1）初期增长阶段

火灾燃烧范围不大，火灾仅限于初始起火点附近，室内温度差别大，在燃烧区域及其附近存在高温，室内平均温度低；火灾发展速度较慢，在发展过程中火势不稳定；火灾发展时间因点火源、可燃物质性质和分布、通风条件影响长短差别很大。

若房间通风足够好，火灾将逐渐发展为"轰燃"——室内所有可燃物都将起火。

（2）充分发展阶段

燃烧强度仍在增加，热释放速率逐渐达到某一最大值，室内温度经常会升到800℃以上，因而可严重损坏室内设备及建筑物本身的结构，甚至造成建筑物的部分毁坏或全部倒塌。另外，高温烟气还会携带着相当多的可燃组分从起火室的开口窜出，引起邻近房间或相邻建筑物起火。

（3）减弱阶段

火灾逐渐减弱，可燃物的挥发组分大量消耗而使燃烧速率减小。随后明火燃烧无法维持，可燃固体变为赤热的焦炭。这些焦炭按碳燃烧的形式继续燃烧，不过燃烧速率已比较缓慢。由于燃烧放出的热量不会很快散失，室内平均温度仍然较高，在焦炭附近还会存在局部相当高的温度区。

若火灾尚未发展到减弱阶段就被扑灭，可燃物还会发生热分解，而火区周围的温度在一段时间内还会比平时高很多，可燃挥发组分还可以继续析出。如果达到了足够高的温度与浓度，还会再次出现明火燃烧。

3. 火灾发展与消防

建筑物发生火灾后人们一定会采取多种消防行动来抗御火灾。这些行动或多或少会影响火灾的发展，从而使有些火灾在初期即被扑灭，或者不会达到充分发展阶段（旺盛期）。采取的消防行动越及时、越合理，越有助于保护建筑物内人员与财产的安全，并使建筑本身少受损失。各种消防对策对于控制和扑救火灾都有着重要的作用，它们分别以不同的方式，在火灾的不同阶段，对火灾的发展进程产生影响。例如，在火灾早期启动喷水灭火，对控制室内温度的升高很有效，于是室内可能不会出现轰燃阶段，并且火灾也会较快被熄灭。在建筑火灾中，各种防治火灾对策的应用都应当参照火灾的发生、发展过程加以考虑，如图1-3所示。

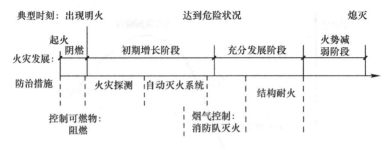

图1-3　火灾发展过程与相应消防对策

控制起火是防止或减少火灾损失的第一个关键环节，为此应当了解各类可燃材料的着火性能，将其控制在危险范围之外。在防火设计过程中，不仅需要严格控制建筑物内火灾荷载密度，而且必须重视材料的合理选用。对那些容易着火的场所或部位采用难燃材料或不燃材料，而通过阻燃技术改变某些可燃或易燃材料的燃烧性能也是一种基本的阻燃手段。

火灾自动探测报警是防治火灾的另一关键环节，该系统可在火灾初期发挥作用。在发生火灾的早期，准确地探测到火情并迅速报警，不仅可为人员的安全疏散提供宝贵的报警信息，而且可通过联动启动有关消防设施来扑灭或控制早期火灾。自动喷水灭火系统是当前广泛应用的一种自动灭火设施，它可及时将火灾扑灭在早期或将火灾的影响控制在限定范围内，并能有效保护室内的某些设施免受损坏。对于某些使用功能或存储物品比较特殊的场合，还应根据具体情况选择其他适用的灭火系统。

对于大型建筑、高层建筑和地下建筑等现代建筑来说，使用自动消防系统对控制火灾的增长具有特别重要的意义。这些建筑中往往都有较大的火灾荷载，且火灾发展迅速。单纯依靠外来消防队扑灭火灾，往往会延误时机。加强建筑物的火灾自防自救能力已成为现代消防的基本理念。自动火灾探测和灭火系统是实现这种功能的两种基本手段。由于火灾的类型不同，扑灭火灾的具体技术也有较大的差别，在特定的场合应当选用与该场合相适应的灭火系统。

在建筑火灾中，防止烟气的蔓延是一个极为重要的问题，主要是因为烟气可对楼内人员的安全构成严重威胁。因此，必须在烟气达到对人员构成危险之前就将他们撤离到安全地带。有效控制烟气的蔓延也是迅速灭火的基本条件，另外对于保护财产也具有重要意义。建筑物内的许多设施，如电子仪器、通信设备、生化材料等受到烟熏后，它们的工作性能也会受到极大的影响。

许多建筑火灾经常可以发展到轰燃阶段，在这种情况下保住建筑物整体结构的安全便成为火灾防治的主要目标，为此应当保证建筑物的构件具有足够强的耐火性能，所以认真核算相关构件的耐火极限是防火安全工程的又一重要内容。

建立良好的消防监控中心或通信指挥中心是实现多种消防技术综合集成的关键一环。缺乏强有力的统一管理和控制，难以保证各类消防系统的有效协同运作。此外，消防队接到报警后的快速反应也具有重要意义，对于轰燃后的大火，一般需要专业的消防队来扑救。他们到达火场的时间越快，就越有利于控制火灾。因此，加强消防通信和指挥系统、提高消防队伍的快速反应能力是增强城市防火安全的主要因素。

4. 消防方针

火，给人类带来文明、光明和温暖，但是失去控制的火，也常常给人类带来灾难。人类使用火的历史与同火灾作斗争的历史相伴相生。消防工作是人类在同火灾作斗争过程中逐步形成和发展起来的一项专门工作，是社会和经济发展的重要安全保障。在总结长期以来人类同火灾做斗争的基本经验基础上，根据消防工作的客观规律，我国在消防法规中提出了"预防为主，防消结合"的消防工作方针。它准确地表达了"防"的重要性和"防"与"消"的辩证关系。

"预防为主"，就是在消防工作的指导思想上把预防火灾的工作摆在首位，动员全社会力量，依靠广大群众贯彻和落实各项防火的行政措施、组织措施和技术措施，从根本上防止火灾的发生。无数事实证明，尽管完全避免发生火灾是不可能和不现实的，但只要人们有较强的消防安全意识，自觉遵守和执行消防法律、法规和规章以及国家消防技术标准，大多数火灾是可以预防的。"防消结合"，是指同火灾作斗争的两个基本手段——预防火灾和扑救火灾必须有机地结合起来，即在做好防火工作的同时，要大力加强消防队伍和消防设施的建设，积极地做好各项灭火准备，一旦发生火灾，能够迅速有效地灭火和抢救，最大限度地减少火灾所造成的人身伤亡和物质损失。防火和灭火是一个问题的两个方面，是辩证统一、相辅相成、有机结合的整体，只有认识到这一点，才能同火灾做有效的斗争。

5. 建筑消防系统

建筑消防系统是为建筑物的火灾预防和火灾扑灭建立一套完整、有效的保障体系，以提高建筑物的安全水平。建筑消防系统的建立涉及人和物两个方面的因素。对于人的因素来说，要进行消防培训和教育，提高其消防意识和技能；在日常工作和生活中培养良好的消防意识和习惯，减少火灾发生的隐患；发生火灾时能及时组织起来，正确使用消防设施，安全、迅速地撤离火场等。对于物的因素来说，就是要建立起相应的安全保障设施和系统，即要能及时发现火灾，提供各种设备及时投入灭火行动，保证人员和重要物资快速、安全地疏散；尽量在火灾初期阶段即将其扑灭，减少人员伤亡和财产损失。在现代建筑中，由于其功能越来越复杂，使用的材料类型日益增多，建筑结构方式千变万化，建筑高度不断增加，这些因素使得消防安全面临更多的困难，因此需要采用多种形式的消防系统一起联合工作，才能达到一定的消防安全水平。建筑消防系统主要包含以下几个部分。

（1）建筑防火

建筑防火的任务是从本质安全化着手，在假想失火条件下，尽量抑制火情的发展，控制火势的传播和蔓延。在建筑设计时，应从以下几方面考虑：

1）尽量选用非燃、难燃性建筑材料，减小火灾荷载，即可燃物数量。

2）在布置建筑物总平面时，保证必要的防火间距，减小火源对周围建筑的威胁，切断火灾蔓延途径。

3）在建筑物内的平面和竖向方向合理划分防火分区，各分区间用防火墙、防火卷帘门、防火门等进行分隔，一旦某一分区失火，可将火势控制在本防火分区内，不致蔓延到其他分区，以减小损失并便于扑救。

4）合理设计疏散通道，确保火灾时灾区人员安全逃生。

5）合理设计承重构件及结构，保证建筑构件有足够的耐火极限，使其在火灾中不致倒塌、失效，确保人员疏散及扑救安全，防止重大恶性倒塌事故的发生。

6）在布置建筑物总平面时，还应保留足够的消防通道，便于城市消防车辆靠近着火建筑展开扑救。

（2）火灾自动报警系统

火灾发生后，能被及早地发现，是为灭火和人员疏散赢得宝贵时机的重要条件，早一秒钟发现火灾，就多一分主动，多一分安全。火灾的监测可以通过设置在各部位的火灾探测器、手动报警按钮等装置来实现，也可以由人员直接通信报警。火灾探测器主要通过探测保护范围内空气中烟气的浓度和空气温度来判断有无火灾，当探测值达到预定的报警值时，发出火灾报警信号，并传送给集中的消防控制系统。

（3）火灾事故广播与疏散指示系统

火灾被确认后，即应当将发生火灾的消息迅速通知危险区域的人群，在火情还不严重时将人员转移离开。但没有组织的疏散容易引起混乱，加上火灾现场情况复杂，能见度低，人员心情慌乱，往往不能沿着正确的路线撤离。因此，火灾现场人员的疏散特别需要清晰、明确的引导，这些任务都可由火灾事故广播与疏散指示系统完成。

（4）灭火系统

在发生火灾之后，应及时将其扑灭。如果把维持燃烧所必须具备的条件之一破坏，燃烧就不能继续进行，火就会熄灭。因此，灭火就是破坏燃烧条件，使燃烧反应中止的措施。灭火方法可归纳为冷却、窒息、隔离和化学抑制四种。前三种灭火方法是通过物理过程进行灭火，后一种方法是通过化学过程灭火。灭火系统都是通过上述四种作用的一种或综合作用而扑灭火灾的。

1）冷却剂灭火系统

可燃物燃烧的条件之一，是在火焰和热的作用下达到燃点，裂解、蒸馏或蒸发出可燃气体，使燃烧得以持续。若将可燃固体冷却到自燃点以下，火焰就将熄灭；将可燃液体冷却到闪点（指在规定的试验条件下，液体挥发的蒸气与空气形成的混合物，遇火源能够闪燃的液体最低温度）以下，并隔绝外来的热源，可燃液体不能挥发出足以维持燃烧的气体，火灾就会被扑灭。冷却性能最好的灭火剂，首推是水。水具有较大的热容量和很高的汽化潜热，冷却性能很好。建筑水消防设备不仅投资少，操作方便，灭火效果好，管理费用低，且冷却性能好，是冷却法灭火的主要灭火设施，在建筑消防中得到了最普遍的应用。

水消防系统有两种基本形式：室内消火栓系统和自动喷淋系统。室内消火栓供灭火人员手工操作使用，使用初期由屋顶水箱自动供水，也可由水泵抽吸消防水池中的蓄水来供应使用；自动喷淋系统能够自动工作，喷淋头感受到的室内温度达到一定设定值时，即可自动喷水，使火熄灭，这样就缩短了系统反应时间，在火灾初起时即将其扑灭，提高了灭火效率。

2）窒息法灭火系统

可燃物燃烧都必须具有维持燃烧所需的最低氧浓度，低于这个浓度，燃烧就不能继续，火灾即被扑灭。如碳氢化合物的气体或蒸气通常在氧浓度低于 15% 时即不能维持燃烧。

降低空气中的氧浓度的窒息法灭火，采用的灭火剂一般有二氧化碳、氮气等。重要的计算机房、贵重设备间可设置二氧化碳灭火设备来扑救初起火灾，高温设备间可采用蒸气灭火设备，重油储罐可采用烟雾灭火设备，石油化工等易燃、易爆设备可采用氮气保护，以便及时控制或扑灭初期火灾，减少损失。

3）隔离法灭火系统

可燃物为燃烧反应提供基本条件。若把可燃物与火焰、氧气隔离开来，燃烧即告停止，火灾也就被扑灭。

石油化工装置及其输送管道（特别是气体管路）发生火灾时，关闭易燃、可燃液体的来源，将易燃、可燃液体或气体与火焰隔开，残余易燃、可燃液体（或气体）烧尽后，火灾就被扑灭了。电机房的油槽（或油罐）可设一般泡沫固定灭火设备；汽车库、压缩机房可设泡沫喷洒灭火设备。

4）化学抑制法灭火系统

可燃物燃烧反应都是游离基的链锁反应。碳氢化合物在燃烧过程中其分子被活化，发生游离基 H、OH 和 O 的链锁反应。若能有效压制游离基的产生或者能降低游离基的浓度，燃烧就会停止，火灾即被扑灭。采用卤代烷灭火剂，就是降低游离基的灭火方法。

卤代烷灭火设备一般适用于贵重设备机房、电子计算机房、电子设备室、图书档案馆等既怕水又怕污染的场所，危险性较大且重要的储存易燃和可燃液体、气体的场所，以及建筑内发电机房、变压器室、油浸开关及地下工程的重要部位等。由于卤代烷对大气臭氧层有破坏作用，除应尽量限定其在特殊场所采用外，一般不宜采用。

与卤代烷灭火效果相似或可以替代卤代烷的灭火剂有 FE-232、FE-25、CGE410、CEA614、HFC-23、HFC-227、氟碘烃等。

干粉灭火剂的化学抑制作用也很好，不少类型的干粉可与泡沫联用，灭火效果很显著。凡是能用卤代烷抑制的火灾，干粉均能达到同样效果，但干粉灭火有污染环境的不足之处。

化学抑制法灭火的灭火速度快，若使用得当，可有效扑灭初期火灾，减少人员和财产的损失。

5）防烟排烟系统

火灾时，伴随着物质的燃烧，将产生大量有毒烟气。弥漫的烟气将阻碍人的视线，易使人迷失正确的逃离方向，在发生火灾这样紧急的情况下，将加重人的恐惧心理。同时，烟气还会通过呼吸对人体生命安全造成直接威胁。火灾表明，烟气是造成人员伤亡的最主要原因。因此，在灭火的同时，必须同时考虑火灾现场的排烟和其他区域特别是疏散通道的防烟问题，以便于人员的安全疏散。防烟排烟系统是人员生命安全的重要保证。

通风空调系统的风管、水管往往穿越多个水平房间和垂直楼层，一旦失火，火势及烟气极易沿着管线四处传播。因此，设计通风空调系统时应考虑阻火隔烟措施，如选用非燃的风管材料和保温材料，以及在适当的位置设置防火阀等，以切断火势及烟气传播的路线。

6）消防控制中心

前述的各个子系统在分别进行火灾的扑灭及人员的疏散等工作时，需要一个统一的控制指挥中心，使各子系统能紧密协调工作，发挥出最大的效能。根据防火规范的要求，凡需要考虑防火设施的高层建筑（如旅馆、酒店和其他公共活动场所）及其他重要的工业、民用建筑，都应该设消防控制中心，负责整幢大楼或一个建筑群的火灾监控与消防的指挥工作。消防控制中心既应起到防火管理中心的作用，又应起到信息情报中心的作用，同时也是消防机关在该大楼灭火的指挥中心。

建筑消防系统的设置应坚持兼顾安全性和经济性的原则。在建筑物内，消防系统设置得越全面，手段越完善，消防的安全性就越好，投资也越高。但由于火灾是一种非正常事件、稀少事件，在空间和时间上，人们对它的把握有很大的不确定性，要达到绝对的安全仅是理想的状态，消防系统的设计就是要根据社会的经济承受能力、消防技术水平，为建筑物内不同的生活和生产环境提供与之相适应的安全保障。

6. 火灾自动报警系统

《消防词汇　第2部分：火灾预防》GB/T 5907.2（以下简称词汇规范）定义火灾自动报警系统（fire detection and alarm system）为：能实现火灾早期探测、发出火灾报警信号、并向各类消防设备发出控制信号完成各项消防功能的系统，一般由火灾触发器件、火灾警报装置、火灾报警控制器、消防联动控制系统等组成。

《火灾自动报警系统设计规范》GB 50116（以下简称设计规范）定义为：火灾自动报警系统（automatic fire alarm system）是探测火灾早期特征、发出火灾报警信号，为人员疏散、防止火灾蔓延和启动自动灭火设备提供控制与指示的消防系统。

设计规范里对系统形式及其组成的描述符合词汇规范的定义，但设计规范还包括可燃气体探测报警系统和电气火灾监控系统等。从英文名称看，词汇规范对应的是火灾探测报警系统。因此，可以理解为：火灾自动报警系统的概念有着广义和狭义之分。

广义地，火灾自动报警系统包括火灾探测报警系统、消防联动控制系统、可燃气体探测报警系统和电气火灾监控系统等。

系统工作过程是：当建筑物内某一被监视现场（房间、走廊、楼梯等）着火，火灾探测器便把从现场探测到的信息（烟气、温度、火光等）以电信号形式立即传到火灾报警控制器，控制器将此信号与现场正常状态整定信号比较。若确认着火，则输出两回路信号：一路指令声光显示装置动作，发出声光报警及显示火灾现场地址（楼层、房号等）并记录第一次报警时间；另一路则指令消防联动控制设备控制相应的消防设备扑灭火灾、引导人员疏散。为了防止系统失控或执行器中组件、阀门失灵而贻误救火时间，故现场附近还设有手动开关，以手动报警及控制执行器（或灭火器）动作，以便及时扑灭火灾。

1.1.3　安全技术防范系统

1. 安全防范的定义

所谓"防范"就是防备、戒备，而防备是指做好准备以应付攻击或避免受害，戒备是指防备和保护。综合上述解释，是否可给安全防范如下定义：做好准备和保护，以应付攻击或避免受害，从而使被保护对象处于没有危险、不受侵害、不出现事故的安全状态。显而易见，这里安全是目的，防范是手段。通过防范的手段达到或实现安全的目的就是安全防范的基本内涵。

在西方不用安全防范这个词，而用损失预防和犯罪预防（loss prevention & crime prevention）这个概念。正像中文的"安全"与"防范"要连在一起使用构成一个新的复合词一样，在西方，"loss prevention"和"crime prevention"也是连在一起使用的。损失预防与犯罪预防构成了"safety/Security"一个问题的两个方面。在国外，"loss prevention"通常是指社会保安业的工作重点，而"crime prevention"则是警察执法部门的工作重点。这两者的有机结合才能保证社会的安定与安全，从这个意义上说损失预防和犯罪预防就是安全防范的本质内涵。

2. 安全防范的主要手段

就防范手段而言，安全防范包括人力防范（人防）、实体防范（物防）和技术防范（技防）三个范畴。

人力防范（personnel protection）是执行安全防范任务的相应素质人员和/或人员群体的一种有组织的防范行为（包括人、组织和管理等）。

实体防范（physical protection）是用于安全防范目的、能延迟风险事件发生的各种实体防护手段（包括建（构）筑物、屏障、器具、设备、系统等）。

技术防范（technical protection）是利用各种电子信息设备、系统和/或网络提高探测、延迟、反应能力和防范功能的安全防范手段。

人力防范和实体防范是古而有之的传统防范手段，它们是安全防范的基础。随着科学技术的不断进步，这些传统的防范手段也不断融入新科技的内容。技术防范的概念是在近代科学技术（最初是电子报警技术）用于安全防范领域并逐渐形成一种独立防范手段的过程中所产生的一种新的防范概念。由于现代科学技术的不断发展和普及、应用，技术防范的概念也越来越普及，越来越为警察执法部门和社会公众所认可、接受，以致成为使用频度很高的一个新词汇。技术防范的内容也随着科学技术的进步而不断更新，在科学技术迅猛发展的当今时代，可以说几乎所有的高新技术都将或迟或早地移植或应用于安全防范工作中。因此，技术防范在安全防范中的地位和作用将越来越重要，它将带来安全防范的一次新的革命。

3. 安全防范的基本要素

安全防范的基本要素是探测、延迟和反应。

探测（detection）指感知显性风险事件或/和隐性风险事件发生并发出报警的手段。

延迟（delay）指延长或/和推迟风险事件发生进程的措施。

反应（response）指为制止风险事件的发生所采取的快速行动。

探测就是对入侵行为的发现能力。为了发现入侵行为，发现探测这一要素，是以人力防范为基础，以技术防范为手段，通过安装适当的报警设备包括防盗、防火、监听、监视等前端设备来探测被保护区域的任何动静，一旦有犯罪分子入侵作案或有危险情况的发生，就能及时报警。其主要作用是能及时发现违法犯罪和治安灾害事故的苗头，使防范工作赢得时间，赢得斗争的主动权。

延迟功能可以减慢入侵者行动的速度，主要依靠实体防范手段实现，对被保护对象设置必要的实体屏障，包括建筑物防范设施（如围墙、防盗门、窗、防火门等）和室内防范设施（如保险柜、锁具等）来推迟违法犯罪的进程和治安灾害事故的蔓延，为出警人员赢得宝贵的反应时间，在最短的时间内到达现场进行制止。

反应功能是反应力量成功阻止入侵者侵入的行动，主要是依靠人力防范的实施，并辅以技术防范手段来实现。一旦得到报警信息就要在最短的时间内配备足够的出警人员到达现场，以制止危险的发生和犯罪活动的终止。

这三个要素之间是相互作用，相互制约，缺一不可的。它们按一定的逻辑要求构成具有特定防范功能的有机整体。一方面发现探测要准确，延迟时间长短要合适，反应制止要迅速有力；另一方面反应制止的时间应小于延迟的时间，这样才能使出警人员及时赶到现场，制止危险的发生和犯罪活动的终止，这样，整个防范体系才能发挥其最佳的功能。

4. 风险等级与防护级别

（1）风险等级

风险等级（level of risk）指存在于被防护对象（人或财产）本身及其周围的、对其构成安全威胁的程度。

划分保护对象的风险等级的原则是：根据被防护对象（人、财、物）自身的价值、数量及其周围的环境，判定被防护对象受到威胁或承受风险的程度。风险等级一般分为三级，按风险由大到小定为一级风险、二级风险和三级风险。

（2）防护级别

防护级别（level of protection）是指为保护人和财产的安全所采取的防范措施（技术的和组织的）的水平。

显然，防护级别的高低既取决于技术防范的水平，也取决于组织管理的水平。被保护对象的防护级别主要由所采取的综合安全防范措施（人防、物防、技防）的硬件、软件水平来确定。防护级别一般也分为三级，按其防护能力由高到低定为一级防护、二级防护和三级防护。

安全防护水平（level of security）是指风险等级被防护级别所覆盖的程度。

安全防护水平或安全水平是一个难以量化的定性概念，它既与安全防范工程设施的功能、可靠性、安全性等因素有关，更与系统的维护、使用、管理等因素有关。对安防系统工程安全水平的正确评估往往需要在工程竣工验收后经过相当长时间的运营才能作出。

（3）风险等级与防护级别的关系

被保护对象的风险等级和安全防范系统的防护级别的划分不是绝对的，只有相对的意义。它们的确定主要由管理工作的需要而定。一般来说风险等级与防护级别的划分应有一定的对应关系，高风险的对象应采取高级别的防护措施才能获得高水平的安全防护。如果高风险的对象采取低级别的防护，安全性必然差，很容易发生事故，这当然是要避免的。但如果低风险的对象采用高级别的防护，安全水平当然高，但这种系统的性能价格比一定会降低，造成经济上的浪费，也是不可取的。因此，在保证一定安全防护水平的前提下，实现高性能价格比的经济技术指标是考核系统工程设计水平的重要指标之一。

5. 安全防范设置三原则

（1）纵深防护原则

纵深防护（longitudinal-depth protection）：根据被防护对象所处的环境条件和安全管理的要求，对整个防范区域实施由外到里或由里到外层层设防的防护措施。

纵深防护，简而言之就是层层设防，即根据被保护对象所处的风险等级和所确定的防护级别对整个防范区域实施分区域的分层次设防。一般而言，一个完整的防区应包括周界、监视区、防护区和禁区四种不同性质的防区，对它们应实施不同的防护措施。

纵深防护分为整体纵深防护和局部纵深防护两种类型。

整体纵深防护是对整个防区实施纵深防护，局部纵深防护是对防区内的某个局部区域按照纵深防护的设计思想进行分层次防护。

（2）均衡防护原则

均衡防护（balanced protection）：是安全防范系统各部分的安全防护水平基本一致，无明显薄弱环节或"瓶颈"。

防护的均衡性有两方面的含义：一是指整个防范系统（或体系）在总体布局上（如各分防区的设置是否合理、各子系统的组合或集成是否有效等）不能存在明显的设计缺陷或防范误区；二是指防区的某一分防区的防护水平应保持基本一致，不能存在薄弱环节或防护盲区。

在系统工程领域，系统的有效性遵从"木桶效应"原则或"瓶颈效应"原则，就是说一个安全防范系统，其总体防护水平的高低不由高防护部位决定，往往由系统的最薄弱的环节来决定。比如，一个周界防护系统，如果在周界防护的某个局部存在盲区，它就可能是入侵者入侵的方便之门，其余部分防范得再好也失去防护意义。又如，如果一个防范系统的中央控制室不是设置在禁区内严加防范，而是放在其他分防区，就极易受到破坏导致整个防范系统的失控甚至瘫痪。

（3）抗易损性原则

抗易损防护（anti-damageable protection）：指保证安全防范系统安全、可靠、持久运行并便于维修和维护的技术措施。

这个问题主要是指系统的可靠性或耐久性问题。系统的可靠性越高，抗易损性就越强，当然还与系统的维修性、保障性以及组织管理工作有密切联系。

安全防范系统防护的纵深性、均衡性、抗易损性要求是互相联系的，抗易损性主要是对设备器材的要求，均衡性主要是对各层防护或系统的要求，纵深性则是对整个系统的总要求，只有以上三项防护原则统筹考虑、全面规划才能实现系统的高防护水平。

6. 安全技术防范系统

（1）系统构成

安全防范系统一般由安全管理子系统和若干个相关子系统组成。

安全防范系统的结构模式按其规模大小、复杂程度可有多种组成模式。按系统集成度的高低，将系统分为分散式、组合式、集成式三种类型。

1）分散式系统：各子系统分别单独设置，各自独立运行或实行简单的联动。

2）组合式系统：各子系统分别单独设置，通过统一的管理软件实现监控中心对各子系统的联动管理与控制。

3）集成式系统：各子系统分别单独设置，通过统一的通信平台和管理软件将监控中心设备与各子系统设备联网，实现由监控中心对各子系统的自动化管理与监控。

现阶段较常用的子系统主要包括：入侵和紧急报警子系统、视频安防监控子系统、出入口控制子系统、电子巡查子系统、停车库（场）管理子系统以及以防爆安全检查系统为代表的特殊子系统等。

（2）系统的基本功能

1）安全管理子系统的功能

① 集成式安全防范系统的安全管理子系统的功能

能通过统一的通信平台和管理软件将监控中心设备与各子系统设备联网，实现由监控中心对各子系统的自动化管理与监控。

能对其他各子系统的运行状态进行监测和控制，对系统运行状况和报警信息数据等进行记录和显示。

能对信息传输系统进行检测，并能与所有重要部位进行有线和/或无线通信联络。

设置有紧急报警装置，留有向接警中心联网的通信接口。

能连接各子系统的管理计算机，连接上位管理计算机，以实现更大规模的系统集成。

② 组合式安全防范系统的安全管理子系统的功能

能通过统一的管理软件实现监控中心对各子系统的联动管理与控制。

能对其他各子系统的运行状态进行监测和控制，对系统运行状况和报警信息数据等进行记录和显示。

能对信息传输系统进行检测，并能与所有重要部位进行有线和/或无线通信联络。

设置有紧急报警装置，留有向接警中心联网的通信接口。

能连接各子系统的管理计算机。

③ 分散式安全防范系统的安全管理子系统的功能

系统设置联动接口，以实现与其他子系统的联动。

各子系统能单独对其运行状态进行监测和控制，并能提供可靠的监测数据和管理所需要的报警信息。

各子系统能对其运行状况和重要报警信息进行记录，并能向管理部门提供决策所需的主要信息。

设置有紧急报警装置，留有向接警中心报警的通信接口。

2）各主要子系统的功能

① 入侵和紧急报警子系统：系统能根据被防护对象的使用功能及安全技术防范管理的要求，对设防区域的非法入侵、盗窃、破坏和抢劫等，进行实时有效的探测与报警，并有报警复核功能。

② 视频安防监控子系统：系统能根据建筑物的使用功能及安全技术防范管理的要求，对必须进行视频安防监控的场所、部位、通道等进行实时、有效的视频探测、视频监视、视频传输、显示、记录与控制，并具有图像复核功能。

③ 出入口控制子系统：系统能根据建筑物的使用功能和安全技术防范管理的要求，对需要控制的各类出入口，按各种不同的通行对象及其准入级别，对其进、出实施实时控制与管理，并具有报警功能。

④ 电子巡查子系统：系统能根据建筑物的使用功能和安全技术防范管理的要求，按照预先编制的保安人员巡更程序，通过信息识读器或其他方式对保安人员巡逻的工作状态（是否准时、是否遵守顺序等）进行监督、记录，并能对意外情况及时报警。

⑤ 停车库（场）管理子系统：系统能根据建筑物的使用功能和安全技术防范管理的需要，对停车库（场）的车辆通行道口实施出入控制、监视、行车信号指示、停车管理及车辆防盗报警等综合管理。

1.1.4　应急响应系统

1. 应急响应系统的基本概念

应急响应系统是保障公共安全的综合救援体系及集成技术平台，综合各种城市应急服务资源，统一指挥、联合行动，为市民提供相应的紧急救援服务，为城市的公共安全提供强有力的保障。

从技术角度来看，应急响应系统是集通信、计算机、网络、GIS、GPS、图形图像、电视监控、数据库与信息处理等多种技术为一体的通信、信息及指挥系统平台。

从管理的角度来看，应急响应系统是政府部门联合办公、信息共享并更有效地发挥政府职能，更有效地为市民提供紧急救援及综合服务的组织体系和沟通平台。

从组成角度来看，应急响应系统是由计算机骨干网络系统、数据库、计算机辅助调度系统、地理信息系统、无线调度通信系统、无线移动数据传输系统及应用软件、有线通信系统、车辆定位系统、图像监控及大屏幕显示系统、语音记录子系统、卫星现场图像实时传送子系统、联动中心安全系统、无人值守机房集中监控系统、其他相关配套系统组成，多种系统相互融合相互辅助，已经变成人们日常生活中一个不可或缺的组成部分，甚至成为显示城市管理水平的标志性工程。

2. 应急响应系统的作用

应急响应系统使报警、求助简便，接警和处警准确和快速，系统可对现场的公安、交警、消防和救护等资源进行指挥控制，帮助处警调度员选择最佳的资源，对事件做出最快速的反应；可在重大紧急事件发生期间，由市领导在应急联动中心召集全市各部门领导人对事件的处理进行特别调度指挥。

由于采用了统一的指挥调度系统，不同部门、不同警区和不同警种之间得以互通、相互协调和配合，使统一指挥、协调作战成为可能，真正实现了公共安全及应急处理的联合行动。通过现代化的信息、通信、计算机、控制与指挥系统，使决策者能快速获取信息，作出正确、快速的决策。

城市应急联动系统打破现有的多个指挥中心共存的现状，集中投资、集中管理，既避免了重复投资、重复建设，又提高了技术维护和管理水平，节约了资源，并且使离散的数据库和信息资源得以互相联动和共享，发挥更大的作用。

1.2 公共安全技术的发展

1.2.1 火灾自动报警系统的发展

1847年美国牙科医生 Channing 和缅因大学教授 Farmer 首先研制了火灾报警发送装置，同年德国 Siemens 和 Halske 公司将电报装置用于传送火灾报警信号。19世纪末，英国制成靠金属受热会膨胀而自动报警的感温传感器件。20世纪40年代，瑞士的 W.C. Jaeger 和 E. Meili 等人根据电离后的离子受烟雾粒子影响会使电离电流减小的原理，发明了离子感烟探测器，极大地推动了火灾探测技术的发展。20世纪70年代，人们根据烟雾颗粒对光产生散射效应和衰减效应发明了光电感烟探测技术。由于光电感烟探测器具有无放射性污染、受气流和环境湿度变化影响小、成本低等优点，光电感烟探测技术逐渐取代离子感烟技术。

火灾报警系统的发展大致经历三个阶段。第一阶段是多线型火灾报警系统，每个探测器需有两根电源线和一根报警信号线，探测器电源由报警器提供，探测器信号线均连接到报警显示盘上，报警时点亮相应的指示灯；第二阶段是总线型火灾报警系统，采用微处理器控制，主要线制有二线制、三线制、四线制，其探测器模块均采用地址编码来实现，通过总线与控制器实现信号传送；第三阶段是智能型火灾报警系统，采用先进的计算机控制技术，并可以根据场所、要求、时间的不同对其灵敏度进行设定和调整，从而实现对环境变化作出探测灵敏度的变化，值得注意的是，通过这一项功能提高了系统的稳定性和可靠性，对于降低误报率具有很大作用。

火灾自动报警系统的发展趋势：

1. 网络化。利用计算机技术将控制器之间、探测器之间、系统内部、各个系统之间以及城市"119"报警中心等通过一定的网络协议进行相互连接，实现远程数据的调用，对火灾自动报警系统实行网络监控管理，使各个独立的系统组成一个大的网络，实现网络内部各系统之间的资源和信息共享，使城市"119"报警中心的人员能及时、准确掌握各单位的有关信息，对各系统进行宏观管理。

2. 小型化。系统实现网络化后，系统中的中心控制器等设备就会变得很小，甚至对较小的报警设备安装单位就可以不再独立设置，而是依靠网络中的设备、服务资源进行判断、控制和报警，这样火灾自动报警系统安装、使用、管理就变得更加简洁、经济和方便。

3. 无线化。与有线火灾自动报警系统相比，无线火灾自动报警系统具有施工简单、安装容易、组网方便、调试省时省力等特点，而且对建筑结构损坏小，易于与原有系统集成且容易扩展，系统设计简单且可完全寻址，便于网络化设计。对正在施工或正在进行重新装修的场所，在未安装有线火灾自动报警系统前，用无线火灾自动报警系统作临时系统可以充分保障建筑物的防火安全，一旦施工结束，无线系统可以很容易转移到别的场所。

无线火灾报警系统，用无线触发装置和无线传输的方法组合的控制接收设备进行通信，探测部分与发射机合成一体，由高能电池供电，每个中继器只接收自己组内传感发射机信号。当中继器接到组内某传感器的信号时，判读接收数据并由中继器传输到控制中心，此系统具有节约布线费用及工时，安装、开通容易的优点。

4. 智能化。使探测系统能模仿人的思维，主动采集环境温度、湿度、灰尘、光波等数据模拟量并充分采用模糊逻辑和人工神经网络技术等进行计算处理，对各项环境数据进行对比判断，从而准确预报和探测火灾，避免误报和漏报现象。发生火灾时，能依据探测到的各种信息对火场的范围、火势的大小、烟的浓度以及火的蔓延方向等给出详细的描述，甚至可配合电子地图进行形象的提示、对出动力量和扑救方法等给出合理化建议，以实现各方面快速准确的反应联动，最大限度地降低人员伤亡和财产损失，而且火灾中探测到的各种数据可作为准确判定起火原因、调查火灾事故责任的科学依据。

分布智能火灾报警系统，探测器具有智能，相当于人的感觉器官，可对火灾信号进行分析和智能处理，作出恰当的判断，然后将这些判断信息传给控制器。控制器相当于人的大脑，既能接收探测器送来的信息，也能对探测器的运行状态进行监视和控制。由于探测部分和控制部分的双重智能处理，使系统运行能力大大提高。

5. 高灵敏性。以早期火灾智能预警系统为代表，系统除采用先进的激光探测技术和独特的主动式空气采样技术以外，还采用了"人工神经网络"算法，具有很强的适应能力、学习能力、容错能力和并行处理能力，近乎人类的神经思维。此外，系统子机与主机可进行双向智能信息交流，使整个系统的响应速度及运行能力空前提高，误报率几乎接近零，灵敏度比传统探测器高 1000 倍以上，能探测到物质高热分解出的微粒子，并在火灾发生前的 30～120min 预警，确保了系统的高灵敏性和可靠性。

6. 兼容性。将火灾自动报警系统与自动喷水灭火系统合二为一是必然的趋势，是对消防宗旨的更好诠释。增强火灾自动报警系统的预警和扑救功能的兼容性，可以降低消防工程投资，从而可以进一步扩大火灾自动报警和自动喷水灭火系统的应用范围。

1.2.2　安全技术防范系统的发展

1858 年美企业家 Edwin Holmes 利用无线电技术建造了世界上第一个入侵报警系统。随着光电信息技术、微电子技术、微计算机技术与视频图像处理技术等的发展，以及对安全防范自动化程度要求的提高，建筑安防系统正逐步走向数字化、网络化和智能化。

1. 数字化和网络化

安全技术防范系统的数字化是指：信号采集、传输、处理、存储、显示等过程的数字化。

基于有线网络环境的网络视频监控系统越来越多应用在各种场合的实时监控中，无线网络视频监控系统也越来越多加入到远程实时监控中来。

2. 安防器件、设备的综合化和系统的智能化

无论是视频监控系统、防盗报警器材，还是出入口控制和可视对讲系统，其功能综合化、信号处理智能化程度都越来越高，尤其在解决系统的误报问题上，取得了很大的进展。使用多重探测和内置微处理器使设备智能化提高，对各相关传感器信号进行综合逻辑判断、自动比较和分析来大幅度降低误报率。

1.3　智慧城市背景下的公共安全系统

1.3.1　智慧城市的概念

1. 智慧城市的概念

智慧城市概念模型可从多种角度进行描述，以尽可能全面地考虑各类要素及其相互关系。图 1-4 从建设周期、应用领域和技术要素三个视角出发，给出了关于智慧城市整体范畴的一种抽象概念模型。

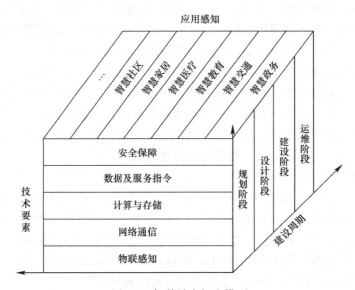

图 1-4　智慧城市概念模型

建设周期：指建设过程中包含的规划阶段、设计阶段、建设阶段和运维阶段；

应用领域：不仅包含特定行业领域，如智慧政务、智慧交通、智慧教育、智慧医疗、智慧家居等；也包括综合应用领域，通常涉及较多跨行业、跨部门协作的集成业务应用，如智慧社区、智慧园区等。

技术要素：支撑智慧城市建设过程、实现各项功能所需要的 ICT（Information and Communication Technology）技术相关要素，分为层级要素和跨层级要素。层级要素主要有：物联感知、网络通信、计算与存储、数据及服务融合以及安全保障。

2. 智慧城市 ICT 支撑的业务框架

ICT 支撑的业务框架由业务单元、业务交互、IT 能力和业务目标四个模块组成。其中，IT 能力、业务单元和业务交互为其提供必要的 IT 技术手段和能力。业务单元作为业务交互的基础，为其提供相应的资源；业务交互利用业务单元提供的资源和 IT 能力提供的服务，实现信息交互；业务单元、业务交互和 IT 能力三者共同为目标的实现提供支撑（图 1-5）。

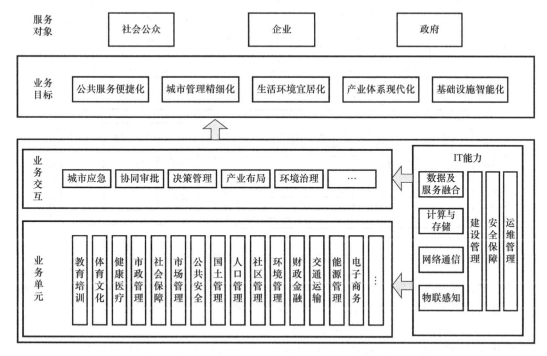

图 1-5　智慧城市 ICT 支撑的业务框架

服务对象：智慧城市相关服务对象包括社会公众、企业和政府。

业务目标：是智慧城市期望实现的业务成效，包含公共服务便捷化、城市管理精细化、生活环境宜居化、产业体系现代化和基础设施智能化。

业务交互：针对智慧城市中的城市应急、协同审批、决策管理、产业布局和环境治理等非单一业务单元能够完成的综合性业务，将相关业务单元中的资源进行提取和交互，从而完成综合性业务的功能。

业务单元：承载着智慧城市具体业务的领域单元，每个单元是其领域资源的集合，便于资源在单元内使用的同时，也能进一步整合资源，为业务交互提供支撑。

IT 能力：包含物联感知、网络通信、计算与存储、数据及服务融合四个层次的技术能力，以及建设管理、安全保障与运维管理三个跨层次的支撑能力。这些能力首先支撑业务单元构建独立的业务应用系统，并通过数据及服务融合能力形成不同业务之间的交互和协同，最终支撑业务目标的实现。

3. 智慧城市 ICT 支撑的知识管理参考模型

智慧城市 ICT 支撑的知识管理参考模型分为两层：智慧城市领域知识模型层和智慧城市知识管理层（图 1-6）。

智慧城市知识管理平台层：本层是智慧城市知识管理的实施层，包括智慧城市领域知识库，以及基于该知识库的智慧城市知识管理、知识获取与整理、知识挖掘与分析、知识推理与验证等共性技术。

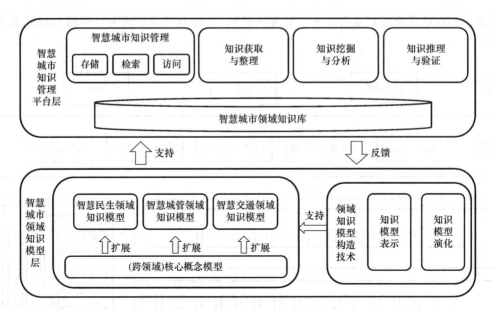

图 1-6　智慧城市 ICT 支撑的知识管理参考模型

智慧城市领域知识模型层：本层包含智慧城市各个领域中的概念、概念的属性、概念之间关系所构造的领域知识模型以及支撑领域知识模型构造的共性技术。

4. 智慧城市 ICT 支撑的技术参考模型

智慧城市 ICT 支撑的技术参考模型见图 1-7，该模型从城市信息化整体建设考虑，以 ICT 技术为视角，具备五个层次要素和三个支撑体系。横向层次要素的上层对其下层具有依赖关系；纵向支撑体系对于五个横向层次要素具有约束关系。

基于实际情况和自身需求，社会公众、企业、政府三类用户可通过多渠道接入相关智慧应用，使用相关服务或产品。

横向层次要素有：智慧应用层、数据及服务融合层、计算与存储层、网络通信层和物联感知层。

纵向支撑体系有：建设管理体系、安全保障体系和运维管理体系。

5. 智慧城市建设的技术原则及要求

（1）物联感知层

智慧城市的物联感知层主要以物联网技术为核心，通过身份感知、位置感知、图像感知、环境感知、设施感知和安全感知等手段及执行器提供对智慧城市的基础设施、环境、设备、人员等方面的识别、信息采集、监测和控制，使智慧城市的各个应用具有信息感知和指令执行的能力。智慧城市物联感知层包括感知设备和执行设备。

（2）网络通信层

网络通信层连接感知设备和应用终端，分为公共网络和专用网络。公共网络指面向公众用户提供服务的各类网络，包含互联网、电信网、广播电视网等。物联感知层的设备可以通过公共网络与智慧应用进行通信。公共网络涵盖了有线网络、无线网络、骨干传输网络。专用网络指根据行业特性单独组建的有线、无线网络，用于连接分布式计算或虚拟化计算资源的网络，及利用公共网络的基础设施组建的虚拟专用网络等。

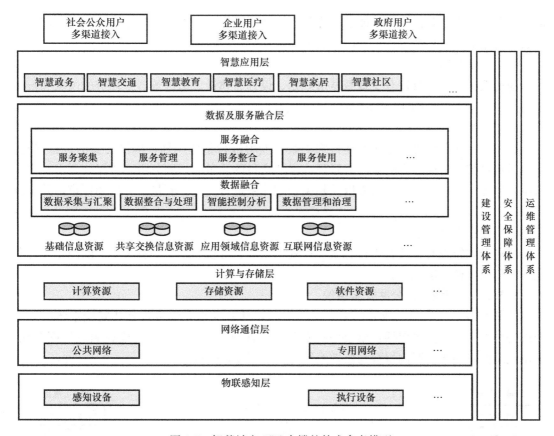

图 1-7　智慧城市 ICT 支撑的技术参考模型

（3）计算与存储层

计算与存储层由软件资源、计算资源和存储资源三个部分构成。这三个部分为智慧城市提供数据存储和计算以及相关软件环境资源，从而保障上层对于数据的相关需求。

（4）数据及服务融合层

数据及服务融合层由数据来源、数据融合和服务融合三个部分组成。在强调智慧城市数据来源的基础上，通过提供应用所需的各种数据和服务，为构建上层各类智慧应用提供支撑。

数据来源主要包括不同行业/领域的各种信息资源及相关感知设备等，其中信息资源包括但不限于基础信息资源、应用领域信息资源和互联网信息资源。

数据融合是根据智慧城市应用的业务需要，融合来自不同行业/领域的物联感知层数据及应用系统数据，并具有深度挖掘分析的能力。应包括数据采集与汇聚、数据整理与处理、数据挖掘与分析、数据管理与治理四类支撑能力。

服务融合包含了支撑智慧城市应用的基础技术服务要求，典型的应用至少应包括：服务聚集、服务管理、服务整合和服务使用。

（5）智慧应用层

应满足：支撑智慧城市业务目标（公共服务便捷化、城市管理精细化、生活环境宜居化、产业体系现代化和基础实施智能化）的实现，对公众服务、社会管理、产业运作等活动的各种需求做出智能响应；能够接入和利用物联感知层、网络通信层、计算与存储层以及数据与服务支撑层所提供的资源和服务。

（6）安全保障体系

应遵循国家现有且适合于智慧城市规划、设计、建设、运维等各个环节的国家和行业安全技术和安全管理的相关标准规范。

（7）运维管理体系

智慧城市运维管理体系应对运行维护服务能力进行整体规划，提供必要的资源支持，实施运行维护服务能力和服务内容管理，保证交付的质量满足服务级别协议的要求，对运行维护服务结果、服务交互过程以及相关管理体系进行监督、测量、分析和评审，并实施改进。

（8）建设管理体系

应遵循国家现有且适合于智慧城市规划、设计、建设、维护等各个环节的国家和行业建设管理相关的标准规范。

1.3.2　智慧城市的公共安全系统

智慧城市 ICT 支撑的业务框架中（图 1-5），其业务单元中包含公共安全系统。智慧城市公共安全系统主要包括：城市公共安全运行管理平台、公共安全应急响应指挥系统、警用地理信息系统、联网报警与监控系统等，如图 1-8 所示。

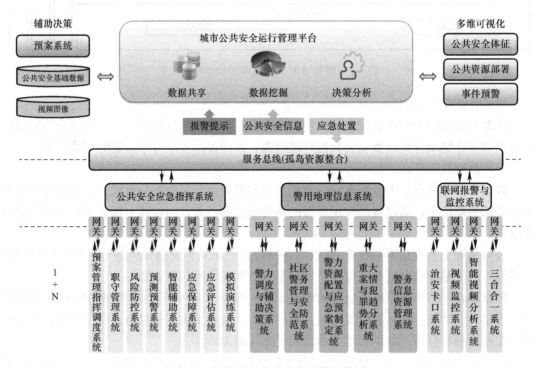

图 1-8　智慧城市公共安全系统架构图

1. 智慧城市公共安全运行管理平台

智慧城市公共安全运行管理平台系统，通过公共安全应急响应系统、警用地理信息系统以及城市联网报警与视频监控系统，来完善城市公共安全防范区域的覆盖，统筹建设并运营管理城市公共安全设施资源，实现合理建设，共享利用。

公共安全运行管理平台的目标，是实现城市不同部门异构系统间的资源共享和业务协同，有效避免城市多头投资、重复建设、资源浪费等问题，有效支撑城市正常、健康的运行和管理。

2. 公共安全应急响应指挥系统

公共安全应急联动系统将公安、城管、交通、通信、急救、电力、水利、地震、人民防空、市政管理等政府部门纳入一个统一的指挥调度系统，处理城市特殊、突发、紧急事件和向公众提供社会紧急救助服务的信息系统，实现跨区域、跨部门、跨警种之间的统一指挥，快速反应、统一应急、联合行动，为城市的公共安全提供强有力的保障。

3. 警用地理信息系统

基于警用地理信息系统，指挥中心、刑侦、治安、交通、消防、警卫、反恐等部门等都需要将相关业务信息系统的信息叠加在地理信息上进行综合利用，开展诸如警力调度与辅助决策、社区警务管理与安全防范、警力资源配置与应急预案制定、重大案情与犯罪趋势分析、智能交通管理、警务信息资源的管理和专题制图等众多的警务应用，以提高公安机关实战能力。

4. 联网报警与监控系统

联网报警与视频监控系统结合了大规模视频监控系统、治安卡口和电子警察等警用采集系统，对人、交通工具形成统一的控制防范体系，利用智能识别、智能分析、自主报警等新的科技手段弥补警力不足造成的监控漏洞，利用综合指挥系统统一调度，对恶性案件实行精准、有力的打击。

思考题与习题

1. 简述智能建筑公共安全系统的概念。
2. 试列举安全防范的基本要素及其相互关系。
3. 试述安全技术防范系统的主要类型及其发展趋势。
4. 试简述火灾自动报警系统的发展趋势。
5. 在IBM的《智慧的城市在中国》白皮书中，对智慧城市基本特征的界定是哪几方面？
6. 智慧城市应急管理系统中依托的3S分别指什么技术？
7. 概述智慧城市公共安全系统的组成及建设目标。
8. 试分析云计算、大数据的发展将对智慧城市建设带来哪些影响。

第2章 公共安全技术原理

公共安全系统是为维护公共安全，运用现代科学技术，以应对危害社会安全的各类突发事件而构建的综合技术防范或安全保障体系综合功能的系统。其功能是：有效应对建筑内火灾、非法侵入、自然灾害、重大安全事故等危害人们生命和财产安全的各种突发事件，建立起应急及长效的技术防范保障体系；以人为本、主动防范、应急响应和严实可靠。公共安全系统一般包括火灾自动报警系统、安全技术防范系统和应急响应系统等。

本章在介绍公共安全系统结构组成的基础上，重点阐述组成公共安全系统的各单元技术原理，包括前端技术、信号传输技术、信息存储技术、信息显示技术等。

2.1 公共安全系统构成

2.1.1 公共安全系统层次

根据系统各部分功能的不同，可以将公共安全系统划分为七层——表现层、控制层、处理层、传输层、执行层、支撑层、采集层。

1. 表现层

表现层是最直观感受到的，它展现了整个公共安全系统的品质。如出现灾害时的应急反应机制、系统中对事件连续监测显示的电视墙、高音报警喇叭、报警自动驳接电话等都属于这一层。

2. 控制层

控制层是整个公共安全系统的核心，它是系统科技水平的最明确体现。通常控制方式有两种——模拟控制和数字控制。

3. 处理层

处理层在系统中可以体现为具体音视频系统处理层，音视频分配器、音视频放大器、音视频切换器等设备都属于这一层。

4. 传输层

传输层相当于公共安全系统的血脉。最常见的传输层主要有视频线、音频线、系统总线等。对于远程传输，我们可以采用微波、Internet、光纤。

5. 执行层

执行层是控制指令的命令对象，在某些时候，和我们后面所说的支撑层、采集层不太好截然分开，可以认为受控对象即为执行层设备。如监控系统中的云台、镜头、球机等。

6. 支撑层

顾名思义，支撑层是用于后端设备的支撑，保护和支撑采集层、执行层设备。它包括防雷保护 SPD、系统接地、设备支架、防护罩等辅助设备。

7. 采集层

采集层是整个公共安全系统品质好坏的关键因素，它实现对系统参数和数据长期的连续的采集和监测，是系统中设备数量最多、精确度要求最高的部分。如系统中的摄像机、镜头、各种报警传感器等。

当然，由于设备集成化越来越高，对于部分系统而言，某些设备可能会同时以多个层的身份存在于系统中。

2.1.2　公共安全系统结构组成

一个典型的公共安全系统，由前端设备、传输部件、处理/控制/管理设备和显示/记录/执行设备四个单元组成，如图 2-1 所示。

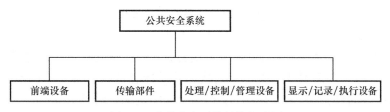

图 2-1　公共安全系统结构组成图

1. 前端设备

前端设备（front-end device，terminal device）主要有各种探测器、识别器，具体表现为由各种探测、识别传感器和信号处理电路组成。传感器将外界的被测量转化为易于测量和处理的电量（电压、电流等），信号处理电路将传感器输出的信号滤波、放大、调制等以适应传输。

公共安全系统中不同的子系统主要区别就是前端设备不同，如表 2-1 所示。

公共安全系统不同子系统的前端设备　　　　　　　　　　表 2-1

子系统	前端设备
火灾自动报警系统	火灾探测器、手动火灾报警按钮、水流指示器
入侵报警系统	探测器、紧急报警装置
视频安防监控系统	摄像机
出入口控制系统	识读设备

2. 传输部件

传输部件包括线缆及相应的数据采集和处理器（或地址编解码器/发射接收装置）、调制解调设备等，即信号传输通道，将前端设备信号处理电路输出的信号可靠地传输到处理/控制/管理设备。信号传输通道通常可分为有线传输通道和无线传输通道两大类。

3. 处理/控制/管理设备

处理/控制/管理设备是将前端设备通过传输通道传来的信息，根据系统功能要求分析、处理，作出相应的判断，发出相应的控制指令，并将有关信号传送至显示/记录/执行设备。

不同子系统的处理/控制/管理设备及具体功能各不相同。如火灾报警系统，处理/控制/管理设备是火灾报警控制器，具有火灾报警功能和火灾报警控制功能。能接收来自火灾探测器及其他火灾报警触发器件的火灾报警信号，发出火灾报警声、光信号，指示火灾发生部位，记录火灾报警时间。在发出火灾报警信号后启动控制输出，对火灾声和/或光警报器、火灾报警传输和消防联动等设备控制。再如入侵报警系统，处理/控制/管理设备是报警控制器，对探测器的信号进行处理以断定是否应该产生报警状态以及完成某些显示、控制、记录和通信功能。又如独立控制型出入口控制系统，处理/控制/管理设备是出入口控制器，接收识读部分传来的操作和钥匙信息，与预先存储、设定的信息进行比较、判断，对目标的出入行为进行鉴别及核准；对符合出入授权的目标，向执行部分发出予以放行的指令。

4. 显示/记录/执行设备

显示/记录/执行设备接收处理/控制/管理设备的信号，实现相应的显示、记录或动作功能，包括声光显示装置、报警记录装置、电控锁、电动栅栏、电动挡杆等。

2.2 前端技术

前端技术即为前端设备所涉及的技术，主要有火灾探测器技术、入侵探测器技术、视频传感器技术、出入口识别技术等。前端技术涉及传感器技术、电子技术、生物识别技术、计算机技术、通信技术等。本节主要按照公共安全系统的子系统构成，介绍火灾探测器技术、入侵探测器技术、视频传感器技术、出入口识别技术。

2.2.1 火灾探测技术

1. 火灾探测技术概述

（1）火灾探测方法

火灾探测以物质燃烧过程中产生的各种火灾现象为依据，以实现早期发现火灾为前提。分析普通可燃物的火灾特点，以物质燃烧过程中发生的能量转换和物质转换为基础，可形成不同的火灾探测方法，如图 2-2 所示。

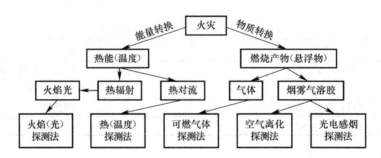

图 2-2　火灾探测方法

1）空气离化探测法

空气离化探测法是利用放射性同位素释放的 α 射线将空气电离产生正、负离子，在电场作用下形成离子电流；当烟雾气溶胶进入，烟雾粒子吸附带电离子，产生离子电流变化。离子电流的变化与烟浓度有直接线性关系，检测离子电流的变化便获得烟浓度，用于火灾确认和报警。

2）光电感烟探测法

光电探测法是根据火灾所产生的烟雾颗粒对光线的阻挡或散射作用来实现感烟式火灾探测的方法。根据烟雾颗粒对光线的作用原理，光电感烟探测法分为减光式和散射光式两类。减光式光电感烟探测是根据烟雾颗粒对光线（一般采用红外光）的阻挡作用所形成的光通量的减少来实现烟雾浓度的有效探测。散射光式感烟探测是根据光散射定律，当烟雾气溶胶进入时烟雾颗粒产生散射光，通过接收散射光强度可以得到与烟浓度成比例的信号电流或电压，用于判定火灾。

3）热（温度）探测法

热（温度）探测法根据物质燃烧释放出的热量所引起的环境温度升高或其变化率的大小，通过热敏元件与电子线路来探测火灾。

4）火焰（光）探测法

火焰（光）探测法是根据物质燃烧所产生的火焰光辐射的大小，其中主要是红外辐射和紫外辐射的大小，通过光敏元件与电子线路来探测火灾现象。

5）可燃气体探测法

对于物质燃烧初期产生的烟气体或易燃易爆场所泄漏的可燃气体，可以利用热催化式元件、气敏半导体元件或三端电化学元件的特性变化来探测易燃可燃气体浓度或成分，预防火灾和爆炸危险。

（2）火灾探测器分类

火灾探测器（fire detector）：作为火灾自动报警系统的一个组成部分，使用至少一种传感器持续或间断监视与火灾相关的至少一种物理和/或化学现象，并向控制器提供至少一种火灾探测信号。

火灾探测器的种类很多，而且可以有多种分类方法。一般根据被探测的火灾参数特征、响应被探测火灾参数的方法和原理、敏感组件的种类及分布特征等划分。

根据各类物质燃烧时的火灾探测要求和上述不同的火灾探测方法，火灾探测器可分为感烟、感温、感光（火焰）和可燃气体探测器等类型，每个类型又根据其工作原理的不同而分为若干种。

1）感烟火灾探测器（smoke detector）：对悬浮在大气中的燃烧和/或热解产生的固体或液体微粒敏感的火灾探测器。有离子感烟火灾探测器（ionization smoke detector，根据电离原理进行火灾探测）、光电感烟火灾探测器（photoelectric smoke detector，根据散射光、透射光原理进行火灾探测）、光束感烟火灾探测器（smoke detector using an optical light beam，应用光束被烟雾粒子吸收而减弱的原理进行火灾探测）和吸气式感烟火灾探测器（aspirating smoke detector，采用吸气工作方式获取探测区域火灾烟参数进行火灾探测）等。

2）感温火灾探测器（heat detector）：对温度和/或升温速率和/或温度变化响应的火灾探测器。有定温火灾探测器（static temperature detector，温度达到或超过预定温度时响应，即 S 型）、差温火灾探测器（rate-of-rise detector，升温速率符合预定条件时响应，即 R 型）和差定温火灾探测器（rate-of-rise and static temperature detector，兼有差温、定温两种功能）。感温探测器按应用温度分类，如表 2-2 所示。

感温探测器分类   表 2-2

类别	典型应用温度（℃）	最高应用温度（℃）	动作温度下限值（℃）	动作温度上限值（℃）
A1	25	50	54	65
A2	25	50	54	70
B	40	65	69	85

类别	典型应用温度（℃）	最高应用温度（℃）	动作温度下限值（℃）	动作温度上限值（℃）
C	55	80	84	100
D	70	95	99	115
E	85	110	114	130
F	100	125	129	145
G	115	140	144	160

3）火焰探测器（flame detector）：对火焰光辐射响应的火灾探测器。有紫外火焰探测器（ultra-violet flame detector，对火焰中波长小于300nm的紫外光辐射响应）、红外火焰探测器（infra-red flame detector，对火焰中波长大于850nm的红外光辐射响应）。

4）可燃气体探测器（combustible gas detector）：由气敏传感器、电路和外壳等组成，用于探测可燃气体并向可燃气体报警控制器提供可燃气体探测信号。

此外，还有图像型火灾探测器（image type fire detector，使用摄像机、红外热成像器件等视频设备或它们的组合方式获取监控现场视频信息，进行火灾探测）。

根据感应元件的结构不同，火灾探测器可分为：点型火灾探测器和线型火灾探测器。

点型探测器（point detector）：响应一个小型传感器附近监视现象的探测器。

线型探测器（line detector）：响应某一连续路线附近监视现象的探测器。

（3）有关火灾探测的几个术语

响应阈值（response threshold value）：火灾探测器在规定条件下可靠响应时对应的火灾参数值。

灵敏度（sensitivity）：火灾探测器响应火灾参数（fire parameter，反映火灾发生时物理和化学现象发生变化的参数，一般指烟参数、温度参数、一氧化碳及可探测气体参数等）的敏感程度。

灵敏度级别（sensitivity rating）：按灵敏度划分的级别。

感温火灾探测器响应时间（response time of a heat detector）：感温火灾探测器在响应时间试验中从规定的温度开始升温至动作时的时间间隔。

感温火灾探测器响应时间上限值（upper limit of the response time of a heat detector）：划分感温火灾探测器灵敏度级别时，同一级别中允许的最大响应时间值。

感温火灾探测器响应时间下限值（upper limit of the response time of a heat detector）：划分感温火灾探测器灵敏度级别时，同一级别中允许的最小响应时间值。

2. 常用火灾探测器探测原理

（1）感烟火灾探测器

1）离子感烟火灾探测器

① 感烟电离室的工作原理

离子感烟火灾探测器的核心传感器件是感烟电离室，结构如图2-3（a）所示。电离室两电极 P_1、P_2 间的空气分子受放射源（AM^{241}）不断放出的 α 射线照射，电离为正离子和负离子，电极之间原来不导电的空气具有了导电性。在电场作用下，正、负离子向反极性方向运动形成离子电流。电离室伏安特性如图2-3（b）所示。

当发生火灾时，烟雾粒子进入电离室，吸附正、负离子，因烟雾粒子比离子大1000

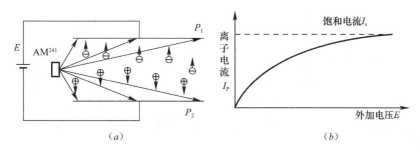

图 2-3　电离室结构和特性示意图

(a) 电离室结构示意图；(b) 电离室伏安特性

倍左右，因此离子移动速度变慢，正、负离子中和几率增大，到达电极的离子数减少，即离子电流减小。烟雾越多，则离子电流越小，相当于等效电阻增加了。

电离室可以分为双极性和单极性两种结构。双极性电离室是整个电离室全部被 α 射线照射；单极性电离室是电离室局部被 α 射线照射，形成电离区，未被 α 射线照射的部分成为非电离区。一般，离子感烟火灾探测器的电离室均设计成为单极性的，当发生火灾时，烟雾进入电离室后，单极性电离室要比双极性电离室的离子电流变化大，从而提高离子感烟探测器的灵敏度。

② 离子感烟火灾探测器的分类

离子感烟火灾探测器一般有两个电离室，一个用于检测，工作在特性灵敏区，另一个用于补偿，工作在特性饱和区，两电离室反向串联。按放射源设置方式不同，离子感烟火灾探测器可分为双源式和单源式两种。

双源式离子感烟火灾探测器如图 2-4 所示，检测电离室为开式结构，烟雾容易进入，补偿电离室为闭式结构，烟雾难以进入。无烟雾进入时，火灾探测器工作在特性曲线 A 点，当有烟雾进入，火灾探测器工作在特性曲线 B 点，形成电压差 ΔV，其大小反映了烟雾粒子浓度的大小。

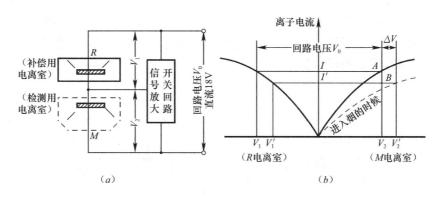

图 2-4　双源式离子感烟探测器原理图

(a) 电路原理；(b) 工作特性

单源式离子感烟火灾探测器如图 2-5 所示，检测电离室和补偿电离室由电极板 P_1、P_2 和 P_m 构成，共用一个放射源。在火灾探测时，检测电离室（外室）和补偿电离室（内室）都工作在其特性曲线的灵敏区，利用 P_m 极电位的变化量大小反映进入的烟雾浓度变化，实现火灾探测和报警。

2）光电感烟火灾探测器

① 减光式光电感烟火灾探测器

如图 2-6 所示，探测器的检测室内装有发光元件和受光元件。在正常情况下，受光元件接收到发光元件发出的一定光量；在火灾发生时，探测器的检测室内进入大量烟雾，发光元件的发射光受到烟雾的遮挡，使受光元件接收的光量减少，光电流降低，降低到一定值时，探测器发出报警信号。

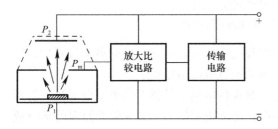

图 2-5　单源式离子感烟探测器原理图　　　　图 2-6　减光式光电感烟探测器原理图

② 散射光式光电感烟火灾探测器

如图 2-7 所示，探测器的检测室内亦装有发光元件和受光元件，在正常情况下，受光元件接收不到发光元件发出的光，因此不产生光电流。在火灾发生时，当烟雾进入探测器的检测室时，由于烟粒子的作用，使发光元件发射的光产生散射，这种散射光被受光元件所接收，使受光元件阻抗发生变化，产生光电流，从而实现了将烟雾信号转变成电信号的功能，探测器发出报警信号。

3）红外光束感烟火灾探测器

如图 2-8 所示，其基本结构由发射器、光学系统和接收器组成。发射器由间歇振荡器和红外发光管组成，通过测量区向接收器间歇发射红外光束。光学系统采用两块口径和焦距相同的双凸透镜分别作为发射透镜和接收透镜，红外发光管和接收硅光电二极管分别置于发射与接收端的焦点上，使测量区为基本平行光线的光路，并可方便调整发射器与接收器之间的光轴重合。接收器由硅光电二极管作为探测光电转换元件，接收发射器发来的红外光信号，把光信号转换成电信号后，由后续电路放大、处理、输出报警。

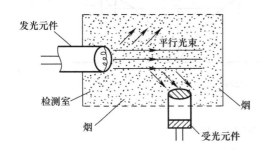

图 2-7　散射光式光电感烟探测器原理图　　　　图 2-8　线性红外光束感烟探测器原理图

在测量区内无烟时，发射器发出的红外光束被接收器接收到，这时的系统调整在正常监视状态。如果有烟雾扩散到测量区，对红外光束起到吸收和散射作用，使到达接收器的光信号减弱，接收器即对此信号进行放大、处理并输出报警。

4）吸气式感烟火灾探测器

通过管路采样的吸气式感烟探测器是通过管道抽取被保护空间的空气样本到中心检测室，以监视被保护空间内烟雾存在与否的火灾探测器。该探测器能够通过测试空气样本，了解烟雾的浓度，并根据预先确定的响应阈值给出相应的报警信号。

图 2-9 为一种典型的通过管路采样的吸气式感烟火灾探测器工作原理。内置的抽气泵在管网中形成了一个稳定的气流，通过所敷设的管路抽样孔不停地从警戒区域抽取空气样品并送到探测室进行检测。为了防止空气中的灰尘或其他颗粒对检测造成干扰，所采集的空气样品要经过一道过滤网。

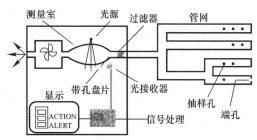

图 2-9　管路采样的吸气式感烟探测器原理示意图

在测量室内特定的空间位置安装了测量光源（一般为氙闪光灯或激光器）及特殊的反射镜，来自被保护区的烟雾粒子经过气流传感器穿过反射镜中心孔后，激光发射装置发射出平行的激光光束，照射到空气样本上。如果样本中有烟粒子存在，光束将产生前向散射，散射光线经凹面反光镜反射到高灵敏度光接收器，所产生的散射光强弱变化量测量后经过处理计算，并结合测得的散射光信号脉冲数，测出空气样本中的烟粒子数。这些数据经"人工神经网络"微处理器处理后，与预先设定的报警阈值比较，如果烟雾浓度达到警报级别则发出警报，而其他杂乱光线透过中心光栏后由平面反光镜射出探测室。

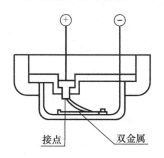

图 2-10　点型定温探测器原理示意图

（2）感温火灾探测器

1）定温式感温火灾探测器

定温式探测器有点型和线型两种结构形式。

① 点型定温式探测器

阈值比较型点型定温探测器一般利用双金属片、易熔合金、热电偶、热敏电阻等元件为温度传感器。图 2-10 所示为双金属片定温探测器，当发生火灾时，探测器周围环境温度升高，双金属片受热变形而发生弯曲。当温度升高到某一特定数值时，双金属片向上弯曲，接点接通相关的电子线路送出火警信号。

② 线型定温探测器

线型定温火灾探测器，即线型感温电缆，由两根弹性钢丝分别包敷热敏绝缘材料，绞对成型，绕包带再加外护套而制成，如图 2-11 所示。在正常监视状态下，两根钢丝间阻值接近无穷大。由于有终端电阻的存在，电缆中通过细小的监视电流。当电缆周围温度上升到额定动作温度时，其钢丝间热敏绝缘材料性能被破坏，绝缘电阻发生跃变，几近短路，火灾报警控制器检测

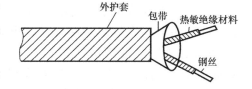

图 2-11　线型定温探测器结构图

到这一变化后报出火灾信号。当线型定温火灾探测器发生断线时，监视电流变为零，控制器据此可发出故障报警信号。

2）差温式感温火灾探测器

① 膜盒式差温探测器

膜盒式差温探测器是点型差温探测器中的一种，结构如图 2-12 所示。主要由感热外罩、波纹片、气塞螺钉及触点等构成。感热外罩、波纹膜片和气塞螺钉共同形成一个密闭的气室，该气室只有气塞螺钉的一个很小的泄漏孔与外面的大气相通。在环境温度缓慢变化时，气室内外的空气由于有泄漏孔的调节作用，因而气室内外的压力仍能保持平衡。但是，当发生火灾，环境温度迅速升高时，气室内的空气由于急剧受热膨胀而来不及从泄漏孔外逸，致使气室内的压力增大，将波纹片鼓起，而被鼓起的波纹片与触点碰接，从而接通了电触点，于是送出火警信号到报警控制器。

② 空气管式差温探测器

空气管式差温探测器是线型差温探测器，如图 2-13 所示，其敏感元件空气管为 $\phi 3 \times 0.5$（直径 3mm、壁厚 0.5mm）的紫铜管，置于要保护的现场，传感元件膜盒和电路部分，可装在保护现场内或现场外。

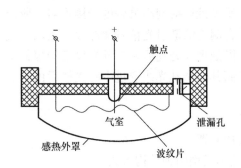

图 2-12　膜盒式差温探测器结构示意图

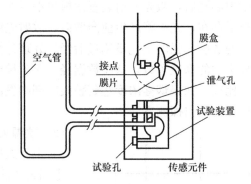

图 2-13　空气管式差温探测器结构示意图

当气温正常变化时，受热膨胀的气体能从传感元件泄气孔排出，因此不能推动膜片，动、静接点不会闭合。一旦警戒场所发生火灾，现场温度急剧上升，使空气管内的空气突然受热膨胀，泄气孔不能立即排出，膜盒内压力增加推动膜片，使之产生位移，动、静接点闭合，接通电路，输出火警信号。

3）差定温式感温火灾探测器

差定温探测器是兼有差温探测和定温探测复合功能的探测器。若其中的某一功能失效，另一功能仍起作用，因而大大地提高了工作的可靠性。

图 2-14 所示为电子差定温探测器的工作原理图，采用两只同型号的热敏元件（电阻），其中 R_M 位于监测区域的空气环境中，使其能直接感受到周围环境气流的温度，R_R 密封在探测器内部，以防止与气流直接接触。当外界温度缓慢上升时，R_M 和 R_R 均有响应，此时探测器表现为定温特性。当外界温度急剧上升时，R_M 阻值迅速下降，而 R_R 阻值变化缓慢，此时探测器表现为差温特性。

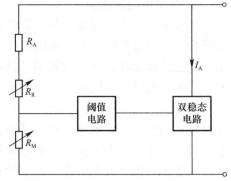

图 2-14　电子差定温探测器原理结构图

4）光纤感温火灾探测器

① 线型光纤感温火灾探测器

1871年英国物理学家瑞利（Ray Leigh）发现：当光线入射到某介质后，由于介质中分子质点不停的热运动破坏了分子之间固有的位置关系，从而产生散射，称为瑞利散射。1928年印度物理学家拉曼（Raman）发现：如果入射光是单色光，则在散射光谱中，在原有谱线两侧的对称位置上会出现新的弱谱线，长波侧相对比较强的谱线为斯托克斯光（Stokes）；短波侧相对比较弱的谱线是反斯托克斯光（Anti Stokes）。

线型光纤感温火灾探测器主要依据光纤的背向拉曼散射温度效应和光纤的光时域反射（OTDR）和光频域反射（OFDR）原理。当光脉冲从光纤的一端射入光纤时，光脉冲会沿着光纤传播，由于光的散射，在传播中的每一点都会产生反射，有一小部分散射光会沿着光纤反射回来，方向正好与入射光的方向相反（亦可称为"背向"），这种背向反射光的强度与光纤中的反射点的温度有一定的相关关系。反射点的温度（该点的光纤环境温度）越高，反射光的强度也越大。也就是说，背向反射光的强度可以反映反射点的温度。利用这个现象，若能测量出背向反射光的强度，就可以计算出反射点的温度。光时域反射原理是光时域反射复用（Optical Time Domain Reflectermetry），即光源按脉冲方式工作，每发出一个短脉冲后，光纤反射回多个光脉冲，每个反射光脉冲对应不同的位置。依据时间延迟数值可以区分不同的位置。通过检测光脉冲的发射和返回的时间差决定光的散射水平和位置。

拉曼光纤感温火灾探测器结构如图2-15所示。光源系统向光纤注射光脉冲，分光系统将返回的散射光进行特征提取，分离出斯托克斯光与反斯托克斯光后，再按光时域反射的方法进行信号分析与处理，即可得到光纤上绝对位置的温度，与报警温度设定值比较，得到报警信号。

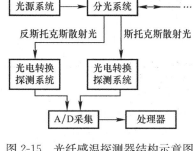

图2-15 光纤感温探测器结构示意图

② 光纤光栅感温探测器

光纤光栅本质是一段纤芯折射率周期性变化的光纤，长度一般只有10mm左右。如图2-16所示，当一束宽光谱光 λ 经过光纤光栅时，被光栅反射回一单色光 λ_B，相当于一个窄带的反射镜。反射光的中心波长 λ_B 与光栅的折射率变化周期和纤芯有效折射率有关，当光纤光栅周围的温度发生变化时，将导致光栅周期和有效纤芯折射率产生变化，从而产生光栅信号的波长漂移 $\Delta\lambda_B$。通过监测波长 λ_B 的变化情况，即可获得测量点上光纤光栅周围温度的变化状况。

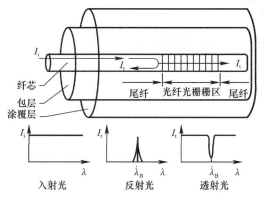

图2-16 光纤光栅示意图

（3）火焰探测器

根据探测器的原理差别，通常火焰探测器分为两大类。第一类是以探测火焰辐射光谱中红紫外光为目标的感光型火焰探测器，第二类是基于模式识别技术，以识别火焰发生时表现出来的颜色、亮度、闪烁、边缘变化等视觉特征为目标的图像型火焰探测器。

根据火焰燃烧所产生的光谱特性，感光型火焰探测器又可分为三种：第一种是对火焰中波长较短的紫外光辐射敏感的紫外探测器；第二种是对火焰中波长较长的红外光辐射敏感的红外探测器；第三种是同时探测火焰中紫外线和红外线的红紫外复合型探测器。

1）火焰光谱特征

一个碳氢类化合物扩散型火焰的典型辐射光谱图参见图 2-17 和图 2-18。图中火焰辐射曲线有三个凸起部分，一个是紫外段 $0.28\mu m$ 以下部分，另两个分别是红外段 $2.6\mu m$ 和 $4.4\mu m$ 附近。在这三个波段，地表上的太阳光辐射曲线恰好处于波谷位置，称为"日光盲区"。其中 $4.4\mu m$ 附近出现的火焰辐射波峰部分，是燃烧产物 CO_2 受热而发出的共鸣辐射发光光谱，它比其他光谱具有绝对大的辐射强度，此特征为火焰所特有，通常对火焰的红外探测就是利用本波段。紫外光敏管的响应波长范围一般为 180nm 至 260nm 之间，而对其他频谱范围的光线不敏感，利用它可以对火焰中的紫外线进行检测。

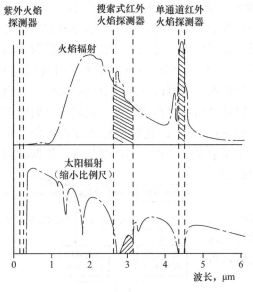

图 2-17　火焰辐射光谱与太阳光光谱示意图

2）红外火焰探测器

① 红外热释电效应

对于少数电介质，在外加电压作用下产生的极化状态不会随外加电压的消失而消失，这种现象被称为自发极化。自发极化的强度与温度有关，随着温度的上升而降低。当温度上升到某个特定值时，自发极化突然消失，这个温度称为居里点。当电介质受到红外辐射后，其内部温度升高，自发极化强度随之降

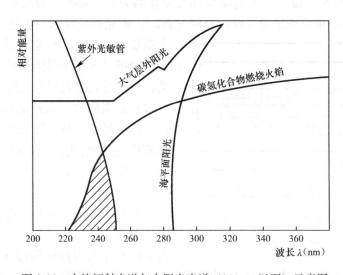

图 2-18　火焰辐射光谱与太阳光光谱（300nm 以下）示意图

低，这时它表面的电荷也随之释放，当温度达到居里点时，电荷全部释放，这种现象称为电介质的热释电效应。红外热释电传感器就是基于这种原理制成的。

② 红外火焰探测器

红外火焰探测器有单波段、双波段和三波段红外火焰探测器。

单波段红外火焰探测器用一个探测元件，探测 $4.35\mu m$ 附近的红外辐射。

双波段红外探测器一般都被设计为对峰值辐射产生响应，另外再选用位于峰值波段附近（$3.8\sim4.1\mu m$）的背景辐射作为其参考探测目标。探测器的信号处理电路就信号的闪烁性、单一波段接收到的信号强度（阈值分析），以及两个探测器所接收到的信号强度间的比值等方面对上述两个波段接收到的辐射信号进行分析处理，从而将火焰和其他干扰源区别开来。

三波段红外火焰探测器使用了三个具有极窄探测波段的红外传感器作为探测器件，这三传感器各自所覆盖的探测波段，除了和普通红外火焰探测器一样选择了 CO_2 峰值辐射作为主要探测目标之外，三波段红外火焰探测器还在峰值辐射波段两侧各选择了一个用于鉴别高温红外辐射源和背景辐射的窄波段作为监视目标。由于任意一个红外辐射源在这三个波段都有自己独一无二的光谱特征，比较这三个波段辐射强度之间的数学关系，就可将火焰和其他红外辐射源区别开来。

3）紫外火焰探测器

① 紫外光电效应

紫外火焰探测器的敏感元件是紫外光敏管，它是在充有一定量氢气和氦气的玻璃管内装置两根高纯度的钨或银丝制成的电极。当电极接收到紫外光辐射时产生光电效应立即发射出电子，并在两极间的电场作用下被加速，同氢气和氦气分子碰撞时，将使气体分子电离，电离后产生的正负离子又被加速，它们又会使更多的气体分子电离。于是在极短的时间内，造成"雪崩"式的放电过程，从而使紫外光敏管由截止状态变成导通状态，驱动电路发出报警信号。

② 紫外火焰探测器

紫外火焰探测器的电路原理如图 2-19 所示，当紫外光敏管阴极被紫外光照射后，产生雪崩放电，光电管的内阻变小，使电子开关导通。电容器 C 上的电压通过光敏管、R_1 电子开关迅速放电。当 C 上电压下降到光敏管着火电压以下时，光敏管截止，电子开关断开，电源又对 C 充电。当 C 上电压达到着火电压后，光照阴极逸出的电子在外电场作用下又形成电流，使光电管内阻变小，电子

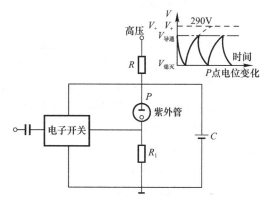

图 2-19　紫外火焰探测器电路原理图

开关导通，重复上述过程。每重复一次，电子开关产生一个脉冲，这样电子开关就输出一串脉冲。脉冲的频率决定紫外光照的强度和 C、R_1 的大小。当 C 和 R_1 一定时，光照越强，频率越高。通过测量脉冲频率就可以测得紫外光照的强度，当脉冲频率高于一定值时，发出火警信号。

4）图像型火焰探测器

图像火焰探测就是利用图像处理的方法，探测火灾中发生的各种可见的物理现象，以及这些物理现象的图像表现在多大程度上代表了火灾的典型特征而区别于火灾以外的其他物理现象。在图像型火焰探测技术领域，常用的方法主要是通过分析火焰的颜色、纹理、亮度时变、闪烁频率、边缘变化等参数作为火灾探测的判据，确定火灾发生。在实现算法上有图像分割算法、趋势算法、概率神经网络算法等。

（4）可燃气体探测器

可燃气体探测器利用对可燃气体敏感的元件来探测可燃气体浓度，当可燃气体浓度达到危险值（超过限度）时报警。可燃气体的探测原理，按照使用的气敏元件或传感器的不同分为热催化原理、热导原理、气敏原理和三端电化学原理四种。

热催化原理是指利用可燃气体在有足够氧气和一定高温条件下，发生在铂丝催化元件表面的无焰燃烧，放出热量并引起铂丝元件电阻的变化，从而达到可燃气体浓度探测目的。

热导原理是利用被测气体与纯净空气导热性的差异和在金属氧化物表面燃烧的特性，将被测气体浓度转换成热丝温度或电阻的变化，达到测定气体浓度的目的。

气敏原理是利用灵敏度较高的气敏半导体元件吸附可燃气体后电阻变化的特性来达到测量和探测目的。

三端电化学原理是利用恒电位电解法，在电解池内安置三个电极并施加一定的极化电压，以透气薄膜将电解池同外部隔开，被测气体透过此薄膜达到工作电极，发生氧化还原反应，从而使得传感器产生与气体浓度成正比的输出电流，达到探测目的。

红外吸收式气体传感器原理基于郎伯-比尔（Lambert-Beer）定律，即若对两个分子以上的气体照射红外光，则分子的动能发生变化，吸收特定波长光，这种特定波长光是由分子结构决定的，由该吸收频谱判别分子种类，由吸收的强弱可测得气体浓度。

2.2.2 入侵探测技术

1. 入侵探测技术概述

（1）入侵探测方法

"入侵"指非法进入警戒区域或触动警戒对象。"探测"指通过一定手段感测或感知某种行为。由入侵探测与报警技术组成的入侵报警系统是安全防范报警技术中应用最广泛的一种，是技术防范系统中极其重要的一个组成部分。

入侵探测器是专门用来探测入侵者的移动或其他动作的由电子及机械部件所组成的装置。通常是由各种类型的传感器和信号处理电路组成，又称为入侵报警探头。其中传感器是核心器件，将被测物理量（如温度、压力、位移、振动、光和声音等）转换成容易识别、检测和处理的电量（如电压、电流和阻抗等）。

（2）入侵探测器的分类

入侵探测器的分类方法很多。

按探测的物理量可分为磁开关探测器、振动探测器、声控探测器、被动红外探测器、主动红外探测器、微波探测器、电场探测器、激光探测器等。

按探测的工作方式分为主动探测器和被动探测器。主动探测器：工作时探测器中的发射传感器向防范现场发射某种形式的能量，在接收传感器上形成稳定变化的信号分布。一旦危险情况出现，稳定变化的信号被破坏，形成有报警信息的探测信号，经处理后产生报警信号。被动探测器：工作时探测器本身不向防范现场发射能量，而是依靠接收自然界能量在探测器的接收传感器上形成稳定变化的信号。当危险情况出现时，稳定变化的信号被破坏，形成有报警信息的探测信号，经处理后产生报警信号。

按警戒范围可分为点控制型探测器、线控制型探测器、面控制型探测器和空间控制型探测器。点控制型探测器：警戒范围是一个点，如开关式探测器。线控制型探测器：警戒范围是一条线，如主动式红外、激光探测器。面控制型探测器：警戒范围是一个平面，如振动式探测器，声控/振动玻璃破碎探测器。空间控制型探测器：警戒范围是一个立体的空间，如微波探测器、超声波探测器、被动式红外探测器、声控探测器、视频探测器、微波—被动红外双技术探测器。

按探测器输出的开关信号可分为常开型探测器、常闭型探测器和常开/常闭型探测器。常开型探测器：短路报警，断路正常。常闭型探测器：短路正常，开路报警。常开/常闭型探测器：具有常开/常闭端口，通过连接可设置为常开或常闭方式。

按信道可分为有线探测器和无线探测器。有线探测器：探测器和报警器之间采用有线方式连接。无线探测器：采用无线电波传输报警信号。

按应用场合可分为室内型探测器和室外型探测器。同一类型的探测器，室外的要比室内的技术指标高得多，这是因为室外的环境条件较室内的恶劣。

2. 常用入侵探测器探测原理

（1）开关探测器

开关探测器是使前置电路产生短路或断路，从而向报警控制器送去启动报警开关信号的元器件。常用的开关探测器有磁控开关、微动开关、紧急报警开关、压力垫开关等，开关探测器通常属于点控制型探测器。

1）磁控开关

磁控开关由干簧管和磁铁构成，如图 2-20 所示，当干簧管相对于磁铁移开至一定距离时产生报警信号。磁控开关使用时可将干簧管部件安装在固定的门框或窗框上，而将永久磁铁部件安装在活动的门或窗上。

2）压力垫开关

压力垫开关（pressure pad）是对瞬间压力的轻微变化作出反应的开关型探测器，如图 2-21 所示。平时，因绝缘体的支撑，金属带互不接触，传感器开关断开。当有入侵者踩踏地毯，地毯受力使得没有绝缘体支撑部分的金属带接触，传感器开关闭合，发出报警。可把它隐藏在防范区域的地毯下面或其他东西下面。

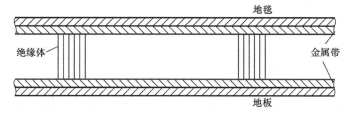

图 2-21 压力垫开关原理图

（2）主动式红外探测器

主动式红外探测器（active infrared intrusion detector）由主动红外发射机和主动红外

接收机组成，如图 2-22 所示。红外发射机驱动红外发光二极管发射出一束调制的红外线束，在离发射机一定距离处，与之对准放置一个红外接收机，它通过光敏晶体管接收发射端发出的红外辐射能量，并经过光电转换将其转变为电信号，此电信号经适当的处理再送往报警控制器电路。

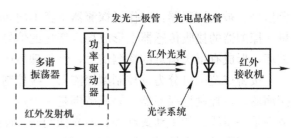

图 2-22　主动红外探测器原理图

当发射机和接收机之间的红外光束被完全遮断或按给定百分率遮断时能产生报警信号输出。

（3）被动红外探测器

被动式红外探测器（passive infrared intrusion detector）由光学系统、热释电传感器、报警控制器组成，如图 2-23 所示。其核心是热释电传感器通过光学系统的配合作用，可探测到某一个立体防范空间内热辐射的变化。当有人在探测区域内走动时，会造成红外辐射能量的变化，热释电传感器将能量变化转换为相应的电信号，送往报警控制器，发出报警信号。

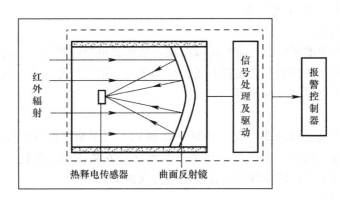

图 2-23　被动红外探测器原理图

（4）微波报警探测器

微波报警探测器（microwave intrusion detector）是基于微波的基本理论和特点，有微波墙式探测器和雷达式微波探测器。

1）微波墙式探测器

微波墙式探测器（microwave fence detector）和主动式红外报警探测器类似，如图 2-24

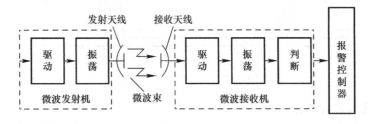

图 2-24　微波墙式探测器原理图

所示，微波发射机和微波接收机分置，之间形成一堵无形的"墙"，利用场干扰原理或波束阻断原理判断微波的变化。

2）雷达式微波探测器

雷达式微波探测器也称多普勒式微波探测器或微波移动探测器，利用微波的多普勒效应，实现对移动目标的探测。

多普勒效应如图 2-25 所示，频率为 f_0 的波传播时，遇到物体产生反射，如反射物体固定，则反射波频率不变，若反射物体是运动的，则反射波频率发生变化（变为 $f_0 \pm f_d$），变化的频率 f_d 称为多普勒频移。多普勒频移的大小与传播速度、反射物体径向速度、反射频率有关。

雷达式微波探测器的工作原理如图 2-26 所示，反射器发出频率为 f_0 的微波信号，形成微波警戒区域，若遇固定物体，则接收器收到的频率仍为 f_0；若遇朝向探测器的物体反射，则接收率为 $f_0 + f_d$；若遇背向探测器的物体反射，则接收频率为 $f_0 - f_d$。多普勒频移为 f_d，经放大、滤波、分析处理后报警。

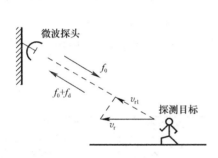

图 2-25　多普勒效应示意图

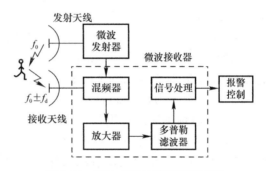

图 2-26　雷达式微波探测器原理图

（5）声控探测器

当被探测目标入侵防范区域时，总会发出一定的声响。能响应这些由空气传播的声音，并进入报警状态的装置称为声控探测器。在报警系统中声控探测器又常作报警复核装置。

声控探测器（acoustic detector）由声电传感器、前置音频放大器两部分组成。

（6）玻璃破碎探测器

玻璃破碎探测器（glass-break detector）是专门用来探测玻璃破碎功能的一种探测器，基本分为以下几种：

1）声控型单技术玻璃破碎探测器。

2）声控－振动型双技术玻璃破碎探测器。

3）次声波－玻璃破碎高频声响双技术玻璃破碎探测器。次声探测器检测的是由气压差引起的次声波和开关门窗引起的次声波。它能探测频率低于 20Hz 的声波。其工作原理和发射探测器的原理相似。只是声探测器中的带通放大器在这里为低通放大器，即由拾音器接收到次声波信号后，变成相应的电信号，经低通放大器放大滤波，使之具有一定强度，再经信号处理后，控制发出报警信号。

（7）振动探测器

振动探测器（vibration detector）以探测入侵者的走动或进行各种破坏活动时所产生

的振动信号作为报警的依据，常用的有机械式振动探测器、电动式振动探测器、振动电缆探测器和压电晶体振动探测器等。

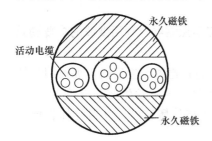

图 2-27　振动电缆探测器结构示意图

图 2-27 所示为电磁感应式振动电缆探测器结构示意图，电缆的主体部分是充有永久磁性的材料，且两边是异性磁极相对，在两相对的异性磁极之间有活动导线，当导线在磁场中发生切割磁力线运动时，导线中就有感应电流产生，提取这一变化的电信号，经处理实现报警。

（8）电场感应式探测器

将两根或多根高强度的带塑料绝缘层的导线通过绝缘的平行架架设在一些支柱上，一根场线、一根感应线紧靠在一起安装构成一组，由低频信号振荡器产生频率为 1～40kHz 的低频振荡信号电压并送到各条场线中，在场线的周围就会产生电磁场。由于此电磁场的分布是随场线中通入的正弦波交变电压而变化的，因此根据电磁感应定律，只要有变化的磁场存在，就会在感应线中产生感应电动势，从而有感应电流流过，这样，在场线与感应线之间就会形成一定状态的电磁场分布。当无人通过此电磁场的探测区时，感应线的输出是恒定的；当有人入侵时，探测区的电磁场就会受到干扰，从而使感应线输出的感应电压发生变化。

图 2-28 所示为泄漏同轴电缆探测器，是一种电场感应式探测器。将高频信号发射机和一根电缆相连，接收机与另一根电缆相连。发射机发射端的脉冲电磁沿发射电缆上的漏孔向外传播，并在两根电缆之间形成电场，一部分能量耦合到接收电缆。当有人入侵时，电磁

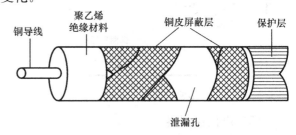

图 2-28　泄漏同轴电缆探测器原理图

场产生干扰，接收电缆信号变化。由入侵者引起的反射波耦合到接收电缆，根据开始发射脉冲和反射回脉冲之间的时间延迟可测定入侵者的位置。

（9）激光探测器

半导体激光探测器（laser detector）用半导体激光器作为光源，组成结构及外形上基本与主动红外探测器一样，所不同的只是用激光光源和激光接收器取代了主动红外探测器中的红外发光二极管和光电传感器。

（10）脉冲式电子围栏

脉冲电子围栏（fence high-voltage pulse detector）包括脉冲主机和前端围栏两个部分，如图 2-29 所示。主机输出端产生高压脉冲并传输到前端围栏上，形成回路的前端围栏将脉冲回传到主机的接收端。如果有人穿越或者剪断前端围栏，则形成短路或断路，主机会产生报警信号并把报警信号同时传给现场的报警器和监控中心。

（11）张（拉）力式电子围栏

张（拉）力式电子围栏（tensioned wire detector）由报警主机、张（拉）力探测器、金属线前端围栏等部位组成，如图 2-30 所示。工作时，金属线处于拉紧的状态，张力探测器处于中间工作状态，当有人拉动、剪断金属线时，张力探测器工作状态就会发生变化

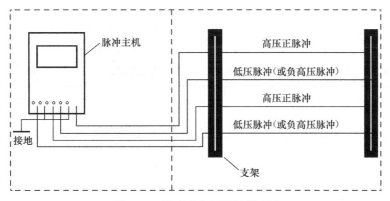

图 2-29　脉冲式电子围栏原理图

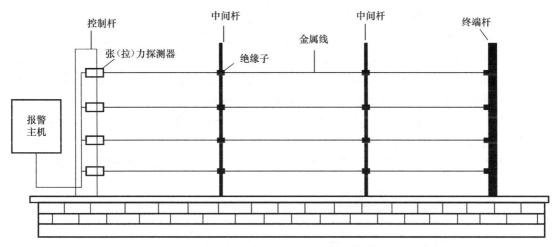

图 2-30　张（拉）力式电子围栏原理图

而产生报警信号，报警主机接到报警信号，在现场鸣响的同时将报警信号传到报警中心。

（12）双技术探测器

双技术探测器又称为双鉴探测器或复合式探测器，它是将两种探测技术结合在一起，以"相与"的关系来触发报警，即只有当两种探测器同时或相继在短暂的时间内都探测到目标时，才可发出报警信号。

常用的双技术探测器有超声波－微波、双被动红外、微波－被动红外、超声波－被动红外、玻璃破碎声响－振动双技术探测器等。

2.2.3　视频探测技术

视频探测（video detection）技术是采用光电成像技术（从近红外到可见光谱范围内）对目标进行感知并生成视频图像信号的一种探测技术。公共安全系统中应用的视频探测技术主要指利用摄像机的图像探测，摄像机多采用电荷耦合器件 CCD 和互补金属氧化物半导体 CMOS。

1. 电荷耦合器件

CCD（Charge Coupled Devices）即电荷耦合器件，是一种特殊的半导体材料，能够把光学影像转化为数字信号，CCD 由大量独立的 MOS 电容器组成，并按照矩阵形式排列，结构如图 2-31 所示。

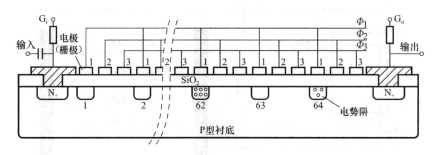

图 2-31　CCD 构造示意图

（1）MOS 的基本结构与原理

在 P 型硅衬底上生成一层 SiO_2，在 SiO_2 薄层上依次沉积金属或掺杂多晶硅形成铝条电极，称为栅极。该栅极和 P 型硅衬底形成规则的 MOS 电容器阵列，再加上两端的输入及输出二极管就构成了 CCD 芯片，具有光电转换、信息存储和电荷转移功能。

MOS 电容器和一般电容器不同的是，其下极板不是一般导体而是半导体。对于 P 型硅，若在栅极上加正电压，则多数载流子空穴被排斥，在 $Si-SiO_2$ 界面形成多数载流子耗尽区，得到存储少数载流子的陷阱，形成电荷包（也称电势阱），少数载流子一旦进入就不能离开。所加偏压越大，该电势阱就越深。可见 MOS 电容器具有存储电荷的功能。

（2）转移栅实行转移的工作原理

如图 2-32 所示，每一个像素上有 3 个电极 P_1、P_2、P_3，依次施加时钟脉冲 Φ_1、Φ_2、Φ_3。

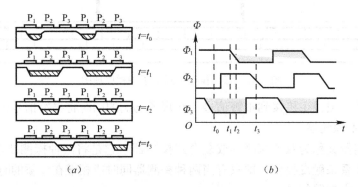

图 2-32　图像信号电荷的定向转移

t_0 时刻，Φ_1 是高电平，于是在电极 P_1 下形成势阱，并将少数载流子（电子）吸引聚集在 $Si-SiO_2$ 界面处，而电极 P_2、P_3 却因为加的是低电平，形象地称为垒起阱壁。

t_1 时刻，Φ_1 的高电平开始下降，Φ_2 为高电平，而 Φ_3 仍是低电平。在电极 P_2 下形成势阱，且和电极 P_1 下势阱耦合，因此储存在电极 P_1 下势阱中的电荷逐渐扩散漂移到电极 P_2 下的势阱区。由于电极 P_3 上的高电平无变化，因此仍高筑势垒，势阱里的电荷不能往电极 P_3 下扩散和漂移。

t_2 时刻，Φ_1 下降为低电平，Φ_2 仍为高电平，而 Φ_3 仍是低电平。电极 P_1 下的势阱完全被撤除而成为阱壁，电荷全部转移到电极 P_2 下的势阱内。

t_3 时刻，Φ_1 仍为低电平，Φ_2 高电平有所下降，Φ_3 为高电平。电极 P_3 下形成势阱，电荷由电极 P_2 下的势阱转移到电极 P_3 下的势阱内。

（3）输入和输出

CCD 的输入实际上是对光信号或电信号进行电荷取样，并把取样的电荷存储于 CCD 的势阱中，然后在时钟脉冲的作用下，把这些电荷转移到 CCD 的输出端。信号的输入有光注入和电注入两种方式。CCD 作摄像光敏器件时，其信号电荷由光注入产生。器件受光照射时，光被半导体吸收，产生电子—空穴对，这时少数载流子被收集到较深的势阱中。光照越强，产生的电子—空穴对越多，势阱中收集的电子也越多；反之亦然。就是说，势阱中收集的电子电荷的多少反映了光的强弱，从而可以反映图像的明暗程度，这样就实现光信号与电信号之间的转换。

一个个的 MOS 电容器可以被设计排列成一条直线，称为线阵；也可以排列成二维平面，称为面阵。一维的线阵接收一条光线的照射，二维的面阵接收一个平面的光线的照射。CCD 摄像机就是通过透镜把外界的影像投射到二维 MOS 电容器面阵上，产生 MOS 电容器面阵的光电转换和记忆，如图 2-33 所示。

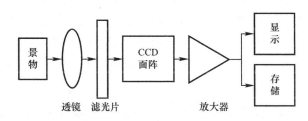

图 2-33　CCD 面阵

2. CMOS 视频传感器

互补金属氧化物半导体 CMOS 和 CCD 图像传感器都利用了硅的光电效应原理，不同点在于像素光生电荷的读出方式。

它们的主要区别是 CCD 是集成在半导体单晶材料上，而 CMOS 是集成在被称做金属氧化物的半导体材料上。图 2-34 为 CMOS 图像传感器的工作原理框图。

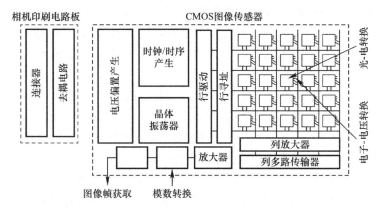

图 2-34　CMOS 图像传感器工作原理框图

CMOS 传感器内部芯片集成度高，而外围电路简单；光子转换为电子后直接在每个像元中完成电子电荷—电压转换。

3. 摄像机

（1）黑白摄像机

黑白摄像机通常包含有 CCD 外围电路，包括时序信号发生器和驱动电路、同步电路、预防电路、图像信号处理电路。黑白 CCD 摄像机电路框图如图 2-35 所示。

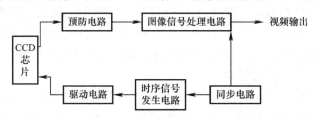

图 2-35　黑白 CCD 摄像机电路

（2）彩色摄像机

摄像机生成彩色图像信号，首先要对景物的光学图像进行分光，把一帧图像分解为三个基色分量，分光要通过光学系统来进行。彩色摄像机通常包含 CCD 外围电路，包括时序信号发生器和驱动电路、同步电路、基色图像信号分离电路（彩色分离）、彩色编码电路、图像信号处理电路等。其中，彩色编码电路是彩色摄像机的核心部分。彩色摄像机电路框图如图 2-36 所示。

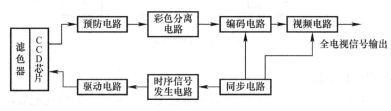

图 2-36　彩色摄像机电路

（3）网络摄像机

网络摄像机是传统摄像机与网络视频技术相结合的新一代产品，网络摄像机又叫 IP 摄像机（简称 IPC），它由网络编码模块和模拟摄像机组合而成。网络编码模块将模拟摄像机采集到的模拟视频信号编码压缩成数字信号，从而可以直接接入网络交换及路由设备，通过网络总线传送到 Web 服务器。网络摄像机一般内置一个嵌入式芯片，采用嵌入式实时操作系统。

网络摄像机除了具有普通复合视频信号输出接口 BNC 外，还有网络输出接口，可直接将摄像机接入本地局域网。网络上用户或远端用户可在 PC 上使用标准的网络浏览器，根据网络摄像机的 IP 地址，对网络摄像机进行访问，实时监控目标现场的情况，并可对图像资料实时编辑和存储，同时还可以控制摄像机的云台和镜头，进行全方位地监控。

IPC 能更简单地实现远程监控、更好地支持音视频、更好地支持报警联动、更灵活地录像存储、更丰富的产品选择、更高清的视频效果和更完美的监控管理。另外，IPC 支持 WIFI 无线接入、3G 接入、POE 供电（网络供电）和光纤接入。

2.2.4　出入口识别技术

1. 出入口识别技术概述

出入口识别（access identification）技术是对出入口目标进行识别的技术，包括自定义符识别技术和模式识别技术。

自定义符识别是对自定义特征信息进行识别，包括人员编码识别和物品编码识别。

人员编码识别（human coding identification）是通过编码识别装置获取目标人员的个人编码信息的一种识别。

物品编码识别（article coding identification）是通过编码识别装置读取目标物品附属的编码载体而对该物品信息的一种识别。

模式识别是对模式特征信息进行识别，包括人体生物特征信息识别和物品特征信息识别。

人体生物特征信息识别（human body biologic characteristic identification）是采用生物测定统计学方法，获取目标人员的生物特征信息并对该信息进行的识别。

物品特征信息识别（article characteristic identification）是通过物品特有的物理、化学等特性且可被转变为目标独有特征的信息进行识别。

识别方式有：基于知识的识别（如密码识别）、基于标识的识别（如卡片识别）和基于生物特征的身份识别。

密码是通过固定式键盘或乱序键盘输入的代码与系统中预先存储的代码相比较，两者一致则允许通过出入口。

卡片式是通过磁卡、韦根卡、集成电路智能卡等接触式或非接触式卡内信息经识读装置判别后决定允许持卡人出入。

生物特征识别是利用指纹、掌纹、脸面、视网膜、虹膜、声音、签名、DNA 等生物特征进行识别。

2. 感应卡识别技术

卡识别技术的发展大概经历了以下几个阶段：磁卡—接触式智能卡—射频感应卡—非接触式智能卡。

射频感应卡和非接触智能卡均为非接触式卡，统称为感应卡，都采用射频识别（radio frequency identification，RFID）技术。

（1）RFID 技术及分类

射频识别是一种非接触式的自动识别技术，它通过射频信号自动识别目标对象并获取相关数据。

RFID 按应用频率的不同分为低频（LF）、高频（HF）、超高频（UHF）、微波（MW），相对应的代表性频率分别为：低频 125kHz、134kHz，高频 13.56 MHz，超高频 860～960 MHz，微波 2.4GHz、5.8GHz。

（2）RFID 的基本组成

RFID 主要由 RFID 标签和读写器组成。

1）RFID 标签。俗称电子标签，也称应答器（Tag，Transponder，Responder），根据工作方式可分为主动式（有源）和被动式（无源）两大类。被动式 RFID 标签由标签芯片和标签天线或线圈组成，利用电感耦合或电磁反向散射耦合原理实现与读写器之间的通信。若 RFID 标签进入读写器的作用区域，就可以根据电感耦合原理（近场作用范围内）或电磁反向散射耦合原理（远场作用范围内）在标签天线两端产生感应电势差，并在标签芯片通路中形成微弱电流，如果这个电流强度超过一个阈值，就将激活 RFID 标签电路工

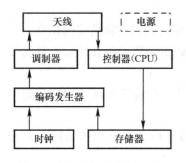

图 2-37　RFID 标签基本组成框图

作，从而对标签芯片中的存储器进行读/写操作。

RFID 标签的基本结构如图 2-37 所示，标签芯片一般由控制器、调制器、编码发生器、时钟以及存储器组成。时钟把所有电路功能时序化，使存储器中的数据在精确的时间内被传送到读写器。存储器中的数据是应用系统规定的唯一性编码，在电子标签被安装在识别对象上以前已被写入。数据读出时，编码发生器把存储器中存储的数据编码，调制器接收由编码器编码后的信息，并通过天线电路将此信息发射/反射到读写器。数据写入时，由控制器控制，将天线接收到的信号解码后写入到存储器。

2）读写器。也称阅读器、询问器（Reader，Interrogator），是对 RFID 标签进行读/写操作的设备，基本组成包括射频模块、控制处理模块和天线 3 部分，其中控制处理模块包括基带信号处理模块和智能模块。有时读写器的天线是一个独立的部分，不包含在读写器中。读写器的基本组成如图 2-38 所示。读写器是 RFID 系统中最重要的基础设施，RFID 标签返回的微弱电磁信号通过天线进入读写器的射频模块中转换为数字信号，再经过读写器的数字信号处理单元对其进行必要的加工整形，最后从中解调出返回的信息，完成对 RFID 标签的识别或读/写操作。

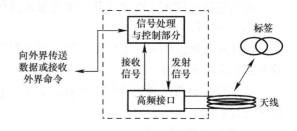

图 2-38　读写器基本组成框图接口

（3）RFID 技术的基本工作原理

如图 2-39 所示。RFID 标签进入磁场后，接收阅读器发出的射频信号，凭借感应电流所获得的能量发送出存储在芯片中的信息（Passive Tag，无源标签或被动标签），或者主动发送某一频率的信号（Active Tag，有源标签或主动标签）；阅读器读取信息并解码后，送中央信息系统进行有关信息处理。

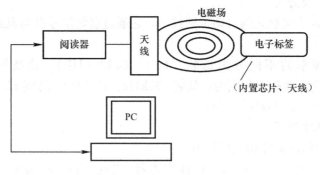

图 2-39　RFID 技术工作原理

3. 生物特征识别技术

生物识别系统工作模式分为验证模式（Verification）和辨识模式（Identification）两类。验证模式又称一对一匹配（One to One Matching），生物特征预先登记到样本数据库并设定一个标识码。匹配时，录入生物特征并输入标识码，系统根据标识码从数据库中提取特征样本与录入样本进行比较。辨识模式又称一对多匹配（One to Many Matching），把录入生物特征与样本数据库中的所有样本逐一进行比对，直至找到相匹配的样本或搜索完整个样本数据库后给出无对应特征的结论。

（1）生物特征识别技术原理

人体生物特征识别技术原理如图 2-40 所示，包括四个功能：通过图像采集系统采集生物特征图像；对生物特征图像预处理（定位、归一化、图像增强等）；提取特征信息，转化成数字代码；将代测代码与数据库中的模板代码进行比对，做出识别。下面以指纹识别为例说明其大致工作过程和原理。

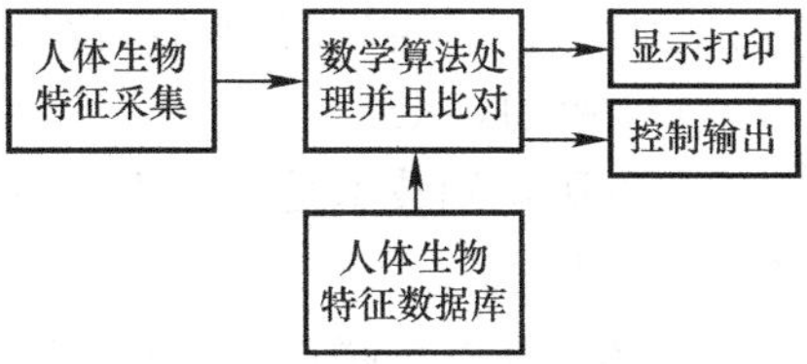

图 2-40　人体生物特征识别技术原理

首先是生物特征的创建过程。在实际应用中，称这个过程为用户登录（enrollment）。通过指纹读取设备读取到人体指纹的图像，取到指纹图像之后，要对原始图像进行初步的技术处理，使之更清晰。然后，指纹识别软件中的特征抽取模块对此图像进行处理，获得该指纹图像的特征模板（即指纹的数字表示特征数据），不同的指纹不会产生相同的特征模板。其过程是：指纹算法软件从指纹图像上找到被称为"特征点"（minutiae）的数据，主要是指纹纹路的分叉、中断或打圈处的坐标及其变化特征。通常手指上平均具有数十个特征点，所以这种方法会产生数以百计的特征数据。有的算法还把节点和方向信息组合产生了更多的数据，这些方向信息表明了各个节点之间的关系，也有的算法是基于全局处理整幅指纹图像。这些数据组合所形成的文件称为特征模板（template）。

创建好的特征模板以及与之关联的用户个人信息被存储在 PC 或嵌入式系统的存储器中，供实际验证时与新的模板进行比对。

实际使用时（称为验证过程，verification 或 identification），指纹采集设备再次采集用户的指纹图像，然后与上述过程一样，再次产生该用户的指纹特征模板。将该指纹模板与系统数据库中所有模板或某个特定模板进行比对——通过计算机模糊比较的方法，把两个指纹的模板进行比较，计算出它们的相似程度，最终得到两个指纹的匹配结果。

（2）几种常见的生物识别技术

目前已经出现了许多生物识别技术，如指纹识别、手掌几何学识别、虹膜识别、视网膜识别、面部识别、签名识别、声音识别、静脉识别、步态识别、基因识别等。

1）指纹识别

指纹有二个重要特征：一是两个不同手指的指纹纹脊的式样不同；二是指纹纹脊的式样终身不变。指纹识别技术通常采用特征点法，抽出指纹上山状曲线的分歧点或指纹中切断的部分（端点）等特征来识别。

2）掌纹识别

掌形的特征主要有：手掌的长度、宽度、厚度以及除大拇指之外的其余四个手指的表面特征。

掌形识别技术是通过识别的设备对人手的几何外形（手掌的形状、四指的长度、手掌的宽度和厚度等）进行三维测量。

与指纹识别相比，掌纹识别的可接受程度较高，其主要特征比指纹明显得多，而且提取时不易被噪声干扰。另外，掌纹的主要特征比手形的特征更稳定和更具分类性，因此掌纹识别应是一种很有发展潜力的身份识别方法。

3）声音识别

声音识别是通过分析使用者声音的物理特性（如波形和变化）来进行识别。声音的变化范围比较大，很容易受背景噪声、身体和情绪状态的影响。一个声音识别系统主要由三部分组成：声音信号的分割，特征抽取和说话人识别。

4）视网膜识别

视网膜识别技术是利用激光照射眼球的背面以获得视网膜特征且技术含量较高的一种生物识别技术。

人体的血管纹路也是具有独特性的，人的视网膜上面血管的图样可以利用光学方法透过人眼晶体来测定。通常这类系统使用一束低强度的发自红外发光二极管的光束环绕着瞳孔中心进行扫描。根据扫描后得到的不同位置所对应的不同反射光束强度来确定视网膜上的血管分布图样。

5）虹膜识别

虹膜识别技术是基于自然光或红外光照射下，对虹膜上可见的外在特征（266 个量化特征点）进行计算机识别的一种生物识别技术。

一个虹膜约有 266 个量化特征点。一般的识别技术只有 13～60 个特征点，所以虹膜识别特征点的数量是相当大的。并且虹膜结构不具遗传性，即使同卵双胞胎的虹膜也各不相同，虹膜自童年以后，若无重大疾病，基本不再发生变化。所以虹膜识别稳定度高、不易伪造、安全性高，识别的错误率比较低。

6）面部识别

主要应用技术有标准视频技术、热成像技术。面部识别包含人脸检测和人脸识别两个环节。人脸检测的目的是确认静态图像中人脸的位置、大小和数量。人脸识别是对检测到的人脸进行特征提取、模式匹配与识别。

7）签名识别

签名识别是测量图像本身以及整个签名的动作——在每个笔划以及笔划之间的不同的速度、顺序和压力来进行识别。

2.3　信号传输技术

2.3.1　信号传输方式

信号传输按照信号类型不同可以分为模拟信号传输和数字信号传输，按传输介质不同可以分为有线传输和无线传输。

1. 有线传输

（1）有线传输模式

有线传输模式分专线传输、公共网（电话网、数据网等）传输。

1）专线传输

专线传输是通过专线连接前端设备和后端设备，线路不作他用。有并行传输的分线制（亦称多线制）和串行传输的总线制两种。总线制有树型布线和环状布线两种形式。

图 2-41 所示为分线制传输模式示意图，前端设备分别与后端设备相连，前端设备之间无连接。

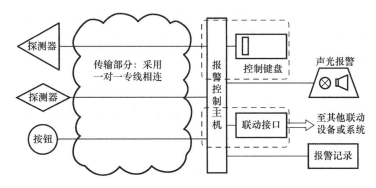

图 2-41　分线制传输模式示意图

图 2-42 所示为总线制传输模式示意图，前端设备通过其相应的总线模块（编址模块）与后端设备采用总线相连。

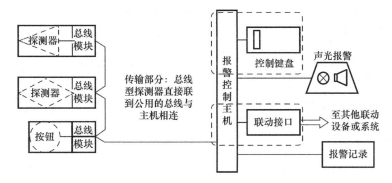

图 2-42　总线制传输模式示意图

2）公共网传输

图 2-43 所示为公共网传输模式示意图，前端设备与后端设备之间采用公共网络相连。公共网络可以是有线网络，也可以是有线－无线－有线网络，目前较为常见的有 PSTN 公共交换电话网络、GSM 和 GPRS 移动通信网络、局域网及因特网等。这种系统利用成熟的公共网络技术，可轻松实现远距离的探测覆盖、远距离可移动的系统操作与管理、大规模的前端设备和用户数，是组建远程报警、区域联网报警系统的优先选择。

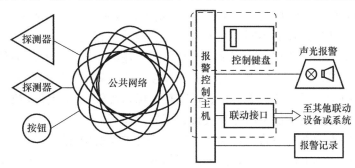

图 2-43　公共网传输模式示意图

（2）传输介质

有线传输介质有对绞线、同轴电缆、光纤等。传输介质的特性对公共安全系统的通信质量影响很大，包括：物理特性、传输特性（信号形式、调制技术、传输速率及频带宽度等）、连通性（点一点连接、多点连接）、地理范围（各点间最大距离）及抗干扰性（防止噪声、电磁干扰对数据传输影响能力）等。常用有线传输介质的类型与特点如表 2-3所示。

常用有线传输介质的类型与特点　　　　　　　表 2-3

介质类型		双绞线	同轴电缆	光缆
特性	物理特性	线芯一般是铜质，能提供良好传导率	单根电缆直径为 1.02～2.54cm，内芯多为铜质，能提供良好传导率，工作频率较宽	按波长范围分：0.85（0.8～0.9μm）波长区，为多模光纤；1.3（1.25～1.35μm）波长区，为单模/多模光纤；1.55（1.53～1.58μm）波长区，为单模光纤
	传输特性	既可传输模拟信号，也可传输数字信号，数据传输速率可达 1.544Mb/s，采用一定技术手段能达到更高的数据传输速率	阻抗 50Ω 的基带同轴电缆多用于数据传输，最高传输速率10Mb/s；阻抗 75Ω 的基带同轴电缆既可传输模拟信号也可传输数字信号，对模拟信号，带宽可达 300～450MHz。传输距离取决于信号形式和传输速率，基带电缆最大距离几千米，宽带电缆传输距离可达几十千米	通过内部的全反射传输光信号，光纤频率范围为1014～1015MHz，覆盖可见光谱和部分红外光谱，其传输速率达 Gb/s 级，传输距离数十千米
	连通性	多用于点一点连接，也可用于多点连接	适用点一点和多点连接；基带电缆可支持数百台设备；宽带电缆可支持数千台设备，但高速率传输时（50Mb/s），设备数量为 20～30 台	功率损失小且有很大带宽潜力，支持的分接头数远比双绞线或同轴电缆多
	抗干扰能力	传输低频（10～100kHz 以下）时，抗干扰能力相当于或高于同轴电缆	抗干扰能力比双绞线强	不受电磁干扰或噪声干扰的影响，适宜远距离传输，并能提供很好的安全性

2. 无线传输

无线传输的介质是无线电磁波，频谱分布如图 2-44 所示，有无线电波、微波、红外和激光等，无线电波按波长的不同分长波、中波、短波、超短波。

微波通信就是利用微波在视距范围内进行信息传输的一种点一点的通信方式，可传输视频、音频、数据等。微波通信主要有地面微波接力通信和卫星通信两种方式。

红外线作为廉价、近距离、无连接、低功耗、保密性较强的传输介质，广泛应用于诸多行业，特别是安全防范系统中的红外夜视、周界入侵等。

激光有很强的方向性，沿直线传播。能产生非常纯净的窄光束，同时具有更高的能量输出，射向目标中途不会产生反射，故激光通信网络只能直接连接，多用于长途通信中需高速率的场合。安全防范系统基于激光技术可实现周界入侵探测等。

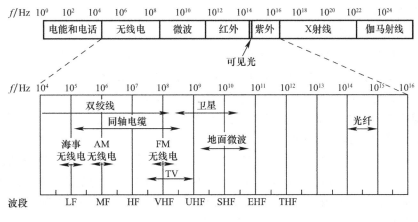

图 2-44　电磁波频谱分布图

2.3.2　不同信号的传输线路

1. 报警输入信号的有线传输线路

此处的报警输入信号指火灾报警输入信号、入侵报警输入信号，还包括出入口控制系统中识读设备与控制器之间的通信信号。

火灾自动报警系统的传输线路采用耐压不低于交流 300/500V 的多股铜芯绝缘电线或铜芯电缆。安全防范系统报警信号传输线路耐压应不低于交流 250V。识读设备与控制器之间的通信信号采用多芯屏蔽双绞线。

按机械强度要求铜芯绝缘导线、电缆芯线的最小截面积如表 2-4 所示。

铜芯绝缘导线、电缆芯线的最小截面积　　　　　　　　　表 2-4

序　号	类　　别	最小截面积（mm^2）
1	穿管敷设的绝缘导线	1.00
2	线槽内敷设的绝缘导线	0.75
3	分线制用多芯电缆	0.50
4	总线制用多芯电缆	1.00

2. 控制信号的有线传输线路

火灾自动报警系统的 50V 以下供电的控制线路采用电压等级不低于交流 300/500V 的铜芯绝缘导线或铜芯电缆，采用交流 220/380V 的供电的控制线路采用电压等级不低于交流 450/750V 的铜芯绝缘导线或铜芯电缆。

入侵报警系统和视频安防监控系统的控制信号电缆采用铜芯线缆，其芯线的截面积在满足技术要求的前提下，不应小于 0.50mm^2；穿导管敷设的电缆，芯线的截面积不应小于 0.75mm^2。

出入口控制系统控制器与执行设备之间的绝缘导线不应小于 0.75mm^2。

3. 视频信号的传输线路

视频信号的传输，按导线结构可分为同轴电缆（不平衡电缆）、自平衡电缆（电话电缆，双绞线）和光缆传输等；按传输频率可分为视频基带传输、射频传输、光缆传输等；按信号类型分为模拟信号传输和数字信号传输等。

（1）同轴电缆传输线路

1）同轴电缆视频基带传输

同轴电缆视频基带传输方式是采用同轴电缆传输标准的 0～6MHz 频率的视频信号。优点是系统简单，在短距离范围内失真小、附加噪声低（系统信噪比高）；不必增加诸如调制器、解调器等附加设备。缺点是传输距离不能远，300m 以上高频分量衰减较大，无法保证图像质量；一根同轴电缆只传送一路电视信号、抗干扰能力差等。视频基带传输是模拟视频信号最常用的传输方式。

在视频传输系统中，摄像机的输出阻抗为 75Ω 不平衡方式，而控制台及监视器的输入阻抗也为 75Ω 不平衡方式，故为了整个系统的阻抗匹配，其传输线也必须采用 75Ω 特性阻抗的同轴电缆。最常用的同轴电缆为 SYV-75-5（型号含义：S—同轴射频电缆，Y—聚乙烯实心绝缘，V—聚氯乙烯护套，75—标称特性阻抗 75Ω，5—绝缘外径）。

2）同轴电缆射频传输

同轴电缆射频传输是将视频图像信号经调制器调制到某一射频频道上进行传送。优点是布线简单、抗干扰能力强。缺点是需增加调制器、混合器、线路宽带放大器、解调器等传输部件，而这些传输部件会带来不同程度的信号失真，并且会产生交扰调制与相互调制等干扰信号；同时，当远端的摄像机相对分散时，也需要分支传输线将各支路射频信号传送至主干线，再经混合器混合后传送至控制中心，以上这些会使传输系统的造价升高。

射频传输最常用的同轴电缆为 SYWV-75（型号含义：S—同轴射频电缆，YW—物理发泡聚乙烯半空气绝缘，V—聚氯乙烯护套，75—标称特性阻抗 75Ω），比 SYV 同轴电缆在射频上传输衰减小。正由于 SYWV 同轴电缆比 SYV 同轴电缆在射频上更好的传输性能，SYV 同轴电缆因此不再用于射频传输而只用于视频基带传输，故现在习惯上将 SYV 称为视频同轴电缆。

3）同轴电缆数字视频传输

HD-SDI 摄像机的视频信号可通过同轴电缆传输，HD-SDI（High Definition-serial digital interface，高清数字分量串行接口）视频是非压缩的串行数字码流，码率是 1.485Gbps，同轴电缆传输距离在 100～200m。由于是非压缩视频，视频质量很高，系统延时极小，能满足高质量监控需求。

视觉无损压缩的视频信号也可通过同轴电缆传输，传输距离可达 300m。视觉无损压缩是利用人眼的视觉特性，通过一些压缩算法，把视频中人眼不可察觉或对人眼没有任何作用的冗余信息除去，在保证主观质量没有明显变化的前提下，把 1.485Gbps 非压缩视频码率降到了原先的 1/4～1/5，同时延时控制在微秒级别，这样既降低了传输、交换设备的压力，又保证了视频的高质量。

（2）光缆传输线路

光缆传输方式是将图像信号送入光发射端机，经由光纤传送至终端后，由光接收端解调出视频基带信号。

光缆传输有调频光缆传输、多路调幅光缆传输、数字光缆传输等三种形式。

调频（FM）光缆传输：调频光缆可传输多频道高质量信号，且传输距离远，如有的公司的 FM 光缆传输系统，一根光纤可传输 16 路视频信号，传输距离达 40km。这是早期的光纤传输应用。

多路调幅（AM）光缆传输：是一种残留边带调幅光缆传输系统，一般的 AM 光纤可传输 40 个频道，且性能/价格比高。

数字光缆传输：数字光缆传输系统无中继噪声积累，无任何交互调失真，在非常长的距离上仍能保持很好的图像质量。

（3）双绞线传输线路

1）双绞线平衡传输

因标准视频信号接口一般是 75Ω 非平衡方式，而双绞线传输时是 100Ω 平衡方式。因此，双绞线传输视频信号时，首先将发送端电视摄像机输出的信号经过不平衡到平衡的转换，变成适合双绞线传输的平衡（差分）信号进行传输，在接收端进行与发送端相反的处理，将通过双绞线传输来的平衡信号转换成输出阻抗为 75Ω 非平衡信号。

双绞线传输具有抗干扰能力强、传输距离远（1km）、布线容易、节省空间、价格低廉等优点。

2）双绞线网络传输

早期是将模拟摄像机的视频信号接入网络视频服务器，通过网络视频服务器转换成 MPEG 格式的视频进行网络传输，占用的带宽较大。现在网络摄像机产品是将模拟摄像机和网络视频服务器合二为一，且多采用 H.264、H.265 格式进行传输，带宽占用相对变小。一条网线可传输多路数字视频信号，比传统的基带一线一信号传输灵活了许多。但是网络传输的编解码过程、网络带宽的限制、远距离的层层交换，使得网络视频存在明显的延时，尤其是传输动态视频时可能会存在卡顿现象，无法像同轴电缆传输那样做到实时监控。

（4）微波传输

微波传输是几公里甚至几十公里不易布线场所的监控传输的解决方式之一。采用调频调制或调幅调制的办法，将图像搭载到高频载波上，转换为高频电磁波在空中传输。优点是省去布线及线缆维护费用，可动态实时传输广播级图像。缺点是频段在 1GHz 以上开放的空间很容易受外界电磁干扰；微波信号为直线传输，中间不能有山体、建筑物遮挡；高波段受天气影响较为严重，尤其是雨雪天气会有严重雨衰现象。

2.4 信息存储技术

2.4.1 信息存储技术概述

信息存储技术是将经过加工整理序化后的信息按照一定的格式和顺序存储在特定的载体中的技术。

按存储原理不同，存储介质分为磁存储、光存储和固态存储。

2.4.2 常用信息存储技术

1. 磁存储

磁存储技术的工作原理是通过改变磁粒子的极性在磁性介质上记录数据。在读取数据时，磁头将存储介质上的磁粒子极性转换成相应的电脉冲信号，并转换成计算机可以识别的数据形式。进行写操作的原理也是如此。

目前常用的磁存储技术主要是磁盘阵列技术，磁盘阵列简称 RAID。其原理是利用数组方式来作磁盘组，配合数据分散排列的设计，提升数据的安全性。磁盘阵列是由容量较小、稳定性较高、速度较慢磁盘，组合成一个大型的磁盘组，利用个别磁盘提供数据所产生的加成效果来提升整个磁盘系统的效能。同时，在储存数据时，利用这项技术，将数据切割成许多区段，分别存放在各个硬盘上。

磁盘阵列能利用同位检查（Parity Check）技术，在数组中任一颗硬盘故障时，仍可读出数据，在数据重构时，将故障硬盘内的数据经计算后重新置入新硬盘中。

磁盘阵列的样式有三种，一是外接式磁盘阵列柜、二是内接式磁盘阵列卡，三是利用软件来仿真。外接式磁盘阵列柜最常被使用在大型服务器上，具可热抽换（Hot Swap）的特性，不过这类产品的价格都很贵。内接式磁盘阵列卡，价格便宜，但需要较高的安装技术，适合技术人员使用操作。另外利用软件仿真的方式，由于会拖累机器的速度，不适合大数据流量的服务器。

磁盘阵列作为独立系统在主机外直连或通过网络与主机相连。磁盘阵列有多个端口可以被不同主机或不同端口连接。一个主机连接阵列的不同端口可提升传输速度。

和目前 PC 用单磁盘内部集成缓存一样，在磁盘阵列内部为加快与主机交互速度，都带有一定量的缓冲存储器。主机与磁盘阵列的缓存交互，缓存与具体的磁盘交互数据。

在应用中，有部分常用的数据是需要经常读取的，磁盘阵列根据内部的算法，查找出这些经常读取的数据，存储在缓存中，加快主机读取这些数据的速度。而对于其他缓存中没有的数据，主机要读取，则由阵列从磁盘上直接读取传输给主机。对于主机写入的数据，只写在缓存中，主机可以立即完成写操作。然后由缓存再慢慢写入磁盘。

在网络存储中，磁盘阵列是一种把若干硬磁盘驱动器按照一定要求组成一个整体，整个磁盘阵列由阵列控制器管理的系统。

RAID 的采用为存储系统（或者服务器的内置存储）带来巨大利益，其中提高传输速率和提供容错功能是最大的优点。

RAID 通过同时使用多个磁盘，提高了传输速率。RAID 通过在多个磁盘上同时存储和读取数据来大幅提高存储系统的数据吞吐量（Throughput）。在 RAID 中，可以让很多磁盘驱动器同时传输数据，而这些磁盘驱动器在逻辑上又是一个磁盘驱动器，所以使用 RAID 可以达到单个磁盘驱动器几倍、几十倍甚至上百倍的速率。这也是 RAID 最初想要解决的问题。

通过数据校验，RAID 可以提供容错功能，而普通磁盘驱动器仅有写在磁盘上的 CRC（循环冗余校验）码。RAID 容错是建立在每个磁盘驱动器的硬件容错功能之上的，所以它提供更高的安全性。在很多 RAID 模式中都有较为完备的相互校验/恢复的措施，甚至是直接相互的镜像备份，从而大大提高了 RAID 系统的容错度，提高了系统的稳定冗余性。

2. 光存储

（1）光存储技术原理

伴随信息资源的数字化和信息量的迅猛增长，对存储器的存储密度、存取速率及存储寿命的要求不断提高。在这种情况下，光存储技术应运而生。

光存储技术是采用激光照射介质，激光与介质相互作用，导致介质的性质发生变化而将信息存储下来的。读出信息时是用激光扫描介质，识别出存储单元性质的变化。在实际操作中，通常都是以二进制数据形式存储信息的，所以首先要将信息转化为二进制数据。

写入时，将主机送来的数据编码，然后送入光调制器，这样激光源就输出强度不同的光束。光存储技术具有存储密度高、存储寿命长、非接触式读写和擦出、信息的信噪比高、信息位的价格低等优点。

（2）光存储分类及发展

1）只读式光盘

记录介质为涂有光刻胶的玻璃盘基。在调制后的激光束的照射下，再经过曝光、显影、脱胶等过程，正像母盘上就出现凹凸的信号结构。之后利用蒸发和电镀技术，得到金属负像母盘，最后用注塑法或光聚合法在金属母盘上复制光盘。用激光照射在凹坑上，利用凹坑与周围介质反射率差别读出信息。

2）CD-R 光盘

记录信息是利用热效应。用聚焦激光束照射 CD-R 光盘中的有机染料记录层，照射点的染料发生汽化，形成与记录信息对应的坑点，完成信息的记录。读出信息是利用坑点与周围介质反射率的区别。

3）可擦写光盘

相变型存储材料的光盘。记录信息用高功率调制后的激光束照射记录介质，形成非晶相记录点。非晶相记录点的反射率与未被照射的晶态部分有明显的差异。读出信息用低功率激光照射存储单元，利用反射光的差异读出信息。信息的擦除是相记录点在低功率、宽脉冲激光照射下，又变回到晶态。

4）磁光存储材料的光盘

记录信息是记录介质为磁化方向单向规则排列的垂直磁光膜。在聚焦激光束照射下，发生热磁效应，记录点的磁化方向发生变化，进而完成信息记录。读出信息是利用法拉第效应和克尔效应。信息的擦出是在激光的作用下，改变偏磁场的方向，删除记录信息。

5）第一代、第二代光盘技术

多媒体信息时代的第一次数字化革命是以直径为 12cm 的高音质 CD（Compact disc）光盘取代直径为 30cm 的密纹唱片。这其中包括 CD-ROM，CD-R 和 CD-RW 类型。CD 光盘使用的激光波长为 780nm，数值孔径为 0.45，道间距为 1.6um，存储容量为 650MB。第二代数字多用光盘 DVD（Digital Versatile Disk）使用的激光波长为 635/650nm，数值孔径为 0.6，道间距为 0.74um，单面存储容量为 4.7GB，双面双层结构的为 17GB。DVD 光盘系列有 DVD-ROM，DVD-R，DVD-RW，DVD＋RW 等多种类型。目前 DVD-Multi 已兼容了 DVD-RW、DVD＋RW、DVD-RAM 三种光盘。上述这些产品的问世，对包括音频、视频信息在内的数据的记录都发挥过巨大的作用。

6）蓝光存储及近场光存储

高清晰度电视 HDTV（High-Definition）的投入使用，要求研发出更高存储密度的光盘，蓝光存储、近场光存储等应运而生。

7）多阶光存储技术

多阶光存储是目前国内外光存储研究的重点之一，缘于它可以大大地提高存储容量和数据传输率。在传统的光存储系统中，二元数据序列存储在记录介质中，记录符只有两种不同的物理状态，例如只读光盘中交替变化的坑岸形貌。多阶光存储是读出信号呈现多阶特性，或者直接采用多阶记录介质。多阶光存储分为信号多阶光存储和介质多阶光存储。

从技术上讲，蓝光光盘的下一代存储技术是相当先进的，不过由于蓝光光盘格式本身与现存的红光 DVD 格式并不兼容，所以如果采用蓝光光盘格式的厂商必须更换整条生产线，这大大增加了生产厂商的生产成本，使得其价格普遍偏高，从很大程度上阻碍了蓝光光盘格式的普及。虽然蓝光技术得到了很多大厂的支持，但价格是蓝光技术的致命伤。

3. 固态存储

固态存储器是相对于磁盘、光盘一类的，不需要读写头、不需要存储介质移动（转动）读写数据的存储器。

固态存储器是通过存储芯片内部晶体管的开关状态来存储数据的，由于固态存储器没有读写头、不需要转动，所以固态存储器拥有耗电少、抗震性强的优点。由于成本较高，所以目前大容量存储中仍然使用机械式硬盘；但在小容量、超高速、小体积的电子设备中，固态存储器拥有非常大的优势。

在电子设备中，固态存储器的应用非常广泛。比如计算机主板的 BIOS 就是存储在固态存储器中。

在高速数据交换设备中，由于固态存储器使用晶体管来存储数据，所以在高频率下，固态存储器可以进行非常快速的数据交换。比如内存和 CPU 中的高速缓存。

在超小体积的设备中，固态存储器有着举足轻重的地位。因为有固态存储器，我们的电子设备才能做得更小。橡皮大的 MP3 播放器、小到只有指甲盖大的 U 盘和内存卡，这些都在方便着我们的生活。

随着制作工艺的提高，单位面积内的晶体管数量不断增加，单位面积的数据容量也在不断提高。由于固态存储器抗震、低功耗、高速的特性，由固态存储器制成的固态硬盘已经逐步克服了早期低容量的缺点，开始大量民用。

4. 专业存储

随着计算机网络技术的飞速发展，各种网络服务器对存储的需求随之发展，但由于企业规模不同，对网络存储的需求也应有所不同，选择不当的网络存储技术，往往会使得企业在网络建设中盲目投资不需要的设备，或者造成企业的网络性能低下，影响企业信息化发展，因此企业如何选择和使用适当的专业存储方式是非常重要的。

目前高端服务器所使用的专业存储方案有 DAS、NAS、SAN、iSCSI 几种，通过这几种专业的存储方案使用 RAID 阵列提供高效安全的存储空间。

（1）直接附加存储（DAS）

直接附加存储是指将存储设备通过 SCSI 接口直接连接到一台服务器上使用。DAS 购置成本低，配置简单，使用过程和使用本机硬盘并无太大差别，对于服务器的要求仅仅是一个外接的 SCSI 口，因此对于小型企业很有吸引力。但是 DAS 也存在诸多问题：服务器本身容易成为系统瓶颈；如服务器发生故障，数据不可访问；对于存在多个服务器的系统来说，设备分散，不便管理；多台服务器使用 DAS 时，存储空间不能在服务器之间动态分配，可能造成相当的资源浪费；数据备份操作复杂。

（2）网络附加存储（NAS）

NAS 实际是一种带有瘦服务器的存储设备。这个瘦服务器实际是一台网络文件服务器。NAS 设备直接连接到 TCP/IP 网络上，网络服务器通过 TCP/IP 网络存取管理数据。

NAS 作为一种瘦服务器系统，易于安装和部署，管理使用也很方便。同时由于可以允许客户机不通过服务器直接在 NAS 中存取数据，因此对服务器来说可以减少系统开销。NAS 为异构平台使用统一存储系统提供了解决方案。由于 NAS 只需要在一个基本的磁盘阵列柜外增加一套瘦服务器系统，对硬件要求很低，软件成本也不高，甚至可以使用免费的 LINUX 解决方案，成本只比直接附加存储略高。NAS 存在的主要问题是：由于存储数据通过普通数据网络传输，因此易受网络上其他流量的影响，当网络上有其他大数据流量时会严重影响系统性能；由于存储数据通过普通数据网络传输，因此容易产生数据泄漏等安全问题；存储只能以文件方式访问，而不能像普通文件系统一样直接访问物理数据块，因此会在某些情况下严重影响系统效率，比如大型数据库就不能使用 NAS。

（3）存储区域网（SAN）

SAN 实际是一种专门为存储建立的独立于 TCP/IP 网络之外的专用网络。目前一般的 SAN 提供 2Gb/s～4Gb/s 的传输速率，同时 SAN 网络独立于数据网络存在，因此存取速度很快。另外 SAN 一般采用高端的 RAID 阵列，使 SAN 的性能在几种专业存储方案中优势明显。SAN 由于其基础是一个专用网络，因此扩展性很强，不管是在一个 SAN 系统中增加一定的存储空间还是增加几台使用存储空间的服务器都非常方便。通过 SAN 接口的磁带机，SAN 系统可以方便高效地实现数据的集中备份。SAN 作为一种新兴的存储方式，是未来存储技术的发展方向，但是它也存在一些缺点：价格昂贵，不论是 SAN 阵列柜还是 SAN 必须的光纤通道交换机价格都十分昂贵，就连服务器上使用的光通道卡的价格也是不容易被小型企业所接受的；需要单独建立光纤网络，异地扩展比较困难。

（4）Internet 小型计算机系统接口（iSCSI）

使用专门的存储区域网成本很高，而利用普通的数据网来传输 SCSI 数据实现和 SAN 相似的功能可以大大降低成本，同时提高系统的灵活性。iSCSI 就是这样一种技术，它利用普通的 TCP/IP 网来传输本来用存储区域网来传输的 SCSI 数据块。iSCSI 的成本相对 SAN 来说要低不少。随着万兆网逐渐进入主流，使 iSCSI 的速度相对 SAN 来说并没有太大的劣势。目前，iSCSI 存在的主要问题是：新兴的技术，提供完整解决方案的厂商较少，对管理者技术要求高；通过普通网卡存取 iSCSI 数据时，解码成 SCSI 需要 CPU 进行运算，增加了系统性能开销，如果采用专门的 iSCSI 网卡虽然可以减少系统性能开销，但会大大增加成本；使用数据网络进行存取，存取速度冗余受网络运行状况的影响。

应用时，以上四种方案各有优劣。对于小型且服务较为集中的企业，可采用简单的 DAS 方案。对于中小型企业，服务器数量比较少，有一定的数据集中管理要求，且没有大型数据库需求的可采用 NAS 方案。对于大中型企业，SAN 和 iSCSI 是较好的选择。如果希望使用存储的服务器相对比较集中，且对系统性能要求极高，可考虑采用 SAN 方案；对于希望使用存储的服务器相对比较分散，又对性能要求不是很高的，可以考虑采用 iSCSI 方案。

2.5　信息显示技术

2.5.1　显示技术概述

显示技术是用电子学手段将各种信息以文字、符号、图形、图像的形式付诸人眼视觉的技术。

显示技术的任务是根据人的心理和生理特点，采用适当的方法改变光的强弱、光的波长（即颜色）和光的其他特征，组成不同形式的视觉信息。视觉信息的表现形式一般为字符、图形和图像，而图像显示为显示技术中最重要的方式。

显示器件从作用上讲是人和机器之间的媒介物，是一种人一机接口器件。显示器件把光信息转变为数字、符号、文字、图形、图像等形式，以供人们观看。在现代日益发达的信息社会里，显示器件起着极其重要的作用，它被广泛使用在家庭、办公自动化、计算机终端显示以及国防军事、航空航天等各个方面。

显示技术发展到今天，种类不断增多，就显示器件而言，规格型号众多，我们可以根据不同的方法对显示技术或显示器件进行分类。

按显示器件分类，显示技术可分为真空型器件显示和非真空型器件显示，前者是指发展历史较长的 CRT 显示，后者泛指非真空型的各类新型显示。

按显示材料分类，显示器件则可分固体（晶体和非晶体）显示器、液体显示器、气体显示器、等离子体显示器和液晶显示器。

按显示屏幕的大小分类，显示器件则可分为大屏幕显示器件（显示面积在 $1m^2$ 以上）、中型显示器件（屏幕对角线尺寸在 $50cm$ 左右）和小型显示器件（供个人使用的袖珍计算器、掌上型电脑、手机等的显示器）。

若按显示内容分类，显示器件则可分为图形（只有明暗的线图）/图像（具有灰度层次的面图）显示器件、字符显示器件（只显示字母、数字、符号）和数码显示器件（只显示 0～9 阿拉伯数字）等。

电子显示技术在原理上利用了电致发光和电光效应两种物理现象。所谓电光效应，是指物质在加上电压后其折射率、反射率、透射率等光学性质发生变化的现象，利用电光效应可显示图像、图形和字符。因此，我们又可根据电子显示器件本身是否发光，将显示系统分为自发光型（或称主动发光型）和非自发光型（或称被动发光型）两大类。自发光型显示器件是利用信息电信号来调制各像素的发光亮度和颜色，在显示器件屏幕上直接进行发光显示的；而非自发光型晶示器件本身不发光，利用信息调制外光源而使其达到图像显示的目的。

最常见的一类方法是按显示器件的结构及显示原理来分类，其大体分为如下几种：阴极射线管（CRT）显示、液晶显示（LCD）、等离子体显示屏（PDP）显示、电致发光显示（ELD）、发光二极管（LED）显示、有机电致发光二极管（OLED）显示、场致发射显示（FED）。上述显示器件中，只有 LCD 为非主动发光显示，而其他六种都为主动发光显示。

除上述七种常见显示器件，还有荧光数码显示（VFD）、灯丝显示、电泳显示（EP-ID）、电致变色显示（ECD）等，以及电分散晶粒配向型显示器件和着色粒子旋转型显示器件，用于大型广告和列车时刻表显示的磁翻转显示器件用于大屏幕投影显示的油膜光阀、晶体光阀以及激光光阀等。

2.5.2 常用显示技术

1. CRT

阴极射线管（CRT，Cathode Ray Tube）是一种电真空器件，通过驱动电路控制电子发射和偏转扫描，受控电子束激发涂在屏幕上的荧光材料而发出可见光。其主要特点是：可用磁偏转或静电偏转驱动、亮度高、彩色鲜艳、灰度等级多、寿命长、实现画面及活动图像显示容易；但需要上万伏的高压、体积大、笨重、功耗大。CRT 最初在雷达显示器和电子示波器上使用，后来用于家用电视机和计算机终端显示。

2. LCD

液晶显示（LCD，Liquid Crystal Display）是利用在电场中液晶分子排列的改变来调制外界光，从而达到显示的目的。液晶是液态晶体的简称，是一种介于液体和晶体之间的中间态物质，它既有液体的流动性，又有类似晶体结构的有序性；在一定温度范围内，既有液体的流动性、黏度、形变等力学性质，又具有晶体的热、光、电、磁等物理性质。液晶不通电时，液晶排列混乱，阻止光线通过；通电时，液晶的排列变得有秩序，使光线容易通过。液晶显示器件的最大特点是微功耗（$1\mu W/cm^2$）和低驱动电压（1.5～3V）两者兼备，并与大规模集成电路（LSI）驱动器相适应。同时它是平板型结构，显示面积可从几个平方毫米到几千平方厘米，特别适用于轻便型装置；采用投影放大显示时，容易实现数平方米的大画面显示。另外也便于彩色化，可以扩大显示功能和实现多样化显示。LCD 的不足之处是：响应时间受周围环境温度的影响，在低温或较高温环境下不能正常工作。

3. PDP

等离子体显示屏（PDP，Plasma Display Panel）是一种利用气体放电的显示装置，这种屏幕采用等离子管作为发光元件，大量的等离子管排列在一起构成屏幕。每个等离子管对应的每个小密封室内都充有氖、氙等惰性气体。在等离子管电极间加上高压后，封在两层玻璃之间的等离子管小室中的气体会产生紫外光，从而激励平板显示屏上的红、绿、蓝三基色荧光粉发出可见光。每个等离子管作为一个像素，由这些像素的明暗和颜色变化组合产生各种灰度和色彩的图像，其工作机理类似于普通日光灯和 CRT 显像管发光。等离子体显示的彩色图像是由各个独立的荧光粉像素发光叠加而成的，因此图像鲜艳、明亮、清晰。另外，等离子体显示最突出的特点是可做到超薄，并轻易做到对角线为 50in 以上的完全大屏幕平面显示，且厚度也不超过 100mm。

4. ELD

电致发光显示（ELD，Electro Luminescent Display）是在半导体、荧光粉为主体的材料上施加电压而发光的一种现象，可分为本征型电致发光（本征 EL）和电荷注入型电致发光（注入 EL）两大类。本征型电致发光是把 ZnS 等材料的荧光粉混入纤维素之类的电介质中，直接或间接地夹在两电极之间，施加电压后使之发光。电荷注入型电致发光是使用 GaAs 等单晶半导体材料制作 P-N 结，直接装上电极，施加电压后在电场作用下使 P-N 结产生电荷注入而发光。电致发光显示器件也是平板型结构，可实现大面积显示，它具有功耗小、制作简单、有多种彩色的特点，多用于各种计量仪表的表盘上，作为数字、符号和图形/图像显示。

5. LED

发光二极管（LED，Light-Emitting Diode）是由 P 型半导体和 N 型半导体相邻接而构成的 P-N 结结构。当对 P-N 结施加正向电压时，就会产生少数载流子的电注入，少数载流子在传输过程中不断扩散、不断复合而发光。利用 P-N 结少数载流子的注入、复合发光现象所制得的半导体器件称为注入型发光二极管。如果改变所使用的半导体材料，就能够得到不同波长的彩色光。在发光二极管中，辐射可见光波的称为可见光发光二极管；而辐射红外光波的称做红外二极管。前者主要应用于显示技术领域，后者主要应用于光通信等信息传输、处理系统中。发光二极管的主要特点是：驱动电压低（1.5～2V）、亮度高、可靠性好、寿命长、响应速度快、工作温度范围较宽、便于分时多路驱动；但也存在着工作电流和功耗较大的不足。LED 显示的单位图形较小，在大面积显示时需要采用拼接方法。LED 发光二极管发光颜色有红、绿、蓝等基色，先是用作信号指示灯，继而发展到小尺寸或低分辨率的矩阵显示。采用拼接方法制作的发光二极管大面积显示墙，作为信息广告牌在室内外等场合已得到广泛的应用。

6. OLED

有机电致发光二极管（OLED，Organic Light-Emitting Diode）由非常薄的有机材料涂层和玻璃基板构成。当有电荷通过时，这些有机材料就会发光。OLED 发光的颜色取决于有机发光层的材料，故人们可用改变发光层的材料的方法而得到所需的颜色。有源阵列有机发光显示屏具有内置的电子电路系统，因此每个像素都由一个对应的单元电路独立驱动。由于同时具备自发光、不需背光源、对比度高、厚度薄、视角广、反应速度快、可用于挠曲性面板、使用温度范围广、构造及制造工艺较简单等优异特性，OLED 被认为是最有希望的新一代平面显示器。有专家预测，OLED 将成为未来显示器市场的主流。同时，由于 OLED 是全固态、非真空器件，具有抗振荡、耐低温（−40℃）等特性，在军事方面也有十分重要的应用，如用作坦克、飞机等现代化武器的显示终端。对于有机电致发光器件，我们可按发光材料将其分为小分子 OLED 和高分子 OLED（也可称为 PLED）。它们的差异主要表现在器件的制备工艺不同：小分子器件主要采用真空热蒸发工艺，高分子器件则采用旋转涂覆或喷墨工艺。

7. FED

场致发射显示（FED，Field Emission Display）是平板显示器中的又一新型显示器件。FED 兼有 CRT 和 LCD 的优点，此外还有体积小、重量轻、电流密度高、能耗低、色彩饱和度好、响应快、视角宽、寿命长、耐高温及微辐射等优良特性，显示出极富潜力的应用前景，是未来有可能替代 LCD 和 PDP 的理想显示终端。按电子发射源而分，FED 可分为碳纳米管型（CNT）、表面传导型（SED）、圆锥发射体型（Spindt）和弹道电子放射型（BSD）等类型。由于碳纳米管具有发射电流密度大、功函数小、阈值电场低以及发射电流稳定性好等优点，可以作为电子冷阴极发射的理想材料，因此碳纳米管型场致发射显示器（CNT-FED）成为目前最被看好的显示系统。FED 的原理和 CRT 基本相同，都是由阴极发射电子经加速后轰击荧光粉的主动发光型显示。FED 按其结构可分为二极管型和三极管型结构。二极管型是由两个靠得很近的阴阳极板构成，中间抽成真空，并用绝缘柱支撑。当所加电压足够大时，激发阴极向阳极发射电子，轰击荧光粉而发光。三极管型的 CNT-FED 主要是由碳纳米管冷阴极场发射阵列、控制栅极和荧光粉的阳极屏组成，其间抽成真空，并用绝缘柱支撑。电子的场发射是通过在阴极和栅极之间施加几百伏的电压激发碳纳米管发射电子，并在阳极电压加速后轰击涂敷在阳极表面的荧光粉而发光。

思考题与习题

1. 简述公共安全系统的组成结构。

2. 试分析双源型离子感烟火灾探测器与单源型离子感烟火灾探测器在环境适应性方面的性能。

3. 墙式微波探测器和雷达微波探测器的工作方式有什么不同?

4. 简述 RFID 无源标签是如何与读卡器进行通信的?

5. 试分析视频信号传输中各种传输方式的特点,如在一个园区内传输视频信号,选用哪种方式较好?

6. 在使用中如何选择 DAS、NAS、SAN、iSCSI 专业存储方案,他们各有什么特点?

第3章 火灾自动报警系统

本章在介绍火灾自动报警系统的组成及工作原理的基础上，重点阐述系统设计的相关要素，对电气火灾监控系统、可燃气体探测报警系统、住宅建筑火灾报警系统、消防设备电源监控系统设计也做了介绍，最后简要介绍了性能化防火设计的概念。

3.1 系统组成与工作原理

3.1.1 火灾自动报警系统组成

广义来讲，火灾自动报警系统由火灾探测报警系统、消防联动控制系统、可燃气体探测报警系统和电气火灾监控系统等组成。如图 3-1 所示。

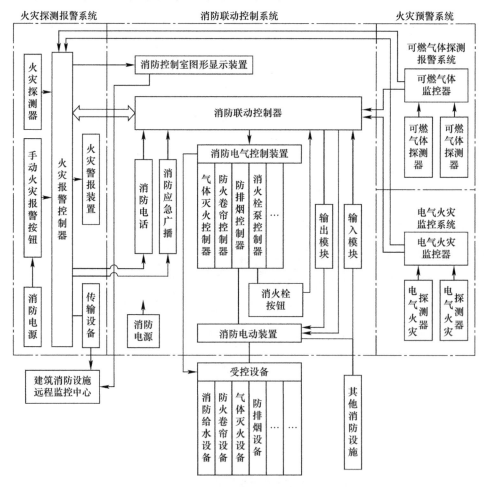

图 3-1 火灾自动报警系统框图

1. 火灾探测报警系统

火灾探测报警系统（fire detection and alarm system）：实现火灾早期探测、发出火灾报警信号的系统，一般由火灾触发器件、火灾警报装置、火灾报警控制器等组成。

（1）火灾报警触发器件

火灾报警触发器件（fire alarm trigger part）是通过探测周围使用环境与火灾相关的物理或化学现象的变化，向火灾报警控制器传送火灾报警信号的器件，包括火灾探测器、手动火灾报警按钮、水流指示器等。

火灾探测器（fire detector）：是作为火灾自动报警系统的一个组成部分，使用至少一种传感器持续或间断监视与火灾相关的至少一种物理和/或化学现象，并向控制器提供至少一种火灾探测信号。

手动火灾报警按钮（manual call point）：是通过手动启动器件发出火灾报警信号的装置。

水流指示器（water flow indicator）：是用于自动喷水灭火系统中将水流信号转换成电信号的一种报警装置。

（2）火灾报警控制器

火灾报警控制器（fire alarm control unit）是作为火灾自动报警系统的控制中心，能够接收并发出火灾报警信号和故障信号，同时完成相应的显示和控制功能的设备。

火灾报警控制器按应用方式可分为区域型、集中型、集中区域兼容型和独立型等四种。

区域型火灾报警控制器（local fire alarm control unit）：具有向其他控制器传递信息功能的火灾报警控制器。

集中型报警控制器（central fire alarm control unit）：能接收区域型火灾报警控制器（含相当于区域型火灾报警控制器的其他装置）、火灾触发器件或模块发出的信息，并能发出某些控制信号使区域型火灾报警控制器工作的火灾报警控制器。

集中区域兼容型火灾报警控制器（combined central and local fire alarm control unit）：既可作集中火灾报警控制器又可作区域型火灾报警控制器用的火灾报警控制器。

独立型火灾报警控制器（independence type fire alarm control unit）：不具有向其他火灾报警控制器传递信息功能的火灾报警控制器。

火灾报警控制器主要有火灾报警、火灾报警控制、故障报警、电源、系统兼容、自检、信息显示与查询等功能。有的控制器可能还有屏蔽、监管（监视除火灾报警、故障信号之外的其他输入信号的功能，如联动设备的运行状态等监视）、软件控制等功能。

1）火灾报警功能

接收来自火灾探测器及其他火灾报警触发器件的火灾报警信号，发出火灾报警声、光信号，指示火灾发生部位，记录火灾报警时间，并予以保持直至手动复位。如报警信号输入为手动火灾报警按钮，则明确指示该报警是手动火灾报警按钮报警。

2）火灾报警控制功能

在火灾报警状态下具有火灾声和/或光警报器控制输出及用于火灾报警传输和消防联动等设备控制的其他控制输出（每一控制输出有对应的手动直接控制按钮）。

发出消防联动设备控制信号时，能发出相应的声光信号指示；接收到消防联动控制设备反馈信号后亦能发出相应的声光信号。

3）故障报警功能

当火灾报警控制器内部、控制器与其连接的部件间发生故障时，能发出与火灾报警信号有明显区别的故障声、光信号，并显示故障部位和类型。

能够显示出部位的故障包括：控制器与火灾探测器、手动火灾报警按钮及完成传输火灾报警信号功能部件间连接线的断路、短路（短路时发出火灾报警信号除外）和影响火灾报警功能的接地，探头与底座间连接断路；控制器与火灾显示盘间连接线的断路、短路和影响功能的接地；控制器与其控制的火灾声和/或光警报器、火灾报警传输设备和消防联动设备间连接线的断路、短路和影响功能的接地。

能够显示出类型的故障包括：给备用电源充电的充电器与备用电源间连接线的断路、短路；备用电源与其负载间连接线的断路、短路；主电源欠压。

采用总线工作方式的控制器，设有总线短路隔离器（isolator：是用在传输总线上，在总线短路时通过使短路部分两端成高阻态或开路状态，从而使该短路故障的影响仅限于被隔离部分，且不影响控制器和总线上其他部分的正常工作的器件）。短路隔离器动作时，控制器能指示出被隔离部件的部位号。

4）电源功能

电源部分具有主电源和备用电源转换装置。当主电源断电时，能自动转换到备用电源；主电源恢复时，能自动转换到主电源；具有主、备电源工作状态指示，主电源具有过流保护措施。

当交流供电电压变动幅度在额定电压（220V）的 85％～110％范围内，频率为 50Hz±1Hz 时，控制器能正常工作。主电源输出直流电压稳定度和负载稳定度不大于 5％。

5）系统兼容功能（针对区域、集中和集中区域兼容型控制器）

区域控制器向集中控制器发送火灾报警、火灾报警控制、故障报警、自检以及可能具有的监管报警、屏蔽、延时等各种完整信息，并接收、处理集中控制器的相关指令。

集中控制器接收和显示来自各区域控制器的火灾报警、火灾报警控制、故障报警、自检以及可能具有的监管报警、屏蔽、延时等各种完整信息，进入相应状态，并向区域控制器发出控制指令。集中控制器在与其连接的区域控制器间连接线发生断路、短路和影响功能的接地时进入故障状态并显示区域控制器的部位。

（3）火灾显示盘（区域显示器）

火灾显示盘（fire display panel）是接收火灾报警控制器发出的信号，显示发出火警部位或区域，并能发出声光火灾信号的装置。

火灾显示盘有火灾报警显示、故障显示、信息显示与查询、监管报警显示等功能。

1）火灾报警显示功能

能接收与其连接的火灾报警控制器发出的火灾报警信号，发出火灾报警声、光信号，显示火灾发生部位。接收手动火灾报警按钮的报警信号，并显示其报警。

2）故障显示功能

采用主电源为 220V50Hz 交流电源供电的火灾显示盘，当发生给备用电源充电的充电器与备用电源之间的连接线断路或短路、备用电源与其负载之间的连接线断路或短路、备用电源单独供电时其电压不足以保证火灾显示盘正常工作、主电源欠压等故障时，能发出与火灾报警信号有明显区别的故障声、光信号，并显示故障的类型。

对于具有接收火灾报警控制器传来的火灾探测器、手动火灾报警按钮及其他火灾报警触发器件的故障信号功能的火灾显示盘，在火灾报警控制器发出故障信号后，能够发出故障声、光信号，指示故障部位。

（4）火灾警报装置

火灾警报装置（fire alarm signalling device）是与火灾报警控制器分开设置，在火灾情况下能够发出声和/或光火灾警报信号的装置，又称声和/或光警报器。

按用途分为：火灾声警报器、火灾光警报器、火灾声光警报器和气体释放警报器。

2. 消防联动控制系统

消防联动控制系统（automatic control system for fire protection）是火灾自动报警系统中，接收火灾报警控制器发出的火灾报警信号，按预设逻辑完成各项消防功能的控制系统。通常由消防联动控制器、模块、气体灭火控制器、消防电气控制装置、消防设备应急电源、消防应急广播设备、消防电话、传输设备、消防控制中心图形显示装置、消防电动装置、消防泵控制器、消火栓按钮等全部或部分设备组成。

（1）消防联动控制器

消防联动控制器（automatic control equipment for fire protection）：接收火灾报警控制器或其他火灾触发器件发出的火灾报警信号，根据设定的控制逻辑发出控制信号，控制各类消防设备实现相应功能的控制设备。具有控制、故障报警、自检、信息显示与查询、电源等功能，有的还有屏蔽功能。

1）控制功能

按设定的逻辑直接或间接控制其连接的各类受控消防设备，并设独立的启动总指示灯，只要有受控设备启动，灯便点亮。启动的逻辑关系通过手动或通过程序的编写输入。

在接收到火灾报警信号后3s内发出启动信号，启动信号发出后有光指示启动设备名称和部位、记录启动时间和启动设备总数，光指示保持至消防联动控制器复位。

在受控设备动作后10s内接收到反馈信号，并有反馈光指示设备名称和部位，显示相应设备状态，光指示保持至受控设备恢复。若在启动信号发出后10s内未收到要求的反馈信号，则启动光信号闪亮，显示相应的受控设备，光信号闪亮保持至消防联动控制器收到反馈信号。

接收来自相关火灾报警控制器的火灾报警信号，显示报警区域，发出火灾报警声、光信号，报警声信号能手动解除，报警光信号保持至消防联动控制器复位。

接收连接的消火栓按钮、水流指示器、报警阀、气体灭火系统启动按钮等触发器件发出的报警（动作）信号，显示其所在的部位，发出报警（动作）声、光信号，声信号能手动解除，光信号保持至消防联动控制器复位。

以手动和自动两种方式完成控制功能，并指示状态，且控制状态不受复位操作的影响。具有对每个受控设备进行手动控制的功能，在自动方式下，手动插入操作优先。

消防联动控制器的直接手动控制单元至少有六组独立的手动控制开关，各对应一个直接控制输出，并在控制开关表面（或近旁）设光指示信号以指示其启动状态。

2）故障报警功能

当发生故障时，消防联动控制器在100s内发出与火灾报警信号有明显区别的故障声、光信号。故障声信号手动解除，再有故障信号输入时再启动。故障光信号保持至故障排除。

指示出部位的故障包括：消防联动控制器与触发器件间的连接线断路、短路和影响功能的接地（短路时发出报警信号除外）；总线式消防联动控制器与输出/输入模块间连接线断路、短路和影响功能的接地。

指示出类型的故障包括：消防联动控制器与火灾报警控制器之间的连接线断路、短路和影响功能的接地；消防联动控制器与独立使用的直接手动控制单元之间的连接线断路、短路和影响功能的接地；给备用电源充电的充电器与备用电源间连接线的断路、短路；备用电源与其负载间连接线的断路、短路；主电源欠压。

（2）模块

模块（module）：用于控制器和其所连接的受控设备和受控部件之间信号传输的设备。

模块分为输入模块、输出模块和输入/输出模块等。输入模块将现场如水流指示器、压力开关、信号阀等能够送回开关信号的外部联动设备动作的无源开关量信号输入给火灾报警控制器（联动型）。输出模块用于火灾自动报警控制器向现场设备如火灾声警报器发出指令的信号。输入/输出模块用于控制和接收现场带动作信号输出的如排烟阀、新风机、电梯等受控设备，同时接收联动设备动作后的返回信号。

（3）消防电气控制装置

消防电气控制装置（fire electric control equipment）：用于控制各类电动消防设施的控制装置，具有控制和指示功能。

消防电气控制装置具有手动和自动控制两种方式，在接收到控制信号后 3s 内执行预定的动作，控制受控设备进入预定的工作状态（有延时要求除外），并接收受控设备的工作状态信息，在 3s 内传送给消防联动控制器。

在自动工作状态下，接收来自消防联动控制器的联动控制信号，执行预定的动作，控制受控设备进入预定的工作状态。

在自动工作状态下或延时启动期间，手动插入控制优先。

（4）传输设备

传输设备（routing equipment）：将火灾报警控制器发出的火灾报警信号传输给火警调度台的设备，具有的功能包括：火灾报警信息、监管报警信息、故障报警信息和屏蔽信息的接收与传输；手动报警；本机故障报警功能；自检等。

接收来自火灾报警控制器的火灾报警信息、监控报警信息、故障报警信息和屏蔽信息，发出相应的光信号，在 10s 内将信息传送给"建筑消防设施远程监控中心"。

传输设备设手动报警按钮，当手动报警按钮动作时发出指示手动报警状态的光信号，在 10s 内将信息传送给"建筑消防设施远程监控中心"。

（5）其他联动控制系统设备

消防控制中心图形显示装置（graph indicator in fire control center）：消防控制中心安装的用来模拟现场火灾探测器等部件的建筑平面布局，能如实反映现场火灾、故障等状况的显示装置。

消防设备应急电源（emergency power supply for fire equipment）：主电源断电时，能够为各类消防设备供电的电源设备。

消防应急广播设备（sound equipment for fire emergency ）：用于火灾情况下的专门的广播设备。

消防电话（fire telephone）：火灾情况下使用的专用电话。

消防电动装置（electronic drive device for fire protection equipment）：电动消防设施

的电气驱动释放装置。

消火栓按钮（hydrant startup point）：用于手动启动消火栓的按钮。

3. 可燃气体探测报警系统

可燃气体探测报警系统（combustible gas detection and alarm system）是火灾自动报警系统中的独立子系统，属于火灾预警系统，由可燃气体控制器、可燃气体探测器和火灾声光警报器组成。

4. 电气火灾监控系统

电气火灾监控系统（electrical fire monitoring system）：当被保护线路中的被探测参数超过报警设定值时，能发出报警信号、控制信号并能指示报警部位的系统，由电气火灾监控设备和电气火灾监控探测器组成。

电气火灾监控系统是火灾自动报警系统中的独立子系统，属于火灾预警系统。

3.1.2　火灾自动报警工作原理

1. 火灾探测报警系统工作原理

如图 3-2 所示，火灾发生时，安装在保护区域现场的火灾探测器，将火灾产生的烟雾、热量和光辐射等火灾特征参数以电信号的形式传输至火灾报警控制器；或直接由火灾探测器做出火灾报警判断，将报警信息传输至火灾报警控制器。火灾报警控制器接收到火灾特征参数或报警信息后，经报警确认判断，显示发出火灾报警的探测器部位，记录报警时间。人员在发现火灾后可立即触动安装在火灾现场附近的火灾手动报警按钮，将报警信息传输至火灾报警控制器。火灾报警控制器接收到报警信息后，经报警确认判断，显示发出火灾报警的火灾手动报

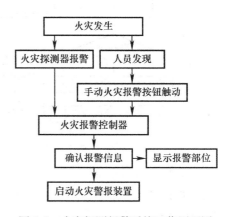

图 3-2　火灾探测报警系统工作原理图

警按钮部位，记录报警时间。火灾报警控制器在确认火灾探测器和火灾手动报警按钮的报警信息后，启动安装在保护区域现场的火灾警报装置，发出声和/或光火灾警报信号，警示处于保护区域人员发生火灾。

2. 消防联动控制系统工作原理

如图 3-3 所示，发生火灾时，火灾报警控制器将火灾探测器和火灾手动报警按钮的报警信息传输至消防联动控制器。对需要联动的自动消防设施（系统），消防联动控制器按预设逻辑对接收的报警信息进行判断，若逻辑关系成立，则按预设控制时序启动相应消防设施（系统）；消防管理人员可操作消防联动控制器上的手动控制盘，直接启动相应的消防设施（系统）。消防设施（系统）动作的反馈信号在消防联动控制器上显示。

消防联动控制器接收的用于逻辑判断的信号称为联动触发信号（signal for logical program）。

由消防联动控制器发出的用于控制消防设备（设施）工作的信号称为联动控制信号（control signal to start & stop an automatic equipment）。

受控消防设备（设施）将其工作状态信息发送给消防联动控制器的信号称为联动反馈信号（feedback signal from automatic equipment）。

3.1.3 火灾自动报警系统形式

火灾自动报警系统的基本形式有区域报警系统，集中报警系统和控制中心报警系统。

1. 区域报警系统

区域报警系统（local alarm system）：由区域火灾报警控制器和火灾探测器等组成，或由火灾报警控制器和火灾探测器等组成，功能简单的火灾自动报警系统，如图3-4所示。

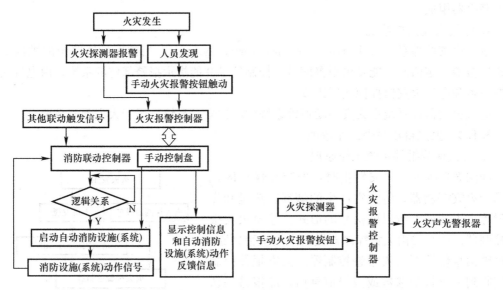

图 3-3　消防联动控制系统工作原理图　　　　图 3-4　区域报警系统框图

2. 集中报警系统

集中报警系统（remote alarm system）：由集中火灾报警控制器、区域火灾报警控制器和火灾探测器等组成，或由火灾报警控制器、区域显示器和火灾探测器等组成，功能较复杂的火灾自动报警系统，如图3-5所示。

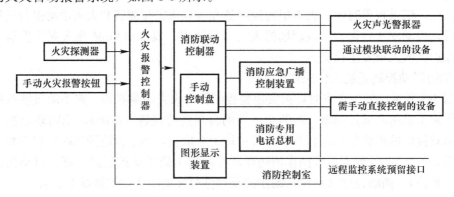

图 3-5　集中报警系统框图

3. 控制中心报警系统

控制中心报警系统（control center alarm system）：由两个及以上集中报警系统组成或具有两个及以上的消防控制室，如图3-6所示，其中图（a）为一个消防控制室设置两个集中报警系统，图（b）为设置两个消防控制室（明确一个主消防控制室），图（c）为设置多个消防控制室。

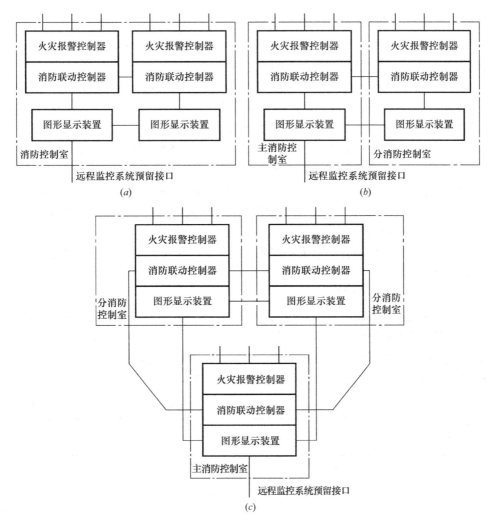

图 3-6　控制中心报警系统框图

　　随着电子和计算机软件技术在消防技术中的应用，火灾自动报警系统除担负火灾报警与消防联动控制的基本任务外，还具有对相关消防设备实现状态监测、管理和控制的功能。火灾自动报警技术向着智能化方向发展，其结构、形式越来越灵活多样，系统可组合成任何形式的火灾自动报警网络结构，可以是上述三种形式的任何一种，无绝对明显的区别。

3.2　火灾探测器的选择与布置

3.2.1　火灾探测器的选择

1. 火灾探测器选择的基本原则

　　选择火灾探测器种类时，要根据探测区域内可能发生的初期火灾的形成和发展特征、房间高度、环境条件、可能引起误报的原因以及探测器的特性等因素来决定。基本原则为：

　　（1）对火灾初期有阴燃阶段，产生大量烟和少量热，很少或没有火焰辐射的场所，应选择感烟火灾探测器。

（2）对火灾发展迅速，可产生大量热、烟和火焰辐射的场所，可选择感温火灾探测器、感烟火灾探测器、火焰探测器或其组合。

（3）对火灾发展迅速，有强烈的火焰辐射和少量的烟、热的场所，应选择火焰探测器。

（4）对火灾初期有阴燃阶段，且需要早期探测的场所，宜增设CO火灾探测器。如贮藏室、燃气供暖设备的机房、带有壁炉的客厅、地下停车场、车库、商场、超市等场所，由于其通风状况不佳，一旦发生火灾，在火灾初期极易造成燃烧不充分从而产生CO气体。

（5）对使用、生产可燃气体或可燃蒸气的场所，应选择可燃气体探测器。

（6）应根据保护场所可能发生火灾的部位和燃烧材料的分析，以及火灾探测器的类型、灵敏度和响应时间等选择相应的火灾探测器。对火灾形成特征不可预料的场所，可根据模拟试验的结果选择火灾探测器。

（7）同一探测区域内设置多个火灾探测器时，可选择具有复合判断火灾功能的火灾探测器和火灾报警控制器。

2. 点型火灾探测器的选择

点型火灾探测器一般安装于探测房间的顶部，而火灾往往发生在房间的底部，因此，从火灾发生到探测器探测到火灾特征参数是需要时间的。所以，房间高度对探测器能否及时有效地探测火灾是有影响的，不同类型的探测器的影响程度是不同的，为了及时有效地探测火灾，应根据房间高度来选择点型火灾探测器，如表3-1所示。

根据房间高度选用点型火灾探测器　　　　表3-1

房间高度 h（m）	感烟探测器	感温探测器			火焰探测器
		A1、A2	B	C、D、E、F、G	
$12<h\leq20$	×	×	×	×	○
$8<h\leq12$	○	×	×	×	○
$6<h\leq8$	○	○	×	×	○
$4<h\leq6$	○	○	○	×	○
$h\leq4$	○	○	○	○	○

注：○表示适用；×表示不适用。

根据火灾情况及使用环境选择点型火灾探测器如表3-2所示。

根据火灾情况及使用环境选用探测器　　　　表3-2

火灾探测器种类	各使用环境条件下产品适用情况											各火灾状态下产品适用情况				
	湿度大	粉尘大	水蒸气	有机物气体	有烟	气流速度大	油雾	高频磁场	光辐射	温度变化大	腐蚀气体	明火火灾	阴燃火灾	黑烟火灾	易燃	早期报警
离子感烟	×	×	×	×	×	×	×				×	×	○	×	○	○
光电感烟		×	×		×		×					○	○	×	○	○
定温	○	○	○	○	○	○	○	○	○	×	○	○	×	○	○	×
差温	○	○	○	○	○	×	○	○	○	×	○	○	×	○	○	×
差定温	○	○	○	○	○	○	○	○	○	×	○	○	×	○	○	×
火焰			×		×		×		×			○	×	×	○	○

注：○表示适用；×表示不能用。

一般典型火灾探测器的适用场所如表 3-3 所示。

典型火灾探测器的适用场所　　　　　　　　　　　　　　　表 3-3

位置或场所 ＼ 探测器类型	感烟		感温			火焰		说　明
	离子	光电	定温	差温	差定温	点型	图像	
饭店、旅馆、教学楼、办公楼的厅堂、卧室、办公室等	○	○						厅堂、办公室、会议室灵敏度档次为中低,可延时;卧室、病房、休息厅等,灵敏度档次为高
计算机房、通信机房、电影电视放映室等	○	○						这些场所灵敏度要高或高中档次联合使用
楼梯、走道、电梯机房等	○	○						灵敏度档次为高、中
书库、档案库	○	○						灵敏度档次为高
有电气火灾危险	○	○						气溶胶微粒小,可用离子型;气溶胶微粒较大,可用光电型
气流速度大于 5m/s	×							
相对湿度经常高于 95％以上	×		○	○	○			根据不同要求也可选用定温或差温
有大量粉尘、水雾滞留	×	×	○	○	○			根据具体要求选用
有可能发生无烟火灾	×	×	○	○	○			
正常情况有烟和蒸气滞留	×	×	○	○	○			
厨房、锅炉房、发电机房、烘干车间等			○	○	○			正常高温情况下感温探测器动作值可定得高些
吸烟室、小会议室			○	○	○			若选用感烟探测器,则应选低灵敏度档次
汽车库	○	○						
需要联动熄灭"安全出口"标志灯的安全出口内侧			○	○	○			
无人滞留且不适合安装感烟火灾探测器,但需火灾报警的场所	×	×	○	○	○			
高海拔地区		×						
可能产生阴燃或若发生火灾不及时报警将造成重大损失的场所			×	×	×			
温度在 0℃以下			×		×			
正常情况下温度变化较大的场所				×	×			
可能产生腐蚀性气体	×							
产生醇类、醚类、酮类等有机物质	×							
可能产生黑烟		×						
火灾时有强烈的火焰辐射						○	○	
需要对火焰作出快速反应						○	○	
可能产生液体燃烧等无阴燃阶段的火灾						○	○	

续表

位置或场所＼探测器类型	感烟		感温			火焰		说　明
	离子	光电	定温	差温	差定温	点型	图像	
可能发生无焰火灾						×	×	
在火焰出现前有浓烟扩散						×	×	
探测器的镜头易被污染						×	×	
探测器的"视线"易被油雾、烟雾、水雾和冰雪遮挡						×	×	
探测区域内的可燃物是金属和无机物						×	×	
探测器易受阳光或其他光源直接或间接照射						×	×	

注：1. 符号说明：○—适合的探测器，应优先选用；×—不适合的探测器，不应选用；空白、无符号表示需谨慎使用。
　　2. 下列场所可不设火灾探测器：①厕所、浴室等；②不能有效探测火灾的场所；③不便维修、使用（重点部位除外）的场所。

　　绝大多数场所使用的火灾探测器都是普通点型感烟火灾探测器。这是因为在一般情况下，火灾发生初期均有大量的烟产生，最普遍使用的点型感烟火灾探测器都能及时探测到火灾，报警后都有足够的疏散时间。虽然有些火灾探测器可能比普通点型感烟火灾探测器更早发现火灾，但由于点型感烟火灾探测器在一般场所完全能满足及时报警的需求，加之性能稳定、价格低廉、维护方便等因素，使其理所当然成为应用最广泛的火灾探测器。

　　对于探测区域内正常情况下有高温物体的场所，不宜选择单波段红外火焰探测器，可选双波段红外火焰探测器。因为，保护区内能够产生足够热量的电力设备或其他高温物质所产生的热辐射在达到一定强度后可能导致单波段红外火焰探测器的误动作。双波段红外火焰探测器增加一个额外波段的红外传感器，通过信号处理技术对两个波段信号进行比较，可以有效消除热体辐射的影响。

　　对于在正常情况下有明火作业，探测器易受 X 射线、弧光和闪电等影响的场所，不宜选择紫外火焰探测器。如应用焊接或气割的车间能发射出宽频带连续能谱的紫外线；等离子焊接所产生的温度更高，发射出功率很强的紫外线；印刷工业车间、摄影室、制版室、拍摄电影棚中的高（低）压汞弧灯、高压氙灯、闪光灯、石英卤素灯、荧光灯及灭虫子的黑光灯等也可发射不同波长的紫外线；温度在 3000℃ 以上的电极炼钢厂房，常发射波长小于 290nm 的紫外线等，这些场所产生的紫外线干扰会影响紫外火焰探测器正常工作。

　　对于使用可燃气体、燃气站和燃气表房以及存储液化石油气罐、其他散发可燃气体和可燃蒸气的场所，选用可燃气体探测器。

　　对于火灾初期产生一氧化碳，且点型感烟、感温和火焰探测器不适宜，或烟不容易对流、顶棚下方有热屏障，或在房顶上无法安装其他点型探测器，或需要多信号复合报警的场所，选用一氧化碳火灾探测器。

3. 线型火灾探测器的选择

线型光束感烟探测器适用于无遮挡大空间或有特殊要求的场所，如大型库房、博物馆、档案馆、飞机库等大多无遮挡的大空间场所，发电厂、变配电站、古建筑、文物保护建筑的厅堂馆所。线型光束感烟探测器不宜用于有大量粉尘或水雾滞留、可能产生蒸气和油雾、在正常情况下有烟滞留、探测器固定的建筑结构由于振动等会产生较大位移的场所，因为这些场所会对线型光束感烟火灾探测器的探测性能产生影响，易使其产生误报现象。

缆式线型感温火灾探测器适用于电缆隧道、电缆竖井、电缆夹层、电缆桥架，不易安装点型探测器的夹层及闷顶，各种皮带输送装置，以及其他环境恶劣不适合点型探测器安装的场所。

线型光纤感温火灾探测器适用于除液化石油气外的石油储罐，需要设置线型感温火灾探测器的易燃易爆场所，地下空间、公路隧道、敷设动力电缆的铁路隧道和城市地铁隧道等。需要监测环境温度的地下空间等场所宜设置具有实时温度监测功能的线型光纤感温探测器。

线型光纤感温火灾探测器的一根光纤可探测数千米范围，但其最小报警长度比缆式线型感温火灾探测器长得多，因此只能适用于比较长的区域同时发热或起火初期燃烧面比较大的场所，不适合使用在局部发热或局部起火就需要快速响应的场所，如直径小于10cm的小火焰或局部过热处进行快速响应的电缆类火灾场所。

线型定温探测器的选择，应保证其不动作温度高于设置场所的最高环境温度。线型光纤感温火灾探测器最小火灾报警值应比环境温度高30℃。

4. 吸气式感烟火灾探测器的选择

吸气式感烟火灾探测器适用于具有高空气流量的场所，点型感烟或感温探测器不适宜的大空间、舞台上方、建筑高度超过12m或有特殊要求的场所，低温场所，需要进行隐蔽探测的场所，需要进行火灾早期探测的重要场所，以及人员不宜进入的场所。

如通信机房、计算机房、无尘室等通过空气调节作用而保持正压的场所，因高速气流使烟雾被高度稀释，这给点型感烟探测技术的可靠探测带来困难。而吸气式感烟火灾探测器由于采用主动的吸气式采样方式，并且系统通常具有很高的灵敏度，加之布管灵活，所以成功地解决了气流对于烟雾探测的影响。

对于一旦发生火灾会造成较大损失的场所，如通信设施、服务器机房、金融数据中心、艺术馆、图书馆、重要资料室等；对空气质量要求较高的场所，如无尘室、精密零件加工场所、电子元器件生产场所等，是需要早期探测火灾的特殊场所，应选择高灵敏型吸气式感烟火灾探测器。但这些场所使用的探测器的采样管网的长度和开孔数量均应小于探测器最大设计参数，以保证其灵敏度符合要求，必要时需要实际测量探测器的灵敏度。

灰尘比较大的场所，不应选择没有过滤网和管路自清洗功能的管路采样式吸气感烟火灾探测器。固然，管路采样式吸气式感烟火灾探测器可以通过采用具备某些形式的灰尘辨别来实现对灰尘的有效探测，但灰尘比较大的场所将很快导致管路采样式吸气感烟火灾探测器和管路受到污染而无法正常工作。故灰尘比较大的场所，应选择具有过滤网和管路自清洗功能的管路采样式吸气感烟火灾探测器。

5. 图像式火灾探测器的选择

图像式火灾探测器适用于候车（船）厅、航站楼、展览厅、体育馆、影剧院、会堂等的观众厅、会议厅、共享舞台等公众聚集场所，中庭、大堂、等候厅等高大的厅堂场所，历史性建筑内高度高于12m的部位。图像式感烟火灾探测器适用于火灾初期有阴燃阶段，产生大量的烟和少量的热，很少或没有火焰辐射的场所。图像式火焰探测器适用于火灾发展迅速，有强烈的火焰辐射和少量的烟、热的场所。

3.2.2　火灾探测器的设置与布置

1. 点型火灾探测器的设置数量和布置

（1）探测器的保护面积和保护半径

保护面积（monitoring area）：一只火灾探测器能有效探测的面积。

保护半径（monitoring radius）：一只火灾探测器能有效探测的单向最大水平距离。

探测器的保护面积A和保护半径R如表3-4所示，其中感温探测器为动作温度小于85℃时的值。动作温度大于85℃的感温探测器的保护面积和保护半径应根据生产企业设计说明书确定，但不应超过表3-4规定。

感烟火灾探测器和A1、A2、B型感温火灾探测器的保护面积和保护半径　　　表3-4

火灾探测器的种类	地面面积 S（m²）	房间高度 h（m）	一只探测器的保护面积A和保护半径R					
			屋顶坡度θ					
			$\theta \leqslant 15°$		$15° < \theta \leqslant 30°$		$\theta > 30°$	
			A（m²）	R（m）	A（m²）	R（m）	A（m²）	R（m）
感烟探测器	$S \leqslant 80$	$h \leqslant 12$	80	6.7	80	7.2	80	8.0
	$S > 80$	$6 < h \leqslant 12$	80	6.7	100	8.0	120	9.9
		$h \leqslant 6$	60	5.8	80	7.2	100	9.0
感温探测器	$S \leqslant 30$	$h \leqslant 8$	30	4.4	30	4.9	30	5.5
	$S > 30$	$h \leqslant 8$	20	3.6	30	4.9	40	6.3

（2）探测器的设置数量

探测区域的每个房间应至少设置一只火灾探测器。

一个探测区域内所需设置的探测器数量按下式计算：

$$N \geqslant \frac{S}{K \cdot A} \tag{3-1}$$

式中　N——探测区域内所需设置的探测器数量，只，N取整数；

　　　S——探测区域的面积，m²；

　　　A——探测器的保护面积，m²；

　　　K——修正系数，容纳人数超过10000人的公共场所宜取0.7~0.8，容纳人数为2000~10000人的公共场所宜取0.8~0.9，容纳人数为500~2000人的公共场所宜取0.9~1.0，其他场所可取1。

（3）探测器的平面布置

探测器布置的基本原则是探测区域内任何一点都要处于探测器的保护范围之中，不留盲区。探测器平面布置时，安装间距定义为两只相邻探测器中心之间的水平距离，单位m。如图3-7所示，当探测器矩形布置时，a称为横向安装间距，b称为纵向安装间距。以图中1#探测器为例，探测器安装间距a、b是指1#探测器与它相邻的2#、3#、4#、5#探测器之间的距离，而不是1#探测器与6#、7#、8#、9#探测器之间的距离。当探测器正方形组合布置时：$a=b$。

探测器平面布置时，安装间距根据其保护面积 A 和保护半径 R 来确定。探测器的保护半径 R 为探测器水平探测的最大距离。探测器的保护区域是一个以保护半径 R 为半径的圆，保护面积 A 是该圆的内接正四边形面积。探测器的安装间距以 a、b 水平距离表示。A、R、a、b 之间近似符合如下关系，即：

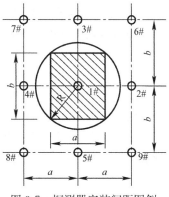

$$A = a \cdot b \tag{3-2}$$

$$R = \sqrt{\left(\frac{a}{2}\right)^2 + \left(\frac{b}{2}\right)^2} \tag{3-3}$$

图 3-7　探测器安装间距图例

[例 3-1] 某服装生产车间，长 30m，宽 40m，高 7m，平顶，用感烟探测器保护。试问：需多少探测器？平面图上如何布置？

[解] ① 确定感烟探测器的保护面积 A 和保护半径 R。

探测区域面积为 $S=30 \times 40 = 1200 \text{m}^2$，即 $S>80\text{m}$；房间高度 $h=7\text{m}$，即 $6\text{m}<h \leqslant 12\text{m}$；屋顶坡度 $\theta=0°$，即 $\theta \leqslant 15°$。查表 3-4 可得，感烟探测器保护面积 $A=80\text{m}^2$，保护半径 $R=6.7\text{m}$。

② 计算所需探测器数量 N。

取 $K=1.0$，由式 3-1 有：

$$N \geqslant \frac{S}{K \cdot A} = \frac{1200}{1.0 \times 80} = 15（只）$$

③ 确定探测器安装间距 a、b。

根据车间平面尺寸，探测器布置成 3 行 5 列，计 15 只，如图 3-8 所示，实际安装间距 $a'=8\text{m}$，$b'=10\text{m}$。

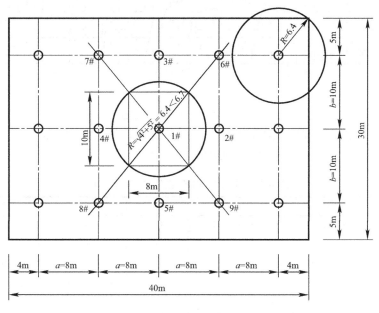

图 3-8　探测器布置图

④ 校核探测器的保护半径。

探测器到最远点水平距离 R'，由式 3-3 算得：

$$R' = \sqrt{\left(\frac{a'}{2}\right)^2 + \left(\frac{b'}{2}\right)^2} = \sqrt{\left(\frac{8}{2}\right)^2 + \left(\frac{10}{2}\right)^2} = 6.4(\text{m})$$

即 $R' = 6.4\text{m} < R = 6.7\text{m}$，满足保护半径的要求。

（4）探测器安装间距极限曲线

工程设计中，为方便探测器的布置，相关规范给出了探测器安装间距的极限曲线，如图 3-9 所示。图中曲线按式 3-2 和式 3-3 所示方程绘制，端点 Y_i 和 Z_i 坐标值（a_i、b_i）如表 3-5 所示。

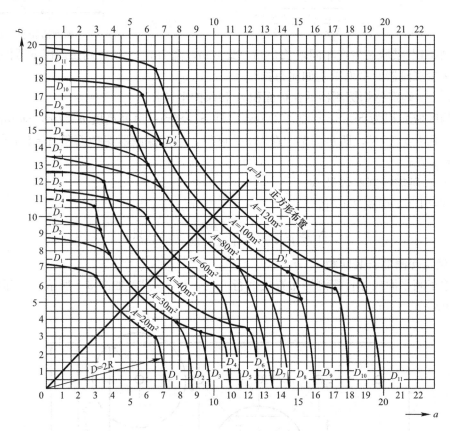

图 3-9　探测器安装间距极限曲线

A—探测器的保护面积（m^2）；a、b—探测器的安装间距（m）；
D—探测器的保护直径（m）

极限曲线端点 Y_i 和 Z_i 坐标值（a_i，b_i）　　　　　表 3-5

极限曲线	Y_i（a_i，b_i）点	Z_i（a_i，b_i）点	极限曲线	Y_i（a_i，b_i）点	Z_i（a_i，b_i）点
D_1	Y_1 (3.1, 6.5)	Z_1 (6.5, 3.1)	D_7	Y_7 (7.0, 11.4)	Z_7 (11.4, 7.0)
D_2	Y_2 (3.8, 7.9)	Z_2 (7.9, 3.8)	D_8	Y_8 (6.1, 13.0)	Z_8 (13.0, 6.1)
D_3	Y_3 (3.2, 9.2)	Z_3 (9.2, 3.2)	D_9	Y_9 (5.3, 15.1)	Z_9 (15.1, 5.3)
D_4	Y_4 (2.8, 10.6)	Z_4 (10.6, 2.8)	D_9	Y_9' (6.9, 14.4)	Z_9' (14.4, 6.9)
D_5	Y_5 (6.1, 9.9)	Z_5 (9.9, 6.1)	D_{10}	Y_{10} (5.9, 17.0)	Z_{10} (17.0, 5.9)
D_6	Y_6 (3.3, 12.2)	Z_6 (12.2, 3.3)	D_{11}	Y_{11} (6.4, 18.7)	Z_{11} (18.7, 6.4)

图 3-9 中，极限曲线 $D_1 \sim D_4$ 和 D_6 适宜于感温探测器，分别对应于表 3-4 中的 3 种保护面积 A（20m^2、30m^2 和 40m^2）及 5 种保护半径 R（3.6m、4.4m、4.9m、5.5m、6.3m）。极限曲线 D_5 和 $D_7 \sim D_{11}$ 适宜于感烟探测器，分别对应表 3-4 中的 4 种保护面积（60m^2、80m^2、100m^2 和 120m^2）及其 6 种保护半径 R（5.8m、6.7m、7.2m、8.0m、9.0m 和 9.9m）。

下面举例说明探测器安装间距极限曲线的应用。

对于上一例子，在计算出探测器设置数量后，由保护半径 $R = 6.7\text{m}$，确定保护直径 $D = 2R = 2 \times 6.7 = 13.4$（m），查图 3-9，可确定 $D_i = D_7$，应用 D_7 极限曲线确定 a 和 b 值。

结合车间平面尺寸，探测器按 5 列布置，成 3 行，计 15 只，如图 3-8 所示，实际安装间距 $a' = 8\text{m}$，$b' = 10\text{m}$。取安装间距 $a = a' = 8\text{m}$（极限曲线两端点之间值），查图 3-9 中极限曲线 D_7，得 $b = 10\text{m}$，$b' = b$，满足极限曲线要求。由前计算，探测器到最远点水平距离 $R' = 6.4\text{m} < R = 6.7\text{m}$，满足保护半径的要求。若探测器按 4 列布置，成 4 行，计 16 只，实际安装间距 $a' = 10\text{m}$，$b' = 7.5\text{m}$。取安装间距 $a = a' = 10\text{m}$（极限曲线两端点之间值），查图 3-9 中极限曲线 D_7，得 $b = 8\text{m}$，$b' < b$，满足极限曲线要求。探测器到最远点水平距离 R'，由式 3-3 算得：

$$R' = \sqrt{\left(\frac{a'}{2}\right)^2 + \left(\frac{b'}{2}\right)^2} = \sqrt{\left(\frac{10}{2}\right)^2 + \left(\frac{7.5}{2}\right)^2} = 6.25(\text{m})$$

即 $R' = 6.25\text{m} < R = 6.7\text{m}$，满足保护半径的要求。

若探测器按 3 列布置，成 5 行，计 15 只，实际安装间距 $a' = 13.33\text{m}$，$b' = 6\text{m}$。取安装间距 $a = a' = 13.33\text{m}$，查图 3-9 中极限曲线 D_7，得 $b = 1\text{m}$，$b' > b$，不满足极限曲线要求。

（5）影响探测器设置的因素

式 3-1 计算所得探测器数量是点型感烟、感温探测器在一个探测区域内应装探测器的最少个数，但未考虑到建筑结构、房间分隔等因素的影响。实际上这些因素会影响到探测器有效的探测作用，从而影响到探测区内探测器设置的数量。

1）房间梁的影响

在无吊顶房间内，如装饰要求不高的房间、库房、地下停车场、地下设备层的各种机房等处，常有突出顶棚的梁。不同房间高度下的不同梁高，对烟雾、热气流的蔓延影响不同，会给探测器的设置和感受程度带来影响。若梁间区域面积较小时，梁对热气流或烟气流除了形成障碍，还会吸收一部分热量，使探测器的保护面积减少。

不同房间高度下梁高对探测器设置的影响如图 3-10 所示，图中"梁高"指梁突出顶棚的高度。图中给出了不同探测器的房间高度和梁高的极限值：C、D、E、F 和 G 类感温探测器房间高度极限值为 4m，梁高限度为 200mm；B 类感温探测器房间高度极限值为 6m，梁高限度为 225mm；A1、A2 类感温探测器房间高度极限值为 8m，梁高限度为 275mm；感烟探测器房间高度极限为 12m，梁高限度为 375mm。从中可看出如下几点：

① 梁高小于 200mm 时，可以不计梁对探测器保护面积的影响。

② 梁高在 200～600mm 时，按图 3-10 确定梁对探测器保护面积的影响。一只探测器能够保护的梁间区域的个数由表 3-6 确定。

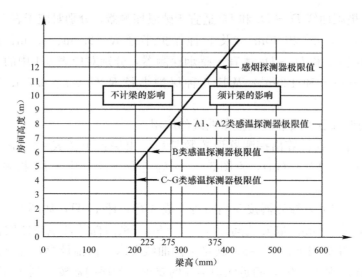

图 3-10 不同房间高度下梁高对探测器设置的影响

按梁间区域面积确定一只探测器保护的梁间区域的个数   表 3-6

探测器的保护面积 A（m²）		梁隔断的梁间区域面积 Q（m²）	一只探测器保护的梁间区域的个数
感温探测器	20	$Q>12$	1
		$8<Q\leqslant12$	2
		$6<Q\leqslant8$	3
		$4<Q\leqslant6$	4
		$Q\leqslant4$	5
	30	$Q>18$	1
		$12<Q\leqslant18$	2
		$9<Q\leqslant12$	3
		$6<Q\leqslant9$	4
		$Q\leqslant6$	5
感烟探测器	60	$Q>36$	1
		$24<Q\leqslant36$	2
		$18<Q\leqslant24$	3
		$12<Q\leqslant18$	4
		$Q\leqslant12$	5
	80	$Q>48$	1
		$32<Q\leqslant48$	2
		$24<Q\leqslant32$	3
		$16<Q\leqslant24$	4
		$Q\leqslant16$	5

③ 梁高超过 600mm 时，被梁隔断的每个梁间区域至少应设置一只探测器。

④ 当被梁隔断的区域面积超过一只探测器的保护面积时，应将被隔断的区域视为一个探测区域，按式（3-1）计算探测器的设置数量。

⑤ 当梁间净距小于 1m 时，可视为平顶棚，不计梁对探测器保护面积的影响。

2）房间隔离物的影响

有一些房间因功能需要，被轻质活动间隔、玻璃或者书架、档案架、货架、柜式设备等将房间分隔成若干空间。当各类分隔物的顶部至顶棚或梁的距离小于房间净高的 5% 时，会影响烟雾、热气流从一个空间向另一空间扩散，这时应将每一个被隔断的空间当成一个房间对待，但每一个隔断空间至少应装一个探测器。至于分隔物的宽度无明确规定，可参考套间门宽的作法。除此外，一般情况下整个房间应当作一个探测区域处理。

（6）探测器的安装使用

探测器在安装使用中，应遵守有关规范的规定才能使设计得到充分的保证，也才能使系统发挥应有的作用。基本要求如下。

1）宽度小于3m的内走道顶棚上探测器居中布置。感温探测器安装间距不应超过10m，感烟探测器安装间距不应超过15m。探测器至端墙距离不应大于探测器安装间距的一半。

2）探测器周围0.5m内不应有遮挡物，探测器至墙壁、梁边的水平距离不应小于0.5m。

3）在设有空调的房间内，探测器不应安装在靠近气流送风口处。否则，气流会阻碍极小的燃烧粒子扩散到探测器中去，使探测器探测不到烟雾。此外，气流通过电离室时会在某种程度上改变电离模型，可能使探测器更灵敏（易误报）。当气流通过一个多孔顶棚向下流动时，形成一个空气覆盖层，阻碍燃烧产物到达探测器。因此，规定探测器至空调送风口最近边的水平距离不应小于1.5m，至多孔送风顶棚孔口的水平距离不应小于0.5m。

4）在单层建筑或多层建筑的顶层，白天太阳的热辐射会将屋顶下的空气加热，形成一个热空气的滞留层；有时室内顶棚由于某种原因产生的热空气上升至顶棚下，也会形成热空气的滞留层，这个热空气滞留层就是热屏障。火灾时，该热屏障在烟和气流上升通向探测器的道路上形成障碍作用，影响探测器探测烟雾。同样，带有金属屋顶的仓库，屋顶下边的空气在夏天可能被加热而成为热屏障，使得烟在热屏障下边开始分层。以上这些均将影响探测器的灵敏度。因此在有热屏障的场所，感烟探测器距顶棚应有一定的安装距离。而感温探测器受热屏障影响很小，所以感温探测器总是直接安装在顶棚上。当屋顶有热屏障时，感烟探测器下表面至顶棚或屋顶的距离应符合表3-7的规定。

感烟探测器下表面距顶棚或屋顶的距离 　　　　　　表3-7

探测器的安装高度 h（m）	感烟探测器下表面距顶棚或屋顶的距离 d（mm）					
	顶棚或屋顶坡度 θ					
	$\theta \leqslant 15°$		$15° < \theta \leqslant 30°$		$\theta > 30°$	
	最　小	最　大	最　小	最　大	最　小	最　大
$h \leqslant 6$	30	200	200	300	300	500
$6 < h \leqslant 8$	70	250	250	400	400	600
$8 < h \leqslant 10$	100	300	300	500	500	700
$10 < h \leqslant 12$	150	350	350	600	600	800

5）锯齿形屋顶和坡度大于15°的人字形屋顶，烟雾易于集中在屋脊处，且不易从一个屋顶扩散到另一个屋顶。因此，应在每个屋脊处设置一排探测器（见图3-11）。探测器下表面距屋顶最高处距离 d 应符合表3-7的规定。

6）探测器宜水平安装。受条件限制必须倾斜安装时，倾斜角不应大于45°。

7）无吊顶的大型桁架结构仓库，应采用管架将探测器悬挂安装，其下垂高度按实际需要。当选用感烟探测器时，应加装集烟罩，如图 3-12 所示。

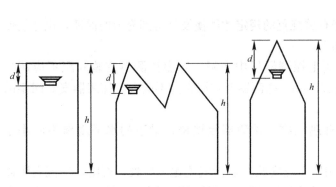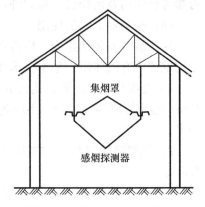

图 3-11 感烟探测器在不同顶棚或屋顶形状下　　　图 3-12 大型桁架结构仓库探测器
其表面距顶棚或屋顶的距离 d　　　　　　　　安装的示意图

8）探测器安装，其工作指示灯（确认或状态灯）的位置宜朝向门口或便于观察的方向，如图 3-13 所示。

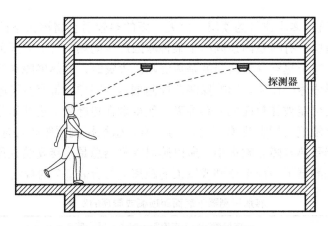

图 3-13 探测器确认灯的安装位置

9）在电梯井、升降机井设置探测器时，其位置宜在井道上方的机房顶棚上。

10）CO 火灾探测器可设置在气体能够扩散到的任何部位。

11）感烟火灾探测器在格栅吊顶场所设置时：镂空面积与总面积的比例不大于 15% 时，探测器应设置在吊顶下方；镂空面积与总面积的比例大于 30% 时，探测器应设置在吊顶上方；镂空面积与总面积的比例为 15%～30% 时，探测器的设置部位应根据实际试验结果确定；探测器设置在吊顶上方且火警确认灯无法观察时，应在吊顶下方设置火警确认灯；地铁站台等有活塞风影响的场所，镂空面积与总面积的比例为 30%～70% 时，探测器宜同时设置在吊顶上方和下方。

（7）火焰探测器的设置

火焰探测器的设置要求如下：

1）探测器的安装高度应与其灵敏度等级相适应。

2）探测器对保护对象进行空间保护时，应考虑探测器的探测视角及最大探测距离，避免出现探测死角。

　　3）探测区内不应存在固定或流动的遮挡物。

　　4）应避免光源直接照射在探测器的探测窗口。

　　5）单波段的火焰探测器不应设置在平时有光源照射的场所。

　　6）在探测器保护的建筑高度为超过 12m 的高大空间时，应选用 2 级以上灵敏度的火灾探测器，并应尽量降低探测器设置高度。

　　2. 线型火灾探测器的设置

　　（1）线型光束感烟探测器的设置

　　线型光束感烟探测器一般成对布置在需保护区域两侧的墙壁上，光束轴线距顶棚的垂直距离宜为 0.3～1.0m，距地面高度不宜超过 20m。

　　相邻两组光束感烟探测器的水平距离不应大于 14m。探测器距侧墙水平距离不应大于 7m，且不应小于 0.5m。探测器的发射器和接收器之间的距离不宜超过 100m。

　　在探测器保护的建筑高度为超过 12m 的高大空间时，探测器应设置在开窗或通风空调对流层下面 1m 处，并采用多组探测器组成保护层的探测方式；在有关窗和通风空调停止工作的建筑中，可以在建筑顶部（不宜超过 25m）增设线型光束感烟火灾探测器，探测器的保护面积可按常规计算，并宜与下层探测器交错布置。

　　探测器宜设置在混凝土结构上。当设置在钢结构建筑的钢架上时应考虑钢结构位移的影响，选择发射光范围大于钢结构位移的探测器，以保证有效保护。

　　探测器的设置应保证其接收端避开日光和人工光源照射。

　　选择反射式探测器时，应保证在反射板与探测器间任何部位进行模拟试验时，探测器均能正确响应。

　　（2）缆式线型感温探测器的设置

　　探测器在电缆桥架或支架上设置时，宜采用接触式布置；在各种皮带输送装置上设置时，宜设置在装置的过热点附近。

　　设置在顶棚下方的空气管式线型感温探测器，至顶棚的距离宜为 0.1m。相邻管路之间的水平距离不宜大于 5m；管路至墙壁的距离宜为 1～1.5m。

　　线型光纤感温火灾探测器的保护半径不大于 3m，最小报警长度不大于 8m。

　　光栅光纤感温火灾探测器每个光栅的保护面积和保护半径应符合点型感温火灾探测器的保护面积和保护半径要求；保护油罐时，两个相邻光栅间距离不宜大于 3m，且一只光纤感温火灾探测器只能保护一个油罐。在电缆井道、电缆桥架、电缆夹层内设置时，光纤光栅探测器（光栅片）沿电缆走向布置，光纤光栅探测器（光栅片）间距不应大于 10m，报警分区按 150m 划分。

　　设置线型感温火灾探测器的场所有联动要求时，可采用具有多级报警功能的同一只线型感温火灾探测器的 2 级报警信号作为联动触发信号。

　　3. 空气采样探测器的设置

　　（1）一般要求

　　通过管路采样的吸气式感烟火灾探测器的设置应符合下列规定：

　　非高灵敏度探测报警器采样孔安装高度不应超过 16m；高灵敏度探测报警器的采样孔安装高可超过 16m。当采样孔安装高度超过 16m 时，灵敏度可调的探测器应设置为高灵敏度，且应减小采样管长度和采样子孔数量。

（2）探测器的采样孔

可将每个采样孔作为一个点式感烟探测器来考虑，采样孔的间距不大于相同条件下的点式感烟探测器之间的距离。

当房间高度大于12m时，采样孔间距不应大于房高在12m的条件下采样孔的间距。

每个采样孔的最大保护面积应随着空气换气次数的增加相应减少，具体数值见表3-8。

换气次数与采样孔保护面积的对照表   表 3-8

换气次数（次/h）	一个采样孔的最大保护面积（m²）	采样孔最大水平间距（m）
$60 < n \leqslant 80$	9	3
$30 < n \leqslant 60$	12	3.5
$20 < n \leqslant 30$	23	4.8
$15 < n \leqslant 20$	35	5.9
$12 < n \leqslant 15$	46	6.8
$10 < n \leqslant 12$	58	7.6
$8.6 < n \leqslant 10$	70	8.4
$n \leqslant 8.6$	81	9

当采样管道布置为垂直采样形式时，每2℃温差间隔或3m间隔（取最小者）应设置一个采样孔。

灵敏度可调的高灵敏度管路吸气式感烟火灾探测器必须设置为高灵敏度。

采样方式分为扫描型和非扫描型两种：非扫描型为多根采样管同时抽气，在探测器中不分辨采样管号；扫描型采样是在达到阈值时，只开放一条采样管抽气，在探测器中可以分辨出每条采样管所在区域的烟雾状况。

（3）管网设置要求

采样管的间距不宜小于采样孔的间距。

一台探测器的采样管总长不宜超过200m，单管长度不宜超过100m。采样孔总数不宜超过100个，单管上的采样孔数量不宜超过25个。

当采样管道采用毛细管布置方式时，毛细管长度不宜超过4m。

空气采样探测器设计时，可按照点型感烟探测器规范的设置要求，安排采样管走向及采样孔的位置。管网可以水平或者垂直方向安装。有过梁、空间支架的建筑中，采样管路应固定在过梁、空间支架上。当梁突出顶棚的高度超过600mm时，应采用带弯头的手杖式立管采样。对于机柜内部或者豪华装饰建筑可采用隐蔽式管网结构。

探测器保护的建筑高度大于16m的场所时，探测器的采样管应采用水平布管和下垂布管结合的布管方式，采样管采用垂直安装时，每2℃温差或3m间隔（取最小值）应设置一个采样孔，并保证至少有两个采样孔低于16m，并宜有2个采样孔设置在开窗或通风空调对流层下面1m处。

吸气管路和采样孔应有明显的火灾探测器标识。

（4）管网形式

空气采样探测系统的采样方式可分为三类：标准采样、毛细管采样和回风采样。

标准采样管网是一种最基本、使用最广泛的采样方法，可应用于吊顶下、吊顶内、地板下、机柜内、机柜上和电缆槽内。按照普通点型火灾探测器的设计原则，采样管应平行于探测器的排列方向布置，在设计探测器位置的网格交叉点上安排采样孔。

毛细管采样具有灵活、隐蔽的特点，可以伸入设备内部采样，不影响建筑物内的美观。采样网管中的支管和毛细管可以水平或垂直方向布置在任何地方，如封闭机柜内、活动地板下或吊顶内，设备内部过流、过压产生的微量烟雾可以直接探测到。采样孔一般放在毛细管末端，其孔径一般为 2mm，特殊情况毛细管长度每增加 2m，其孔径要增加 1mm。对于竖直管和下垂管采样，管最长 4m，采样孔径一般为 2mm。

回风采样是一种较复杂的防护方法，它适用于多种机械通风环境、中央空调环境和室内空调机组。这种采样方法，可用较小的投入保护较大的面积。在机械通风系统的回风管内采样，是将探针插入回风管内，采样点朝向气流方向。而废气管也需插入风管内，位于探针的下游。根据回风口的宽度，设置 5～8 个采样孔。探测器进气管约为风道宽的 2/3，探测器废气排出管约为风道的 1/3，进气管和排气管距离为 300mm，中间采用间隔为 100mm 的等距采样孔。另一种是在回风口的栅板前方，距栅板 100～200mm 处设置采样管。回风栅网采样管离空调栅网板要安装 50～200mm 支架，采样孔应冲着气流方向。

（5）采样管的材料

根据环境要求，采样管通常采用阻燃 PVC、ABS 塑料管，也可用金属管。

4. 图像型火灾探测器的设置

（1）图像型探测器的设置

一般要求安装高度应与探测器的灵敏度等级相适应；对保护对象进行空间保护时，应考虑探测视角及最大探测距离，避免出现探测死角；探测区内不应存在固定或流动的遮挡物；应避免光源直接照射在探测器的探测窗口；单波段的火焰探测器不应设置在平时有光源照射的场所。

（2）双波段、光截面火灾自动报警系统

1）光截面探测器选择和设置

双波段、光截面火灾自动报警系统的光截面探测器选择和设置要求：应根据探测区域的大小选择光截面探测器。每只探测器可对应多只发射器，但最多不应超过 8 只。光截面发射器应设置在光截面发射器的视场范围内且光路不应被遮挡。光截面探测器安装位置至顶棚的垂直距离不应小于 0.5m。当探测区域高度大于 12m 时，光截面探测器宜分层布置，且每两层之间高度不应大于 12m。光截面探测器距侧墙水平距离不应小于 0.3m，且不大于 5m。相邻两只光截面发射器的水平距离不应大于 10m。探测器宜采用壁装，安装位置应避开强红外光区域，避免强光直射探测器。

2）双波段探测器选择和设置

双波段、光截面火灾自动报警系统的双波段探测器选择和设置要求：应根据实际探测距离选择双波段探测器。根据双波段探测器的保护角度，确定双波段探测器的布置方法和安装高度。探测距离较远的双波段探测器的正下方如存在探测盲区，应利用其他探测器消除探测盲区。双波段探测器安装位置至顶棚的垂直距离不应小于 0.5m。双波段探测器距侧墙水平距离不应小于 0.3m。探测器宜采用壁装，安装位置应避开强红外光区域，避免强光直射探测器。

（3）可视图像火灾自动报警系统

1）可视烟雾图像探测器（摄像机）的选型

可视烟雾图像探测器（摄像机）选型的基本要求：解析度不应低于480线。应具有自动白平衡、自动增益控制、自动背光补偿、自动电子快门。应具有强光抑制功能。探测器最低照度应根据现场情况选取，并且不应大于0.1lx。应选用自动光圈镜头，焦距应根据工作距离和保护范围选取。电源应为DC12V。

2）可视烟雾图像探测器（摄像机）的设置

可视烟雾图像探测器（摄像机）的设置要求：每台探测器的最大监控范围约为40m×30m。探测器距地面高度应在现场所有设备、人员、运动物体及其他障碍物的高度之上，且方便安装调整。近距离处不应有物体遮挡，同时保证能够监视最容易发生火灾或存在特殊危险场所。探测器宜成对安装，应保证整个保护区域都在监视范围内，无监控盲区。探测器不应直接对准过亮（如灯光、明亮的窗口等）物体，同时也不能将探测器对准黑暗的角落。现场环境照度应高于探测器最低工作照度，当低于最低照度时应设置补光设备。

3.3 消防设施联动控制

3.3.1 消防设施及其工作原理

消防设施（fire facility）：是指专门用于火灾预防、火灾报警、灭火以及发生火灾时用于人员疏散的火灾自动报警系统、自动灭火系统、消火栓系统、防烟排烟系统以及应急广播和应急照明、防火分隔设施、安全疏散设施等固定消防系统和设备。

本节所述消防设施包括消火栓系统、自动喷水灭火系统、气体（泡沫）灭火系统、防烟排烟系统、防火门及防火卷帘系统、电梯、火灾警报和消防应急广播系统、消防应急照明和疏散指示系统等。

1. 消火栓系统

（1）消火栓系统的组成

消火栓系统（hydrant systems/standpipe and hose systems）：由供水设施、消火栓、配水管网和阀门等组成的系统。把给水系统提供的水量，经过加压（外网压力不满足需要时），输送到用于扑灭建筑物内的火灾，是建筑物中最基本的灭火设施。

消防给水系统有高压消防给水系统（能始终保持满足水灭火设施所需的工作压力和流量，火灾时无须消防水泵加压）、临时高压消防给水系统（平时不能满足水灭火设施所需的工作压力和流量，火灾时能自动启动消防水泵以满足水灭火设施所需的工作压力和流量）和低压消防给水系统（能满足车载或手抬移动消防水泵等取水所需的工作压力和流量）等3种，临时高压消防给水系统是建筑中最普遍的消防给水方式。

消火栓系统分为湿式和干式两种：湿式系统平时配水管网内充满水；干式系统平时配水管网内不充水，火灾时5min内向配水管网充水。

图3-14所示为室内消火栓系统示意图。消防水池是人工建造的供固定或移动消防水泵吸水的储水设施。高位消防水箱是设置在高处直接向水灭火设施重力供应初期火灾消防用水量的储水设施，储存10min的室内消防用水量。

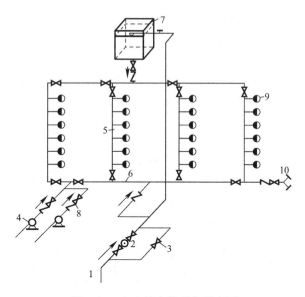

图 3-14　室内消火栓系统示意图

1—引入管；2—水表；3—旁通管及阀门；4—消防水泵；5—竖管；6—干管；7—水箱；8—止回阀；

9—消火栓设备；10—水泵接合器

（2）消火栓系统的工作原理

火灾发生后，现场人员打开消火栓箱，将水带与消火栓栓口连接，打开消火栓阀门，消火栓喷水。系统内出水干管上的低压压力开关、高位消防水箱出水管上的流量开关，或报警阀压力开关等的信号直接联锁启动消火栓泵，为消防管网持续供水。

2. 自动喷水灭火系统

自动喷水灭火系统（automatic sprinkler system）：由洒水喷头、报警阀组、水流报警装置（水流指示器或压力开关）等组件，以及管道、供水设施组成，并能在发生火灾时喷水的自动灭火系统。

根据喷头形式分为闭式和开式系统。根据系统用途和配置，闭式自动喷水灭火系统又可分为湿式、干式和预作用系统，开式自动喷水灭火系统又可分为雨淋和水幕系统等类型。

（1）湿式自动喷水灭火系统

湿式自动喷水灭火系统（wet pipe automatic sprinkler system）：准工作状态时，配水管道内充满用于启动系统的有压水的闭式自动喷水灭火系统，如图 3-15 所示。发生火灾时，高温火焰或气流使闭式喷头热敏感元件动作，喷头自动打开喷水灭火。管网中的水由静止变为流动，水流指示器动作，在报警控制器上指示该区域已在喷水。持续喷水造成报警阀上部水压低于下部水压，压差达到一定值时报警阀自动开启，消防水流向干管、配水管、喷头；同时，部分水沿报警阀环行槽进入延迟器、压力开关及水力警铃等设施发出火警信号。压力开关的动作信号连锁启动消防泵向管网加压供水。工作原理如图 3-16 所示。

（2）干式自动喷水灭火系统

干式自动喷水灭火系统（dry pipe automatic sprinkler system）：准工作状态时，配水管道内充满用于启动系统的有压气体的闭式自动喷水灭火系统，如图 3-17 所示。当发生火灾，火点温度达到开启闭式喷头时，喷头开启，排气、充水、灭火。

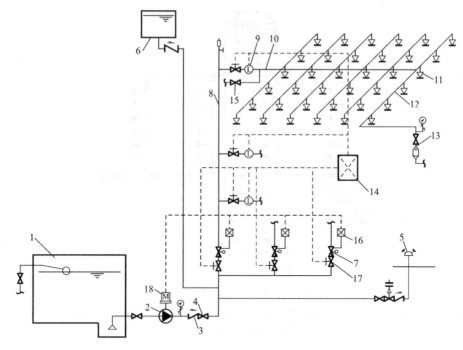

图 3-15　湿式自动喷水灭火系统示意图

1—消防水池；2—消防泵；3—止回阀；4—闸阀；5—水泵接合器；6—高位消防水箱；

7—湿式报警阀组；8—配水干管；9—水流指示器；10—配水管；11—闭式喷头；12—配水支管；

13—末端试水装置；14—报警控制器；15—泄水阀；16—压力开关；17—信号阀；18—水泵驱动电机

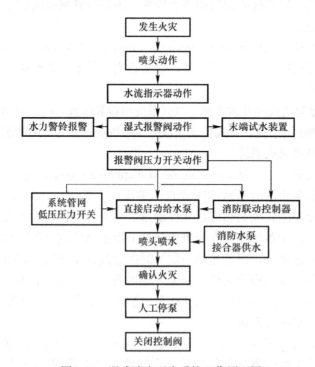

图 3-16　湿式喷水灭火系统工作原理图

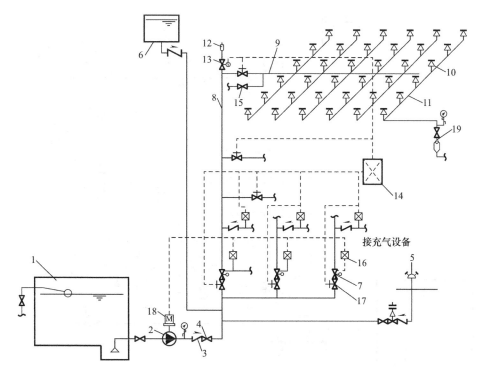

图 3-17　干式自动喷水灭火系统示意图

1—消防水池；2—消防泵；3—止回阀；4—闸阀；5—水泵接合器；6—高位消防水箱；7—干式报警阀组；
8—配水干管；9—配水管；10—闭式喷头；11—配水支管；12—排气阀；13—电动阀；14—报警控制器；
15—泄水阀；16—压力开关；17—信号阀；18—水泵驱动电机；19—末端试水装置

（3）预作用喷水灭火系统

预作用喷水灭火系统（pri-action automatic sprinkler system）：准工作状态时配水管道内不充水，由火灾自动报警系统、闭式洒水喷头作为探测元件，自动开启雨淋报警阀或预作用报警阀组后，转换为湿式自动喷水灭火系统的闭式自动喷水灭火系统，如图 3-18 所示。火灾初期，火灾自动报警系统确认火灾报警信号后，开启预作用阀组，配水管道排气、充水，转换为湿式系统。火灾发展到着火点温度达到开启闭式喷头时，开始喷水灭火。预作用喷水灭火系统弥补了湿式和干式自动喷水灭火系统的缺点，适用于对建筑装饰要求高，灭火要求及时的建筑物。工作原理如图 3-19 所示。

（4）雨淋灭火系统

雨淋灭火系统（deluge extinguishing system）：由火灾自动报警系统或传动管控制，自动开启雨淋报警阀和启动供水泵后，向开式洒水喷头供水的开式自动喷水灭火系统。自动开启雨淋阀的传动控制装置有带易熔锁封钢索绳装置、带闭式喷头的传动控制装置、电动传动装置、手动旋塞传动装置等。图 3-20 所示为电动雨淋灭火系统，在准工作状态时，由消防水箱或稳压泵、气压给水设备等稳压设施维持雨淋阀入口前管网内充水的压力。火灾发生时，由火灾自动报警系统或传动管控制，自动开启雨淋报警阀和启动供水泵，向系统管网供水，由雨淋阀控制的开式喷头喷水灭火。

（5）水幕灭火系统

水幕灭火系统（drencher extinguishing system）：由开式洒水喷头或水幕喷头、雨淋

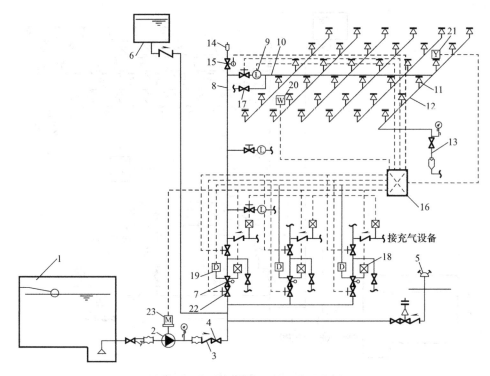

图 3-18　预作用喷水灭火系统示意图

1—消防水池；2—消防泵；3—止回阀；4—闸阀；5—水泵接合器；6—高位消防水箱；7—预作用报警阀组；
8—配水干管；9—水流指示器；10—配水管；11—闭式喷头；12—配水支管；13—末端试水装置；14—排气阀；
15—电动阀；16—报警控制器；17—泄水阀；18—压力开关；19—电磁阀；20—感温探测器；21—感烟探测器；
22—信号阀；23—水泵驱动电机

报警阀或感温雨淋报警阀、水流报警装置（水流指示器或压力开关）等组成，用于挡烟阻火和冷却分隔物的开式自动喷水灭火系统。水幕系统原理与雨淋灭火系统基本相同，只是喷头出水的状态及作用不同，发生火灾时主要起阻火、冷却、隔离作用，具体地，有两种应用：用于防火卷帘的保护和作为防火分隔。

3. 气体（泡沫）灭火系统

（1）气体（泡沫）灭火系统组成

气体灭火系统（gas fire extinguishing system）：灭火介质为气体灭火剂的灭火系统。气体灭火剂有：七氟丙烷、IG541 混合气体（氮气、氩气、二氧化碳）、热气溶胶等。

泡沫灭火系统（foam extinguishing system）：将泡沫灭火剂与水按一定比例混合，经发泡设备产生灭火泡沫的灭火系统。泡沫灭火剂有：化学灭火剂（由带结晶水的硫酸铝 $[(Al_2SO_4)_3 \cdot H_2O]$ 和碳酸氢钠（$NaHCO_3$）组成，使用时使两者混合反应后产生 CO_2 灭火，用于装填在灭火器中手动使用）、蛋白质灭火剂（主要是对骨胶阮、毛角阮、动物角、蹄、豆饼等水解后，适当投加稳定剂、防冻剂、缓蚀剂、防腐剂、降黏剂等添加剂混合成液体）、合成型灭火剂（以石油产品为基料制成的泡沫灭火剂，如凝胶剂、水成膜和高倍数等 3 种）。泡沫灭火系统按使用方式分为固定式、半固定式和移动式，按泡沫喷射方式分为液上喷射、液下喷射和喷淋方式，按泡沫发泡倍数分为低倍、中倍和高倍。

气体（泡沫）灭火系统主要由灭火剂储瓶和瓶头阀、启动瓶和瓶头阀、选择阀（组合分配系统）、自锁压力开关、喷嘴以及气体（泡沫）灭火控制器、感烟火灾探测器、感温火灾探测器、指示发生火灾的火灾声光报警器、指示灭火剂喷放的火灾声光报警器（带有声警报的气体释放灯）、紧急启停按钮、电动装置等组成，如图 3-21 所示。

（2）气体（泡沫）灭火系统工作原理

当防护区发生火灾，火灾探测器或手动火灾报警按钮动作，发出首次报警信号，启动防护区内火灾声光警报器，警示人员撤离。在同一防护区内与首次报警触发器件相邻的火灾报警触发器件动作，关闭区域内有关风机、阀门及影响灭火效果的设备，延时不超过 30s 后发出指令启动气体（泡沫）灭火装置，气体（泡沫）经喷嘴释放灭火，同时启动防护区域外的火灾声光警报器，指示灭火剂喷放。管道上的自锁压力开关动作，信号反馈到气体（泡沫）灭火控制器。图 3-22 所示为气体灭火系统工作流程图。

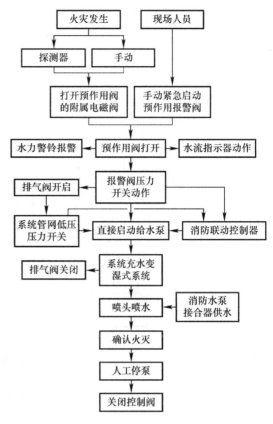

图 3-19　预作用喷水灭火系统工作原理

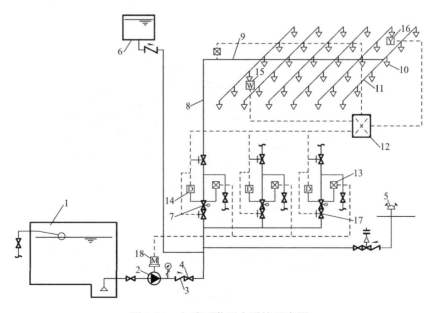

图 3-20　电动雨淋灭火系统示意图

1—消防水池；2—消防泵；3—止回阀；4—闸阀；5—水泵接合器；6—高位消防水箱；7—雨淋报警阀组；
8—配水干管；9—配水管；10—开式喷头；11—配水支管；12—报警控制器；13—压力开关；
14—电磁阀；15—感温探测器；16—感烟探测器；17—信号阀；18—水泵驱动电机

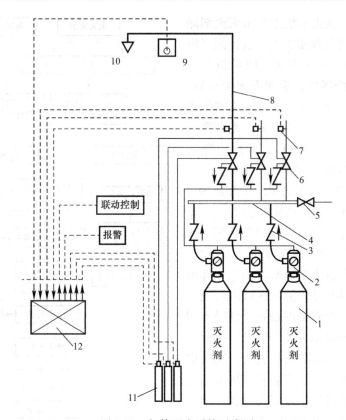

图 3-21　气体灭火系统示意图

1—灭火剂储瓶；2—瓶头阀；3—单向阀；4—集流管；5—安全阀；6—选择阀；

7—压力开关；8—管道；9—探测器；10—喷嘴；11—启动瓶；12—控制器

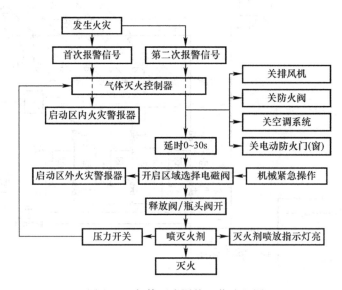

图 3-22　气体灭火系统工作流程图

4. 防烟排烟系统

防烟排烟系统（smoke management system）：建筑内设置的用以防止火灾烟气蔓延

扩大的防烟系统和排烟系统的总称。

（1）防烟系统

防烟系统（smoke control system）：采用机械加压送风方式或自然通风方式，防止烟气进入楼梯间、前室、避难层（间）等空间的系统。

机械加压送风（mechanical pressurization）：对楼梯间、前室及其他需要被保护的区域采用机械送风，使该区域形成正压，防止烟气进入的方式。

一般情况下，防烟系统由加压送风机、风道和送风门组成。

（2）排烟系统

排烟系统（smoke extraction system）：采用机械排烟方式或自然排烟方式，将烟气排至建筑物外的系统。

机械排烟（mechanical smoke extraction）：采用机械力将烟气排至建筑物外的排烟方式。机械排烟系统由排烟口、管道、风机组成，如图 3-23 所示。

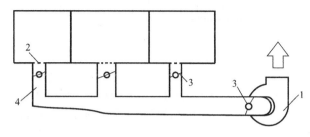

图 3-23　机械排烟系统
1—排烟风机；2—排烟口；3—280℃排烟阀；4—管道

自然排烟（nature smoke control）：利用火灾时产生的热烟气流的浮力和外部风力作用，通过建筑物的对外开口把烟气排至室外的排烟方式。

5. 防火门及卷帘系统

防火门（fire door set）：由门框、门扇及五金配件等组成，具有一定耐火性能的门组件。防火门分常闭型和常开型。

为避免烟气或火势通过门洞窜入疏散通道内，保证疏散通道在一定时间内的相对安全，防火门在平时要保持关闭状态，有人通过后，机械闭门器将门关闭，如图 3-24 所示。

常开防火门设置在建筑内经常有人通行处，在火灾时应自行关闭，并具有信号反馈的功能。如图 3-25 所示，图（a）设置电磁释放器、机械闭门器及电磁开关，发生火灾后使电磁释放器动作，释放链条，门扇在机械闭门器的作用下关闭；图（b）设置电动闭门器，发生火灾后使电动闭门器动作，门扇在电动闭门器的作用下关闭。

防火卷帘（fire shutter assembly）：由卷轴、导轨、座板、门楣、箱体、可折叠或卷绕的帘面及卷门机、控制器等部件组成，具有一定耐火性能的卷帘门组件，如图 3-26 所示。

设置在疏散通道上的防火卷帘主要用于防烟、人员疏散和防火分隔，故需两步降落方式。当防火分区内的任两只感烟探测器或任一只专门用于联动防火卷帘的感烟火灾探测器的报警信号联动控制防火卷帘下降至距楼板面 1.8m 处，起到防烟作用，避免烟雾经此扩散，同时保证人员疏散。当任一只专门用于联动防火卷帘的感温火灾探测器动作表示火已蔓延到该处，此时人员已不可能从此逃生，因此，防火卷帘下降到底，起到防火分隔作用。

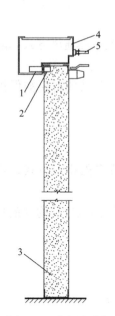

图 3-24 常闭防火门

1—门磁开关；2—永磁体；

3—防火填充物；4—门框；

5—机械闭门器

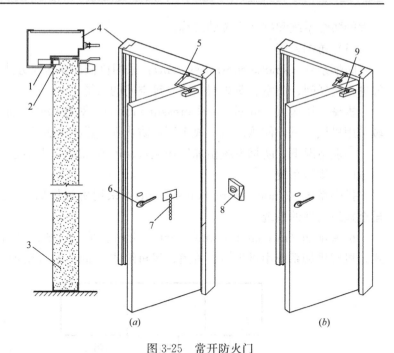

图 3-25 常开防火门

1—门磁开关；2—永磁体；3—防火填充物；4—门框；

5—机械闭门器；6—防火锁具；7—链条；8—电磁释放器；

9—电动闭门器

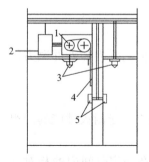

图 3-26 防火卷帘门

1—电动机；2—控制器；

3—探测器；4—卷帘；

5—按钮

非疏散通道上的防火卷帘大多仅用于建筑的防火分隔作用，建筑共享大厅回廊楼层间等处设置的防火卷帘不具有疏散功能，仅用作防火分隔，因此，防火卷帘一步降到楼板面。

6. 消防应急广播系统

消防应急广播系统由扩音机、控制设备和扬声器等组成。

消防应急广播系统可以是独立的系统，也可以与普通广播或背景音乐系统合用。

消防应急广播系统与普通广播或背景音乐系统合用有两种方式：

（1）消防应急广播系统仅利用普通广播或背景音乐系统的扬声器和馈电线路，而消防应急广播系统的扩音机等装置是专用的。当火灾发生时，由消防控制室切换输出线路，使消防应急广播系统按照规定播放应急广播，如图 3-27 所示。

（2）消防应急广播系统全部利用普通广播或背景音乐系统的扩音机、馈电线路和扬声器等装置，在消防控制室只设紧急播送装置，当发生火灾时可遥控普通广播或背景音乐系统紧急开启，强制投入消防应急广播，如图 3-28 所示。

两种方式都需要使扬声器不管在何状态时，都能紧急开启消防应急广播。特别在扬声器设有开关或音量调节器时，应将扬声器用继电器强制切换到消防应急广播线路上。合用广播的各设备应符合消防产品 CCCF 认证的要求。

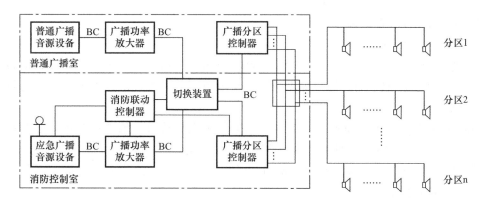

图 3-27 消防应急广播与普通广播合用系统图一

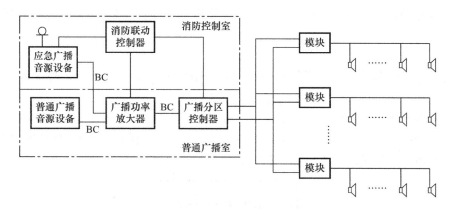

图 3-28 消防应急广播与普通广播合用系统图二

在客房内设有床头控制柜音乐广播时，不论床头控制柜内扬声器在火灾时处于何种工作状态（开、关），都应能紧急切换到消防应急广播线路上，播放应急广播。

消防应急广播系统与普通广播系统合用时强制切换如图 3-29 所示。

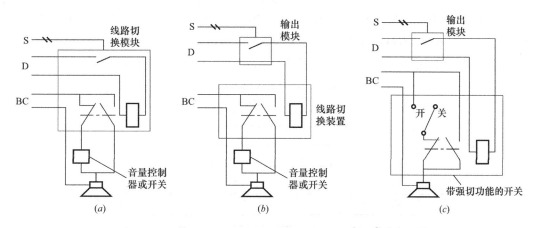

图 3-29 消防应急广播强制切换示意图

7. 消防应急照明和疏散指示系统

（1）基本概念

消防应急照明和疏散指示系统（fire emergency lighting and evacuate indicating system）是指为人员疏散、消防作业提供照明和疏散指示的系统，由各类消防应急灯具及相关装置组成。

消防应急灯具（fire emergency luminaire）指为人员疏散、消防作业提供照明和标志的各类灯具，包括消防应急照明灯具和消防应急标志灯具。

消防应急照明灯具（fire emergency lighting luminaire）指为人员疏散、消防作业提供照明的消防应急灯具。

消防应急标志灯具（fire emergency indicating luminaire）指用图形和/或文字完成下述功能的消防应急灯具：指示安全出口、楼层和避难层（间）；指示疏散方向；指示灭火器材、消火栓箱、消防电梯、残疾人电梯位置及其方向；指示禁止入内的通道、场所及危险品存放处。

（2）分类

消防应急照明和疏散指示系统可分为：自带电源非集中控制型、自带电源集中控制型、集中电源非集中控制型、集中电源集中控制型。

自带电源非集中控制型（non-central controlled fire emergency lighting system for fire emergency luminaries powered by self contained battery）：由自带电源型消防应急灯具、应急照明配电箱及相关附件等组成，如图 3-30 所示。

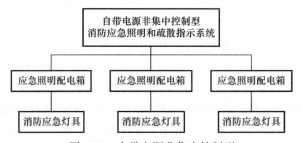

图 3-30　自带电源非集中控制型

自带电源集中控制型系统（central controlled fire emergency lighting system for fire emergency luminaries powered by self contained battery）：由自带电源型消防应急灯具、应急照明控制器、应急照明配电箱及相关附件等组成，如图 3-31 所示。

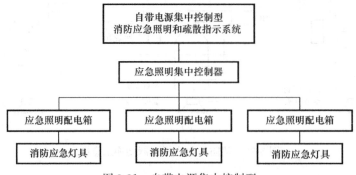

图 3-31　自带电源集中控制型

集中电源非集中控制型（non-central controlled fire emergency lighting system for fire emergency luminaries powered by self centralized battery）：由集中控制型消防应急灯具、应急照明集中电源、应急照明分配电装置及相关附件等组成，如图 3-32 所示。

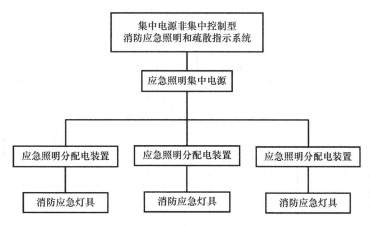

图 3-32　集中电源非集中控制型

集中电源集中控制型（central controlled fire emergency lighting system for fire emergency luminaries powered by self centralized battery）：由集中控制型消防应急灯具、应急照明控制器、应急照明集中电源、应急照明分配电装置及相关附件等组成，如图 3-33 所示。

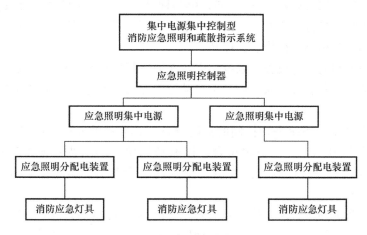

图 3-33　集中电源集中控制型

灯具按用途分为标志灯具、照明灯具、照明标志复合灯具；按工作方式分为持续型和非持续型；按应急供电形式分为自带电源型和集中电源型；按应急控制方式分为集中控制型和非集中控制型，如图 3-34 所示。

3.3.2　消防设施联动控制原理

1. 概述

消防设施（设备、系统）的控制有手动控制和联动控制两种方式。

手动控制方式：由火灾报警控制器（联动型）或消防联动控制器的手动控制盘实现，盘上的启停按钮与消防设施的控制箱（柜）直接用控制线或控制电缆连接，参见图 3-3。

对于临时高压消防给水系统，消防水泵控制柜还设置机械应急启泵功能，以保证在控制柜内的控制线路发生故障时由有管理权限的人员在紧急时启动消防水泵。

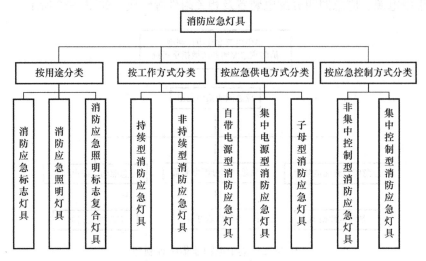

图 3-34　消防应急灯具组成

联动控制方式有两种，第一种是有火灾自动报警系统参与，由消防联动控制器按设定的控制逻辑向各相关受控设备发出联动控制信号，控制现场受控设备按预定的要求动作，联动控制通过输出模块实现，参见图 3-3；第二种是不需要火灾自动报警系统参与，而是由消防设施（系统）自身完成的，如消火栓系统中压力开关和流量开关直接启动消防泵，为与第一种区别，常称第二种为连锁控制。

在设置连锁控制的消防设施（系统）中，连锁控制是基本的控制手段。

由消防联动控制器实现的联动控制是自动控制方式，也是带连锁控制的消防设施（系统）的冗余控制。

需要火灾自动报警系统联动控制的消防设备，其联动触发信号应采用两个独立的报警触发装置报警信号的"与"逻辑组合。以避免用单一的探测器或手动报警按钮的报警信号作为联动触发信号，有可能会由于个别现场设备的误报警而导致自动消防设施的误动作。

消防水泵、防烟和排烟风机等重要消防设备由消防联动控制器的手动控制盘实现手动直接控制是联动控制的冗余，是在消防联动控制器因时序失效等不能按预定要求有效启动消防设备的情况下，使消防设备有效动作的重要保障。

消防泵房设置的机械应急启动装置，是保证只要在供电正常的条件下，即使消防水泵控制柜内的控制线路或器件发生故障不能自动或手动启动消防泵时，也能强制启动消防泵，以保证火灾扑救的及时性。

2. 消火栓系统联动控制

（1）连锁控制

消火栓系统出水干管上设置的低压压力开关、高位消防水箱出水管上设置的流量开关或报警阀压力开关等信号作为触发信号（图 3-35 中 A 和 B），直接控制启动消火栓泵，连锁控制不受消防联动控制器处于自动或手动状态影响。

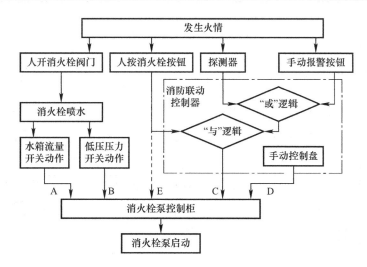

图 3-35　湿式消火栓系统启泵流程图

图 3-36 所示为消防水泵一用一备全压启动控制电路（局部），设手动选择开关 SAC 置于"用 1#，备 2#"位置，高位水箱流量开关 BF、干管低压压力开关 BP1 和报警阀压力开关 BP2 中任一动作，使时间继电器 KF3 通电吸合，KF3 动合触点经延时后闭合使中间继电器 KA4 通电吸合，KA4 动合触点闭合使接触器 QAC1 通电吸合，主电路中 QAC1 动合触点闭合使 1# 泵通电启动运行。

（2）联动控制

当建筑物内设置火灾自动报警系统时，消火栓按钮的动作信号与消火栓按钮所在报警区域内任一火灾探测器或手动火灾报警按钮的报警信号（"与"逻辑）作为系统的联动触发信号，由消防联动控制器联动控制消火栓消防泵的启动，如图 3-35 中 C 所示。

在图 3-36 电路中，消防联动控制器的控制信号，经输出模块使中间继电器 KA03 动作，KA03 动合触点闭合使 KA6 动作，KA6 动合触点闭合使接触器 QAC1 动作，1# 泵启动运行。

（3）手动控制

设置在消防控制室内的消防联动控制器的手动控制盘上的启停按钮，与消火栓泵控制箱（柜）直接用控制线或控制电缆连接，盘上启停按钮直接手动控制消火栓泵的启动、停止，如图 3-35 中 D 所示。

在图 3-36 电路中，消防联动控制器手动控制盘上启动按钮 SF3 动作，使继电器 KA01 动作，其动合触点闭合使 KA6 动作，KA6 动合触点闭合使 QAC1 动作，1# 泵启动运行。

（4）消火栓按钮控制

当建筑物内无火灾自动报警系统时，消火栓按钮用导线直接引至消防泵控制箱（柜），启动消防泵，如图 3-35 中 E 所示。

图 3-37 所示为消火栓按钮启泵控制电路（局部），消火栓按钮 SE1～SEn 为动合触点，平常因外力（如玻璃门）处于闭合状态，发生火灾时，打碎玻璃门，动合触点恢复断开，使继电器 KA4-1、KA4-2 断电释放，KA4-1、KA4-2 动断触点恢复闭合使 KF3 动作，KF3 动合触点经延时后闭合使 KA5 动作，最终控制泵启动运行。KA5 的作用同图 3-36 中 KA4。

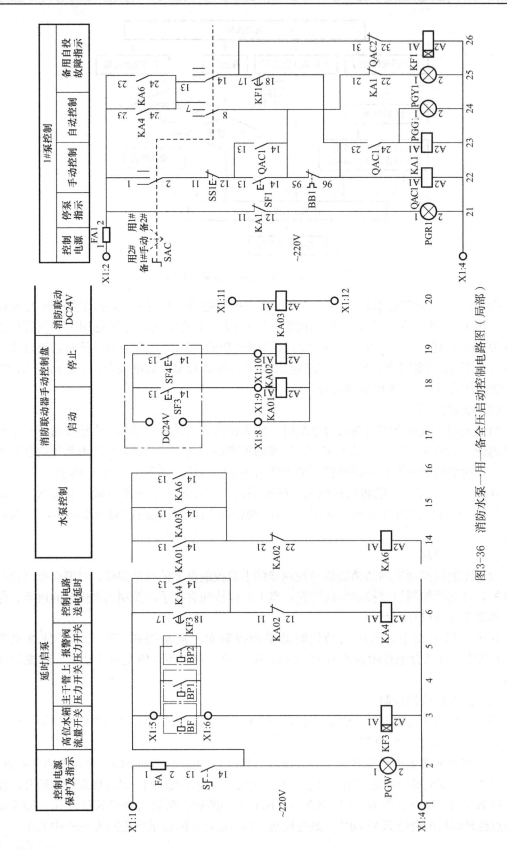

图3-36 消防水泵一用一备全压启动控制电路图（局部）

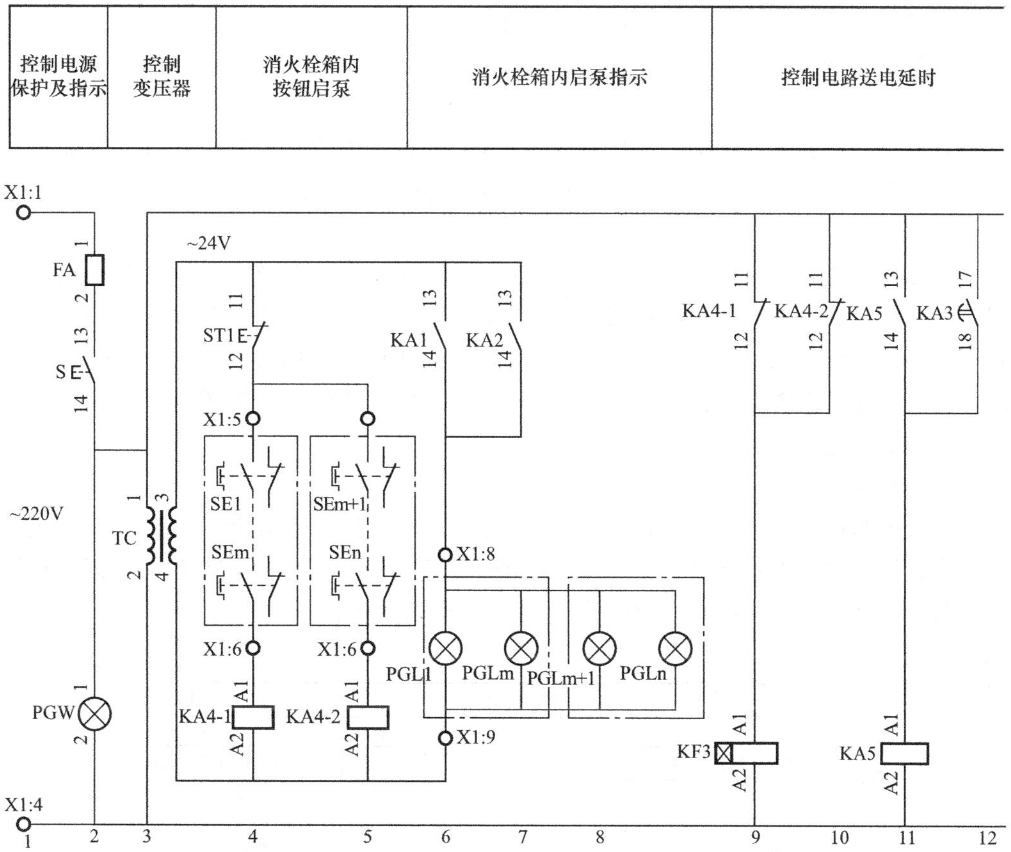

控制电源保护及指示	控制变压器	消火栓箱内按钮启泵	消火栓箱内启泵指示	控制电路送电延时

图 3-37　消火栓按钮启泵控制电路图（局部）

3. 自动喷水灭火系统联动控制

（1）湿式和干式喷水灭火系统

1）连锁控制

报警阀压力开关的动作信号（如图 3-38 中 A）作为系统的联动触发信号，直接控制启动喷淋消防泵，连锁控制不受消防联动控制器处于自动或手动状态影响。

2）联动控制

报警阀压力开关的动作信号与该报警阀防护区域内任一火灾探测器或手动火灾报警按钮的报警信号（"与"逻辑）作为系统的联动触发信号，由消防联动控制器联动控制喷淋泵启动，如图 3-38 中 B 所示。

3）手动控制

设置在消防控制室内的消防联动控制器手动控制盘上启停按钮，与喷淋消防泵控制箱（柜）直接用控制线或控制电缆连接，盘

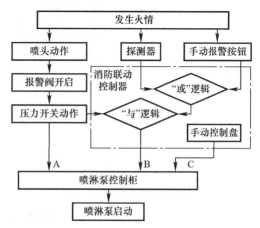

图 3-38　湿式和干式喷水灭火系统启泵流程图

上启停按钮直接手动控制喷淋泵的启停，如图 3-38 中 C 所示。

（2）预作用喷水灭火系统

1）连锁控制

报警阀压力开关的动作信号（图 3-39 中 A）作为系统的联动触发信号，直接控制启动喷淋消防泵，连锁控制不受消防联动控制器处于自动或手动状态影响。

2）联动控制

同一报警区域内两只及以上独立的感烟火灾探测器（"与"逻辑）或一只感烟火灾探测器与一只手动火灾报警按钮的报警信号（"与"逻辑），作为预作用阀组开启的联动触发信号（图 3-39 中 B），由消防联动控制器联动控制预作用阀组的开启，使系统转变为湿式系统，按上述湿式系统方式控制运行（图 3-39 中 C）。当系统设有快速排气装置时，联动控制排气阀前的电动阀的开启。

3）手动控制

喷淋泵控制箱的启停按钮、预作用阀组和快速排气阀入口前的电动阀的启停按钮，用专用线路直接连接至设置在消防控制室内的消防联动控制器的手动控制盘，直接手动控制喷淋泵的启停（图 3-39 中 D）及预作用阀组和电动阀的开启（图 3-39 中 E）。

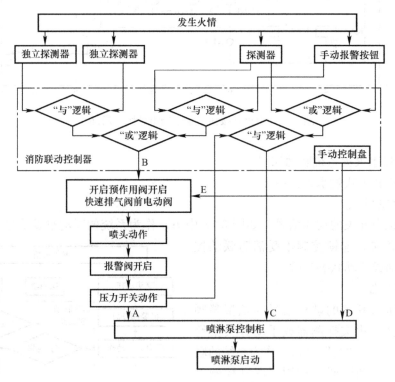

图 3-39　预作用喷水灭火系统启泵流程图

（3）雨淋灭火系统

雨淋灭火系统的联动控制与预作用喷水灭火系统类似，不同点是用同一报警区域内两只及以上独立的感温火灾探测器（"与"逻辑）或一只感温火灾探测器与一只手动火灾报警按钮的报警信号（"与"逻辑），作为雨淋阀组开启的联动触发信号，由消防联动控制器控制雨淋阀组的开启。

连锁控制和手动控制原理与预作用喷水灭火系统相同。

（4）自动控制的水幕系统

用于防火卷帘的保护时，由防火卷帘下落到楼板面的动作信号（防火卷帘降落到底时，其限位开关动作，限位开关动作的动作信号用模块接入火灾自动报警系统）与本报警区域内的任一火灾探测器或手动火灾报警按钮的报警信号（"与"逻辑）作为水幕阀组启动的联动触发信号，由消防联动控制器联动控制水幕系统相关控制阀组的启动。

仅作防火分隔时，由探测区内两只独立的感温探测器的火灾报警信号（"与"逻辑）作为水幕阀组启动的联动触发信号，由消防联动控制器联动控制相关控制阀组的启动。

连锁控制和手动控制原理与预作用喷水灭火系统相同。

4. 气体（泡沫）灭火系统联动控制

气体（泡沫）灭火系统由专用的气体（泡沫）灭火控制器控制，灭火控制器可直接连接火灾探测器、也可不直接连接火灾探测器。

（1）联动控制

参见图3-22，气体（泡沫）灭火控制器直接连接火灾探测器时，由同一防护区域内两只独立的火灾探测器的报警信号（"与"逻辑）、一只火灾探测器与一只手动火灾报警按钮的报警信号（"与"逻辑）或防护区外的紧急启动信号，作为系统的联动触发信号。两只独立的探测器的组合宜采用感烟火灾探测器和感温火灾探测器，探测器按保护面积设置。

气体（泡沫）灭火控制器在接收到满足联动逻辑关系的首个联动触发信号后，启动设置在该防护区内的火灾声光警报器，警示处于防护区域内的人员撤离。首个联动触发信号可以是任一防护区域内设置的两只独立的火灾探测器组合中的感烟火灾探测器，或者是其他类型火灾探测器或手动火灾报警按钮的报警信号。

气体（泡沫）灭火控制器在接收到第二个联动触发信号后，发出联动控制信号，关闭防护区域的送（排）风机及送（排）风阀门、停止通风和空气调节系统、关闭防护区域的电动防火阀、关闭防护区域的门窗、启动气体（泡沫）灭火装置。第二个联动触发信号是同一防护区域内与首次报警的报警触发器件相邻的另一种报警触发器件的报警信号。如首次报警的是感烟火灾探测器，则相邻的感温火灾探测器、火焰探测器或手动火灾报警按钮的报警信号为第二联动触发信号；如首次报警的是手动火灾报警按钮，则相邻的感温火灾探测器、火焰探测器的报警信号为第二联动触发信号。

气体（泡沫）灭火控制器不直接连接火灾探测器时，系统的联动触发信号由火灾报警控制器或消防联动控制器发出。

根据人员安全撤离防护区的需要，气体（泡沫）灭火控制器可设定不大于30s的延迟喷射时间。平时无人工作的防护区，可设置为无延迟的喷射，在接收到满足联动逻辑关系的首个联动触发信号后执行上述除启动气体（泡沫）灭火装置外的联动控制；在接收到第二个联动触发信号后，启动气体（泡沫）灭火装置。

气体灭火防护区出口外上方设置表示气体喷洒的火灾声光警报器，指示气体释放的声信号与该保护对象中的火灾声警报器的声信号有明显区别。启动气体（泡沫）灭火装置的同时，启动防护区入口处表示气体喷洒的火灾声光警报器，以防止在气体释放后人员误入；对于组合分配系统，首先开启相应防护区域的选择阀，然后启动气体（泡沫）灭火装置。

（2）手动控制

在防护区疏散出口的门外设置气体（泡沫）灭火装置的手动启动和停止按钮。手动启动按钮按下时，气体（泡沫）灭火控制器发出联动控制信号；在启动气体（泡沫）灭火装置的同时，启动设置在防护区入口处表示气体喷洒的火灾声光警报器。手动停止按钮按下时，气体（泡沫）灭火控制器停止正在执行的联动操作。

5. 防烟排烟系统联动控制

（1）连锁控制

排烟风机入口处的总管上设置的280℃排烟防火阀在关闭后直接联动控制风机停止。

（2）联动控制

1）防烟系统联动控制

由加压送风口所在防火分区内两只独立的火灾探测器（"与"逻辑）或一只火灾探测器与一只手动火灾报警按钮的报警信号（"与"逻辑），作为送风口开启和加压送风机启动的联动触发信号，由消防联动控制器联动控制相关层前室送风口的开启和加压送风机启动。

由同一防烟分区内且位于电动挡烟垂壁附近的两只独立的感烟探测器的报警信号（"与"逻辑），作为联动触发信号，由消防联动控制器联动控制电动挡烟垂壁的降落。

2）排烟系统联动控制

由同一防烟分区内的两只独立的火灾探测器的报警信号（"与"逻辑）或一只火灾探测器与一只手动火灾报警按钮的报警信号（"与"逻辑），作为排烟口、排烟窗或排烟阀开启的联动触发信号，由消防联动控制器联动控制排烟口、排烟窗或排烟阀的开启，同时停止该防烟分区的空气调节系统。通常联动排烟口或排烟阀的电源为24VDC，可引自消防控制室的直流电源箱，但为降低线路传输损耗，尽量在现场设置消防设备直流电源供电。

排烟口、排烟窗或排烟阀开启的动作信号与防烟分区内任一火灾探测器或手动报警按钮的报警信号（"与"逻辑）作为联动触发信号，由消防联动控制器联动控制排烟风机启动。

（3）手动控制

在消防控制室内的消防联动控制器上手动控制送风口、电动挡烟垂壁、排烟口、排烟窗、排烟阀的启闭及防（排）烟风机等设备的启停，防（排）烟风机的启停按钮用专线直接连接至消防联动控制器的手动控制盘，直接手动控制防（排）烟风机启停。

图3-40所示为排烟（加压送风）风机控制电路，KH为防火阀开关。

6. 防火门及卷帘系统联动控制

（1）防火门的联动控制

疏散通道上的防火门分常闭和常开型。常闭型在人通过后闭门器将门关闭，不需联动。

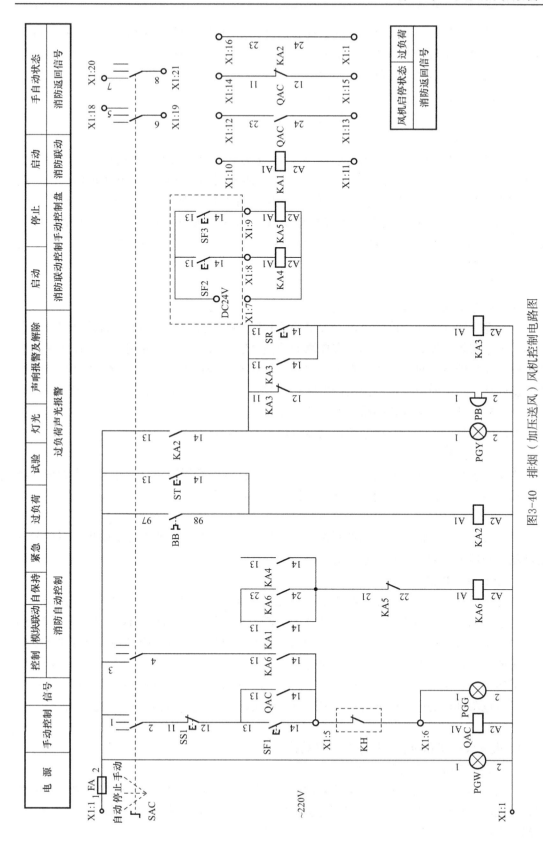

图3-40　排烟（加压送风）风机控制电路图

由常开防火门所在防火分区内两只独立的火灾探测器（"与"逻辑）或一只火灾探测器与一只手动火灾报警按钮的报警信号（"与"逻辑），作为联动触发信号，由消防联动控制器或防火门监控器联动控制防火门关闭。

（2）疏散通道上设置的防火卷帘的联动控制

防火卷帘的升降应由防火卷帘控制器控制。

1）联动控制

防火分区内任两只独立的感烟火灾探测器或任一只专门用于联动防火卷帘的感烟火灾探测器的报警信号，联动控制防火卷帘下降至距楼板面1.8m处，起到防烟作用，避免烟雾经此扩散，且保证人员疏散。任一只专门用于联动防火卷帘的感温火灾探测器的报警信号，联动控制防火卷帘下降到楼板面，起到防火分隔作用。为防止单只探测器因偶发故障不能动作，在卷帘的任一侧距卷帘纵深0.5~5m内设置不少于2只专用的感温火灾探测器。

2）手动控制

由防火卷帘两侧设置的手动控制按钮控制防火卷帘的升降。

防火卷帘的联动触发信号可由火灾报警控制器连接的火灾探测器的报警信号组成，也可由防火卷帘控制器直接连接的火灾探测器的报警信号组成。卷帘控制器直接连接火灾探测器时，卷帘的下降直接由防火卷帘控制器控制。卷帘控制器不直接连接火灾探测器时，由消防联动控制器向防火卷帘控制器发联动控制信号，再由卷帘控制器控制卷帘下降。

（3）非疏散通道上设置的防火卷帘的联动控制

非疏散通道上设置的防火卷帘，大多仅用于建筑的防火分隔作用。

1）联动控制

由防火卷帘所在防火分区内任两只独立的火灾探测器的报警信号，作为防火卷帘下降的联动触发信号，并联动控制防火卷帘直接下降到楼板面。

2）手动控制

由防火卷帘两侧设置的手动控制按钮控制防火卷帘的升降，并能在消防控制室内的消防联动控制器上手动控制防火卷帘的降落。

7. 电梯联动控制

消防联动控制器具有发出联动控制信号，强制所有电梯停于首层或电梯转换层的功能。

对于非消防电梯不能一发生火灾就立即切断电源，因为，如果电梯无自动平层功能，会将电梯里的人关在电梯轿厢内，这是相当危险的，因此要求电梯应具备降至首层或电梯转换层的功能，以便有关人员全部撤出电梯。但并不是一发生火灾就使所有的电梯均回到首层或转换层，应根据建筑特点，先使发生火灾及相关危险部位的电梯回到首层或转换层，没有危险部位的电梯应先保持使用。为防止电梯供电电源被火烧断，电梯加EPS备用电源。

8. 火灾警报器和应急广播系统的联动控制

（1）火灾警报器的联动控制

火灾自动报警系统中未设置消防联动控制器时，火灾声光警报器由火灾报警控制器控制；设置消防联动控制器时，火灾声光警报器由火灾报警控制器或消防联动控制器控制。在确认火灾后，系统启动建筑内的所有火灾声光警报器。

建筑内设置多个火灾声警报器时，应同时启动同时停止，以保证火灾警报信息传递的一致性及人员响应的一致性，也便于消防应急广播等指导人员疏散的信息传递的有效性。

（2）应急广播系统

应急广播系统的联动控制信号由消防联动控制器发出。当确认火灾后，同时向全楼进行广播，使每个人都能在第一时间得知发生火灾，并避免由于错时疏散而导致的在疏散通道和出口处出现人员拥堵现象。

消防应急广播的单次语音播放时间为 10～30s，与火灾声警报器分时交替工作，可采取 1 次火灾声警报器播放、1 次或 2 次消防应急广播播放的交替工作方式循环播放。

在消防控制室能手动或按预设控制逻辑联动控制选择广播分区、启动或停止应急广播系统，并能监听消防应急广播。在通过传声器进行应急广播时，自动对广播内容进行录音。

9. 消防应急照明和疏散指示系统的联动控制

集中控制型消防应急照明和疏散指示系统的联动，由火灾报警控制器或消防联动控制器启动应急照明控制器来实现。

集中电源非集中控制型消防应急照明和疏散指示系统的联动，由消防联动控制器联动应急照明集中电源和应急照明分配电装置来实现。

自带电源非集中控制型消防应急照明和疏散指示系统的联动，由消防联动控制器联动消防应急照明配电箱实现。

当确认火灾后，由发生火灾的报警区域开始，顺序启动全楼疏散通道的消防应急照明和疏散指示系统，系统全部投入应急状态的启动时间不大于 5s。

3.4　火灾自动报警系统设计

3.4.1　系统设计的一般要求

火灾自动报警系统可用于人员居住和经常有人滞留的场所、存放重要物资或燃烧后产生严重污染需要及时报警的场所。

火灾自动报警系统应设有自动和手动两种触发装置。

火灾自动报警系统设备应选择符合国家有关标准和有关市场准入制度的产品。

通过多年来对各类建筑中设置的火灾自动报警系统的实际运行情况以及火灾报警控制器的检验结果统计分析，为使系统的稳定工作情况及通信效果均能较好地满足系统设计的预计要求，并降低整体风险，保证系统工作的可靠性，规范规定：

（1）一台火灾报警控制器（含联动型控制器）的容量（即所连接的火灾探测器、手动火灾报警按钮、控制和信号模块的地址总数）不应超过 3200 点。

（2）为保证工作稳定性，每一总线回路连接设备的地址码总数不宜超过 200 点，且留有不少于额定容量 10% 的余量，以适应从初步设计到最终的装修设计过程中建筑平面格局的变化、房间隔断的改变和对探测器或其他设备的增加。

（3）任一台联动型火灾报警控制器所控制的各类模块总数不应超过 1600 点，每一联动总线回路连接设备的总数不宜超过 100 点，且应留有不少于额定容量 10% 的余量。

高度超过 100m 的建筑中，为便于火灾条件下消防联动控制的操作，防止受控设备的误动作，在现场设置的火灾报警控制器应分区控制，除消防控制室内设置的控制器外，每台控制器直接控制的火灾探测器、手动火灾报警按钮和模块等设备不应跨越避难层。若跨越避难层，由于报警和联动总线线路没有使用耐火线的要求，当发生火灾时，将因线路烧断而无法报警和联动。

地铁列车上设置的火灾自动报警系统，应能通过无线网络等方式将列车上发生火灾的部位信息传输给消防控制室。可通过地铁本身已有的无线网络系统进行传输。

3.4.2 系统形式选择与设计要求

1. 系统形式选择

火灾自动报警系统的形式和设计要求与保护对象及消防安全目标的设立直接相关。正确理解火灾发生、发展的过程和阶段，对合理设计火灾自动报警系统意义重大。

图 3-41 给出了与火灾相关的几个消防过程。消防系统的第一任务就是保障人身安全，这是设计消防系统最基本的理念。由此可得出结论：尽早发现火灾、及时报警、启动有关消防设施引导人员疏散，在人员疏散完后，若火灾发展到需启动自动灭火设施，则应启动，扑灭初期火灾，防止火灾蔓延；自动灭火系统启动后，现场中的幸存者只能依靠消防救援人员帮助逃生，因为这时滞留人员由于毒气、高温等原因已丧失自我逃生的能力，这即是图 3-41 所示的与火灾相关的几个消防过程的基本含义。由图还可看出，火灾报警与自动灭火之间有一个人员疏散阶段，根据火灾发生的场所、火灾起因、燃烧物等因素不同，可以有几分钟到几十分钟不等的时间，这是直接关系到人身安全最重要的阶段。因此，任何需要保护人身安全的场所，设置火灾自动报警系统均具有不可替代性。只有设置了火灾自动报警系统，才会形成有组织的疏散，才会有应急预案。人员疏散之后，只有火灾发展到一定程度，才需要启动自动灭火系统，自动灭火系统的主要功能是扑灭初期火灾、防止火灾扩散和蔓延，不能直接保护人们生命安全，不可能替代火灾自动报警系统的作用。

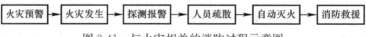

图 3-41 与火灾相关的消防过程示意图

在保护财产方面，火灾自动报警系统也有着不可替代的作用。对于使用功能复杂的高层建筑、超高层建筑及大体量建筑，由于火灾危险性大，一旦发生火灾会造成重大财产损失；保护对象内存放重要物质，物质燃烧后会产生严重污染及施加灭火剂后导致物质价值丧失，这些场所均应在保护对象内设置火灾预警系统，在火灾发生前，探测可能引起火灾的征兆特征，彻底防止火灾发生或在火势很小尚未成灾时就及时报警。电气火灾监控系统和可燃气体探测报警系统均属火灾预警系统。

因此，设定的安全目标直接关系到火灾自动报警系统形式的选择。具体地，火灾自动报警系统形式的选择，应符合下列规定：

（1）仅需要报警，不需要联动自动消防设备的保护对象宜采用区域报警系统。

（2）需要报警，并需要联动自动消防设备，且只设置一台具有集中控制功能的火灾报警控制器和消防联动控制器的保护对象，应采用集中报警系统，并应设置一个消防控制室。

（3）设置两个及以上消防控制室的保护对象，或已设置两个及以上集中报警系统的保护对象，应采用控制中心报警系统。这种情况，一般属于建筑群或体量很大的保护对象，这些保护对象中可能设置几个消防控制室，也可能由于分期建设而采用了不同企业的产品或同一企业不同系列的产品，或由于系统容量限制而设置多个起集中作用的火灾报警控制器等情况。

2. 区域报警系统设计

区域报警系统由火灾探测器、手动火灾报警按钮、火灾声光警报器及火灾报警控制器等组成，系统中可包括消防控制室图形显示装置和指示楼层的区域显示器。

区域报警系统应具有将表 3-9 和表 3-10 有关信息传输到城市消防远程监控中心的功能。消防控制室图形显示装置应具有传输表 3-9 和表 3-10 有关信息的功能，若系统未设置消防控制室图形显示装置时，应设置火警传输设备。

火灾报警、建筑消防设施运行状态信息　　　　　　表 3-9

设施名称		内　容
火灾探测报警系统		火灾报警信息、可燃气体探测报警信息、电气火灾监控报警信息、屏蔽信息、故障信息
消防联动控制系统	消防联动控制器	动作状态、屏蔽信息、故障信息
	消火栓系统	消防水泵电源工作状态，消防水泵启、停状态和故障状态，消防水箱（池）水位、管网压力报警信息及消火栓按钮报警信息
	自动喷水灭火系统、水喷雾（细水雾）灭火系统（泵供水方式）	喷淋泵电源工作状态，喷淋泵启、停状态和故障状态，水流指示器、信号阀、报警阀、压力开关的正常工作状态和动作状态
	气体灭火系统、细水雾灭火系统（压力容器供水方式）	系统的手动、自动工作状态及故障状态，阀驱动装置的正常工作状态和动作状态，防护区域中的防火门（窗）、防火阀、通风空调等设备的正常工作状态和动作状态，系统的启、停信息，紧急停止信号和管网压力信号
	泡沫灭火系统	消防水泵、泡沫液泵电源的工作状态，系统的手动、自动工作状态及故障状态，消防水泵、泡沫液泵的工作状态和动作状态
	干粉灭火系统	系统的手动、自动工作状态及故障状态，阀驱动装置的正常工作状态和动作状态，系统的启、停信息，紧急停止信号和管网压力信号
	防烟排烟系统	系统的手动、自动工作状态，防烟排烟风机电源的工作状态，风机、电动防火阀、电动排烟防火阀、常闭送风口、排烟阀（口）、电动排烟窗、电动挡烟垂壁正常工作状态和动作状态
	防火门及卷帘系统	防火卷帘控制器、防火门监控器的工作状态和故障状态；卷帘门的工作状态，具有反馈信号的各类防火门、疏散门的工作状态和故障状态等动态信息
	消防电梯	消防电梯的停用和故障状态
	消防应急广播	消防应急广播的启动、停止和故障状态
	消防应急照明和疏散指示系统	消防应急照明和疏散指示系统的故障状态和应急工作状态信息
	消防电源	系统内各消防用电设备的供电电源和备用电源工作状态和欠压报警信息

消防安全管理信息　　　　　　表 3-10

名　称	内　容
基本情况	单位名称、编号、类别、地址、联系电话、邮政编码、消防控制室电话；单位职工人数、成立时间、上级主管（或管辖）单位名称、占地面积、总建筑面积、单位总平面图（含消防车道、毗邻建筑等）；单位法人代表、消防安全责任人、消防安全管理人及专兼职消防管理人的姓名、身份证号码、电话

续表

名　称		内　容
主要建、构筑物信息	建（构）筑	建筑物名称、编号、使用性质、耐火等级、结构类型、建筑高度、地上层数及建筑面积、地下层数及建筑面积、隧道高度及长度等、建造日期、主要储存物名称及数量、建筑物内最大容纳人数、建筑立面图及消防设施平面布置图；消防控制器位置、安全出口的数量、位置及形式（指疏散楼梯）；毗邻建筑的使用性质、结构类型、建筑高度、与本建筑的间距
	堆场	堆场名称、主要堆放物品名称、总储量、最大堆高、堆场平面图（含消防车道、防火间距）
	储罐	储罐区名称、储罐类型（指地上、地下、立式、卧式、浮顶、固定顶等）、总容积、最大单罐容积及高度、储存物名称、性质和形态、储罐区平面图（含消防车道、防火间距）
	装置	装置区名称、占地面积、最大高度、设计日产量、主要原料、主要产品、装置区平面图（含消防车道、防火间距）
单位（场所）内消防安全重点部位信息		重点部位名称、所在位置、使用性质、建筑面积、耐火等级、有无消防设施、责任人姓名、身份证号码及电话
室内外消防设施信息	火灾自动报警系统	设置部位、系统形式、维保单位名称、联系电话；控制器（含火灾报警、消防联动、可燃气体报警、电气火灾监控等）、探测器（含火灾探测、可燃气体探测、电气火灾探测等）、手动火灾报警按钮、消防电气控制装置等的类型、型号、数量、制造商；火灾自动报警系统图
	消防水源	市政给水管网形式（指环状、支状）及管径、市政管网向建（构）筑物供水的进水管数量及管径、消防水池位置及容量、屋顶水箱位置及容量、其他水源形式及供水量、消防泵房设置位置及水泵数量、消防给水系统平面布置图
	室外消火栓	室外消火栓管网形式（指环状、支状）及管径、消火栓数量、室外消火栓平面布置图
	室内消火栓系统	室内消火栓系统管网形式（指环状、支状）及管径、消火栓数量、水泵接合器位置及数量、有无与本系统相连的屋顶消防水箱
	自动喷水灭火系统（含雨淋、水幕）	设置部位、系统形式（指湿式、干式、预作用，开式、闭式等）、报警阀位置及数量、水泵接合器位置及数量、有无与本系统相连的屋顶消防水箱、自动喷水灭火系统图
	水喷雾（细水雾）灭火系统	设置部位、报警阀位置及数量、水喷雾（细水雾）灭火系统图
	气体灭火系统	系统形式（指有管网、无管网，组合分配、独立立式，高压、低压等）、系统保护的防护区数量及位置、手动控制装置的位置、钢瓶间位置、灭火剂类型、气体灭火系统图
	泡沫灭火系统	设置部位、泡沫种类（指低倍、中倍、高倍，抗溶、氟蛋白等）、系统形式（指液上、液下，固定、半固定等）、泡沫灭火系统图
	干粉灭火系统	设置部位、干粉储罐位置、干粉灭火系统图
	防烟排烟系统	设置部位、风机安装位置、风机数量、风机类型、防烟排烟系统图
	防火门及卷帘	设置部位、数量
	消防应急广播	设置部位、数量、消防应急广播系统图
	应急照明及疏散指示系统	设置部位、数量、应急照明及疏散指示系统图
	消防电源	设置部位、消防主电源在配电室是否有独立配电柜供电、备用电源形式（市电、发动机、EPS等）
	灭火器	设置部位、配置类型（指手提式、推车式等）、数量、生产日期、更换药剂日期

续表

名　称		内　容
消防设施定期检查及维护保养信息		检查人姓名、检查日期、检查类别（指日检、月检、季检、年检等）、检查内容（指各类消防设施相关技术规范规定的内容）及处理结果，维护保养日期、内容
日常防火巡查记录	基本信息	值班人员姓名、每日巡查次数、巡查时间、巡查部位
	用火用电	用火、用电、用气有无违章情况
	疏散通道	安全出口、疏散通道、疏散楼梯是否畅通，是否堆放可燃物；疏散走道、疏散楼梯、顶棚装修材料是否合格
	防火门、防火卷帘	常闭防火门是否处于正常工作状态，是否被闭锁；防火卷帘是否处于正常工作状态，防火卷帘下方是否堆放物品影响使用
	消防设施	疏散指示标志、应急照明是否处于正常完好状态；火灾自动报警系统探测器是否处于正常完好状态；自动喷水灭火系统喷头、末端放（试）水装置、报警阀是否处于正常完好状态；室内、室外消火栓系统是否处于正常完好状态；灭火器是否处于正常完好状态
火灾信息		起火时间、起火部位、起火原因、报警方式（指自动、人工等）、灭火方式（指气体、喷水、水喷雾、泡沫、干粉灭火系统、灭火器、消防队等）

区域报警系统不具有消防联动功能，可以不设消防控制室，但火灾报警控制器和消防控制室图形显示装置应设置在平时有专人值班的房间或场所；若根据需要设有消防控制室，则火灾报警控制器和消防控制室图形显示装置设置在消防控制室。

3. 集中报警系统设计

集中报警系统由火灾探测器、手动火灾报警按钮、火灾声光警报器、消防应急广播、消防专用电话、消防控制室图形显示装置、火灾报警控制器、消防联动控制器等组成。系统也可以用联动型火灾报警控制器取代火灾报警控制器和消防联动控制器的组合。

系统中的火灾报警控制器、消防联动控制器和消防控制室图形显示装置、消防应急广播的控制装置、消防专用电话总机等起集中控制作用的消防设备，应设置在消防控制室内。

系统设置的消防控制室图形显示装置应具有传输表 3-9 和表 3-10 有关信息的功能。

4. 控制中心报警系统设计

控制中心报警系统设计符合上述集中报警系统设计的要求。

当有两个及以上消防控制室时，应确定一个主消防控制室，对其他消防控制室进行管理。主消防控制室应能显示保护对象内所有火灾报警信号和联动控制状态信号。对于整个系统中共同使用的水泵等重要的消防设备，可根据消防安全的管理需求及实际情况，由最高级别的主消防控制室统一控制。为了便于消防控制室之间的信息沟通和信息共享，各分消防控制室内的消防设备之间可以互相传输、显示状态信息，但为了防止各个消防控制室的消防设备之间的指令冲突，分消防控制室的消防设备之间不应互相控制。

消防控制室图形显示装置具有传输表 3-9 和表 3-10 规定的有关信息的功能。

3.4.3　报警区域和探测区域的划分

1. 报警区域的划分

报警区域（alarm zone）：是将火灾自动报警系统的警戒范围按防火分区或楼层划分

的单元。划分报警区域主要是为了迅速确定报警及火灾发生部位，并解决消防系统的联动设计问题。发生火灾时，涉及发生火灾的防火分区及相邻防火分区的消防设备的联动启动，这些设备需要协调工作，因此需要划分报警区域。

报警区域按防火分区或楼层划分，可将一个防火分区或一个楼层划分一个报警区域，也可将发生火灾时需要同时联动消防设备的相邻几个防火分区或楼层划分一个报警区域。

几个特殊场所报警区域的划分：

（1）电缆隧道的报警区域宜由封闭长度区间组成，一个报警区域不应超过相连的 3 个封闭长度区间。

（2）道路隧道的报警区域应根据排烟系统或灭火系统的联动需要确定，且不宜超过150m。

（3）甲、乙、丙类液体储罐区的报警区域应由一个储罐区组成，每个 50000m³ 及以上的外浮顶储罐应单独划分为一个报警区域。

（4）列车的报警区域应按车厢划分，每节车厢应划分为一个报警区域。

2. 探测区域的划分

探测区域（detection zone）：是将报警区域按探测火灾的部位划分的单元。为了迅速而准确地探测出被保护区发生火灾的部位，需将被保护区按顺序划分成若干个区域，即探测区域。探测区域是火灾自动报警系统的最小单位，它代表了火灾报警的具体部位，这样才能迅速而准确地探测出火灾报警的具体部位。要注意的是：探测区域可以是一只探测器所保护的区域，也可以是几只探测器共同保护的区域，但一个探测区域对应在报警控制器（或楼层显示器）上只能显示一个报警部位号。

探测区域划分的要求是：探测区域应按独立房（套）间划分，一个探测区域的面积不宜超过 500m²，但从主要入口能看清其内部且面积不超过 1000m² 的房间也可划为一个探测区域；红外光束线型感烟火灾探测器和缆式线型感温火灾探测器的探测区域长度不宜超过 100m，空气管差温火灾探测器的探测区域长度宜为 20～100m。

与疏散直接相关的敞开或封闭楼梯间、防烟楼梯间，防烟楼梯间前室、消防电梯前室、消防电梯与防烟楼梯间合用的前室、走道、坡道等部位或场所应分别单独划分探测区域。

电气管道井、通信管道井、电缆隧道，建筑物闷顶、夹层等隐蔽部位应单独划分探测区域。

3.4.4 火灾探测器和手动火灾报警按钮的设置

1. 火灾探测器的设置

火灾探测器可设置在下列部位：

（1）财贸金融楼的办公室、营业厅、票证库。

（2）电信楼、邮政楼的机房和办公室。

（3）商业楼、商住楼的营业厅、展览楼的展览厅和办公室。

（4）旅馆的客房和公共活动用房。

（5）电力调度楼、防灾指挥调度楼等的微波机房、计算机房、控制机房、动力机房和办公室。

（6）广播电视楼的演播室、播音室、录音室、办公室、节目播出技术用房、道具布景房。

（7）图书馆的书库、阅览室、办公室。

（8）档案楼的档案库、阅览室、办公室。

（9）办公楼的办公室、会议室、档案室。

（10）医院病房楼的病房、办公室、医疗设备室、病历档案室、药品库。

（11）科研楼的办公室、资料室、贵重设备室、可燃物较多的和火灾危险性较大的实验室。

（12）教学楼的电化教室、理化演示和实验室、贵重设备和仪器室。

（13）公寓（宿舍、住宅）的卧房、书房、起居室（前厅）、厨房。

（14）甲、乙类生产厂房及其控制室。

（15）甲、乙、丙类物品库房。

（16）设在地下室的丙、丁类生产车间和物品库房。

（17）堆场、堆垛、油罐等。

（18）地下铁道的地铁站厅、行人通道和设备间，列车车厢。

（19）体育馆、影剧院、会堂、礼堂的舞台、化妆室、道具室、放映室、观众厅、休息厅及其附设的一切娱乐场所。

（20）陈列室、展览室、营业厅、商业餐厅、观众厅等公共活动用房。

（21）消防电梯、防烟楼梯的前室及合用前室、走道、门厅、楼梯间。

（22）可燃物品库房、空调机房、配电室（间）、变压器室、自备发电机房、电梯机房。

（23）净高超过 2.6m 且可燃物较多的技术夹层。

（24）敷设具有可延燃绝缘层和外护层电缆的电缆竖井、电缆夹层、电缆隧道、电缆配线桥架。

（25）贵重设备间和火灾危险性较大的房间。

（26）电子计算机的主机房、控制室、纸库、光或磁记录材料库。

（27）经常有人停留或可燃物较多的地下室。

（28）歌舞娱乐场所中经常有人滞留的房间和可燃物较多的房间。

（29）高层汽车库、Ⅰ类汽车库、Ⅰ、Ⅱ类地下汽车库、机械立体汽车库、复式汽车库、采用升降梯作汽车疏散出口的汽车库（敞开车库可不设）。

（30）污衣道前室、垃圾道前室、净高超过 0.8m 的具有可燃物的闷顶、商业用或公共厨房。

（31）以可燃气为燃料的商业和企、事业单位的公共厨房及燃气表房。

（32）其他经常有人停留的场所、可燃物较多的场所或燃烧后产生重大污染的场所。

（33）需要设置火灾探测器的其他场所。

2. 手动报警按钮的设置

每个防火分区应至少设置一个手动火灾报警按钮。从一个防火分区内的任何位置到最邻近的一个手动火灾报警按钮的步行距离不应大于 30m。手动火灾报警按钮宜设置在疏散通道或出入口处。列车上设置的手动火灾报警按钮，应设置在每节车厢的出入口和中间部位。

手动火灾报警按钮应设置在明显的和便于操作部位。当安装在墙上时，其底边距地高度宜为 1.3～1.5m，且应有明显的标志。

3.4.5　火灾报警控制器及区域显示器的设置

1. 火灾报警控制器的设置

区域报警系统的火灾报警控制器应设置在有人值班的房间或场所。如保卫部门值班室、配电室、传达室等，应昼夜有人值班，并且应由消防、保卫部门直接领导管理。

集中报警系统和控制中心报警系统的火灾报警控制器应设置在专用的消防控制室或消防值班室内。

火灾报警控制器安装在墙上时，其主显示屏高度宜为 1.5～1.8m，其靠近门轴的侧面距墙不应小于 0.5m，正面操作距离不应小于 1.2m。

2. 区域显示器的设置

每个报警区域宜设置一台区域显示器（火灾显示盘），宾馆、饭店等场所应在每个报警区域设置一台区域显示器。当一个报警区域包括多个楼层时，宜在每个楼层设置一台仅显示本楼层的区域显示器。

区域显示器应设置在出入门等明显和便于操作的部位。当采用壁挂方式安装时，其底边距地高度宜为 1.3～1.5m。

3.4.6　消防联动控制系统设计

1. 一般要求

（1）消防联动控制器应能按设定的控制逻辑向各相关的受控设备发出联动控制信号，控制现场受控设备按预定的要求动作。同时为了保证消防管理人员及时了解现场受控设备的动作情况，受控设备的动作反馈信号应反馈给消防联动控制器，因此，消防联动控制器应接受相关设备的联动反馈信号。

（2）消防联动控制器的电压控制输出应采用直流 24V，以策设备和人员安全。电源容量除满足受控消防设备同时启动且维持工作的控制容量要求外，还要满足传输线径要求，当线路压降超过 5% 时，其直流 24V 电源应由现场提供。

（3）各受控设备接口的特性参数应与消防联动控制器发出的联动控制信号相匹配，以保证系统兼容性和可靠性。

（4）消防水泵、防烟和排烟风机的控制设备，除应采用联动控制方式外，还应在消防控制室设置手动直接控制装置。

（5）启动电流较大的消防设备宜分时启动，以避免启动的过电流导致消防供电线路和消防电源的过负荷影响消防设备的正常工作。为保证运行可靠性，不应采用变频启动方式。

（6）需要火灾自动报警系统联动控制的消防设备，其联动触发信号应采用两个独立的报警触发装置报警信号的"与"逻辑组合。

（7）消防联动控制器应具有切断火灾区域及相关区域的非消防电源的功能，当需要切断正常照明时，宜在自动喷淋系统、消火栓系统动作前切断。火灾时可立即切断的非消防电源有：普通动力负荷、自动扶梯、排污泵、空调用电、康乐设施、厨房设施等。火灾时不应立即切掉的非消防电源有：正常照明、生活给水泵、安全防范系统设施、地下室排水泵、客梯和Ⅰ～Ⅲ类汽车库作为车辆疏散口的提升机。切断点的位置原则上应在变电所比较安全，当用电设备采用封闭母线供电时，可在楼层配电小间切断。

（8）消防联动控制器应具有自动打开涉及疏散的电动栅杆等的功能，宜开启相关区域安全技术防范系统的摄像机监视火灾现场。消防联动控制器应具有打开疏散通道上由门禁系统控制的门和庭院电动大门的功能，并应具有打开停车场出入口挡杆的功能。

消防设施中常见连锁信号见表 3-11，主要联动信号见表 3-12。

2. 消防联动控制器及模块设置

消防联动控制器应设在消防控制室内或有人值班的房间和场所，墙上安装时主显示屏高度宜为 1.5～1.8m，靠近门轴的侧面距墙不应小于 0.5m，正面操作距离不应小于 1.2m。

每个报警区域内的模块宜相对集中设置在本报警区域内金属模块箱中，以保障其运行的可靠性和检修的方便。

消防设施常见连锁信号表　　　　　　表 3-11

设施名称		连锁触发信号	连锁控制信号
消火栓系统		系统出水干管上设置的低压压力开关、高位消防水箱出水管上设置的流量开关或报警阀压力开关的动作信号	启动消火栓泵
自动喷水灭火系统	湿式和干式系统	压力开关的动作信号	启动喷淋泵
	预作用系统		
	雨淋系统		
	水幕系统		
排烟系统		排烟风机入口处的总管上设置的 280℃ 排烟防火阀动作信号	停止排烟风机

消防设施主要联动信号表　　　　　　表 3-12

设施名称		联动触发信号	联动控制信号	联动反馈信号
消火栓系统		消火栓按钮的动作信号与消火栓按钮所在报警区域内任一火灾探测器或手动火灾报警按钮的报警信号	启动消火栓泵	消火栓泵的动作信号
自动喷水灭火系统		报警阀压力开关的动作信号与该报警阀防护区域内任一火灾探测器或手动火灾报警按钮的报警信号	启动喷淋消防泵	—
	湿式和干式系统	—	—	水流指示器、信号阀、压力开关、喷淋消防泵的启停动作信号
	预作用系统	同一报警区域内两只及以上独立的感烟火灾探测器的报警信号，或一只感烟火灾探测器与一只手动火灾报警按钮的报警信号	开启预作用阀组、开启排气阀前的电动阀	水流指示器、信号阀、压力开关、喷淋泵启停动作信号，有压气体管道气压状态信号，快速排气阀入口前电动阀动作信号
	雨淋系统	同一报警区域内两只及以上独立的感温火灾探测器的报警信号，或一只感温火灾探测器与一只手动火灾报警按钮的报警信号	开启雨淋阀组	水流指示器、压力开关、雨淋阀组、雨淋消防泵的启停动作信号

续表

设施名称		联动触发信号	联动控制信号	联动反馈信号
自动喷水灭火系统	用于防火卷帘保护的水幕系统	防火卷帘下落到楼板面的动作信号与本报警区域内任一火灾探测器或手动火灾报警按钮的报警信号	启动水幕阀组	压力开关、水幕系统相关控制阀组和消防泵的启停动作信号
	用于防火分隔的水幕系统	报警区域内两只独立的感温火灾探测器的火灾报警信号		—
气体（泡沫）灭火系统		任一防护区域内设置的感烟火灾探测器、其他类型火灾探测器或手动火灾报警按钮的首次报警信号	启动火灾声光警报器	气体（泡沫）灭火控制器直接连接的火灾探测器的报警信号
		同一防护区域内与首次报警的火灾探测器或手动火灾报警按钮相邻的感温火灾探测器、火焰探测器或手动火灾报警按钮的报警信号	关闭防护区域的送（排）风机及送（排）风阀门，停止通风和空气调节系统及关闭该防护区域的电动防火阀，联动控制防护区域开口封闭装置的启动，包括关闭防护区域的门、窗，启动气体（泡沫）灭火装置，启动出口处表示气体喷洒的火灾声光警报器	选择阀的动作信号、压力开关的动作信号
防烟系统		加压送风口所在防火分区内的两只独立的火灾探测器或一只火灾探测器与一只手动火灾报警按钮的报警信号	开启送风门，启动加压送风机	送风口、排烟口（窗）或排烟阀开启和关闭的动作信号，防（排）烟风机启停信号，电动防火阀关闭的动作信号
		同一防烟分区内且位于电动挡烟垂壁附近的两只独立的感烟火灾探测器的报警信号	降落电动挡烟垂壁	
排烟系统		同一防烟分区内的两只独立的火灾探测器或一只火灾探测器与一只手动火灾报警按钮的报警信号	开启排烟口、排烟窗或排烟阀，停止该防烟分区的空气调节系统	
		排烟口、排烟窗或排烟阀开启的动作信号与该防烟分区内的任一火灾探测器或手动火灾报警按钮的报警信号	启动排烟风机	
防火门系统		所在防火分区内的两只独立的火灾探测器或一只火灾探测器与一只手动火灾报警按钮的报警信号	关闭常开防火门	疏散通道上各防火门的开启、关闭及故障状态信号
电梯			所有电梯停于首层或电梯转换层	电梯运行状态信息和停于首层或转换层的反馈信号

续表

设施名称	联动触发信号	联动控制信号	联动反馈信号
火灾警报和消防应急广播系统	同一报警区域内两只独立的火灾探测器或一只火灾探测器与一只手动火灾报警按钮的报警信号	确认火灾后启动建筑内的所有火灾声光警报器、启动全楼消防应急广播	消防应急广播分区的工作状态
消防应急照明和疏散指示系统	同一报警区域内两只独立的火灾探测器或一只火灾探测器与一只手动火灾报警按钮的报警信号	确认火灾后，由发生火灾的报警区域开始，顺序启动全楼疏散通道的消防应急照明和疏散指示系统	

由于模块工作电压通常为 24V，不应与其他电压等级的设备混装，因此，严禁将模块设置在配电（控制）柜（箱）内。

本报警区域内的模块不应控制其他报警区域的设备，以免本报警区域发生火灾后影响其他区域受控设备的动作，可能对其他区域造成不必要的损失，同时影响本区域的防、灭火效果。

未集中设置的模块附近应有尺寸不小于 100mm×100mm 的标识。

3. 消防电动装置和消防电气控制装置设置

（1）消防电动装置设置

消防电动装置的工作状态应由相应的控制装置控制，其状态信息应在相应的控制装置上显示。

具有手动控制功能的消防电动装置的设置应保证手动操作机构有可操作性。

（2）消防电气控制装置设置

为保证消防水泵、防排烟风机等消防设备的运行可靠性，水泵控制柜、风机控制柜等消防电气控制装置不应采用变频启动方式。

1）水泵控制箱（柜）的设置要求

消火栓、自动喷洒、稳压水泵控制箱（柜）应设在独立的控制间内或泵房的配电室内，安装场所内不应有无关的管道通过。

落地安装时底部宜抬高，高出地面室内 50mm 以上、室外 200mm 以上。底座周围应采取封闭措施，且防鼠、蛇类等小动物进入箱内。墙上安装时，底边距地面高度宜为 1.2m。

成排布置且长度超过 6m 时，箱（柜）后的通道应设两个出口，并宜布置在通道的两端。墙上安装时，底边距地面高度宜为 1.2m。

屏前后通道最小宽度应符合《低压配电设计规范》GB 50054 中的规定。

2）防烟排烟系统控制箱（柜）的设置要求

防烟排烟系统控制箱（柜）应设置在防烟排烟风机房或控制设备附近。具体安装要求与水泵控制箱（柜）相同。

3）气体（泡沫）灭火控制器的设置要求

气体（泡沫）灭火控制器应设置在保护区域外部出入口或消防控制室内。安装设置应符合火灾报警控制器的安装设置要求。表示气体释放的火灾光警报器（气体释放灯）应设置在保护区域门口上方。

4）防火卷帘控制器的设置

防火卷帘控制器应设置在防火卷帘附近的墙面上。防火卷帘控制器的底边距地面高度宜为1.2m。

4. 火灾警报器及消防应急广播设置

（1）火灾应急广播的设置

1）系统设计

集中报警系统和控制中心报警系统均应设置火灾应急广播。

应设置火灾应急广播备用扩音机，其容量按火灾时同时广播的火灾应急广播扬声器的最大容量总和的1.5倍选择。

火灾应急广播馈线电压不宜大于100V，各楼层宜设置馈线隔离变压器。

2）扬声器的设置

民用建筑内扬声器应设置在走道和大厅等公共场所。每个扬声器的额定功率不应小于3W，其数量应能保证从一个防火分区内的任何部位到最近一个扬声器的直线距离不大于25m。走道内最后一个扬声器至走道末端的距离不应大于12.5m。客房设置专用扬声器时，其功率不宜小于1.0W。在环境噪声大于60dB的场所设置的扬声器，在其播放范围内最远点的播放声压级应高于背景噪声15dB。壁挂扬声器的底边距地面高度应大于2.2m。

3）火灾应急广播配线

按疏散楼层或疏散区域分回路馈线，各输出回路设输出显示信号和保护控制功能。

当一个回路有故障时不影响其他回路正常工作。

应急广播线路不得与其他（包括火警信号、联动控制信号等）线路共管或共槽敷设。

应急广播所用的扬声器不应加开关控制；若设有开关或音量调节器时应采用三线式配线，火灾时强制转为应急广播。

（2）火灾警报装置设置

火灾自动报警系统均应设置火灾声光警报器，并在确认火灾后启动建筑内的所有火灾声光警报器。

每个报警区域内应均匀设置火灾警报器，其声压级不应小于60dB；在环境噪声大于60dB的场所，其声压级应高于背景噪声15dB。

未设置消防联动控制器的火灾自动报警系统，火灾声光警报器由火灾报警控制器控制；设置消防联动控制器的火灾自动报警系统，火灾声光警报器由火灾报警控制器或消防联动控制器控制。

公共场所宜设置具有同一种火灾变调声的火灾声警报器；具有多个报警区域的保护对象，宜选用带有语音提示的火灾声警报器；学校、工厂等各类日常使用电铃的场所，不应使用警铃作为火灾声警报器。

火灾声警报器设置带有语音提示功能时，应同时设置语音同步器，以避免临近区域出现火灾语音提示声音不一致的现象。

同一建筑内设置多个火灾声警报器时，火灾自动报警系统应能同时启动和停止所有火灾声警报器工作，保证建筑内人员对火灾报警响应的一致性，以有利于人员疏散。

火灾声警报器单次发出火灾警报时间宜为 $8\sim20\mathrm{s}$，同时设有消防应急广播时，火灾声警报应与消防应急广播交替循环播放。

火灾光警报器应设置在每个楼层的楼梯口、消防电梯前室、建筑内部拐角等处的明显部位，且不宜与安全出口指示标志灯具设置在同一面墙上，以免影响疏散设施的有效性。

火灾警报器采用壁挂方式安装时，底边距地面高度应大于 $2.2\mathrm{m}$。

5. 消防专用电话设置

消防专用电话网络应为独立的消防通信系统，不能利用一般电话线路或综合布线网络代替消防专用电话线路，以保证消防通信指挥系统运行有效性和可靠性的基本技术要求。

消防控制室应设置消防专用电话总机。为确保消防专用电话的可靠性，消防专用电话总机与电话分机或插孔之间的呼叫方式应该是直通的，中间不应有交换或转接程序，宜选用共电式直通电话机或对讲电话机。

电话分机或电话塞孔的设置要求如下：

（1）消防水泵房、发电机房、配变电室、计算机网络机房、主要通风和空调机房、防排烟机房、灭火控制系统操作装置处或控制室、企业消防站、消防值班室、总调度室、消防电梯机房及其他与消防联动控制有关且经常有人值班的机房应设消防专用电话分机。消防专用电话分机应固定安装在明显且便于使用的部位，并应有区别于普通电话的标识。

（2）设有手动火灾报警按钮或消火栓按钮等处宜设置电话塞孔，并宜选择带有电话插孔的手动火灾报警按钮。电话塞孔在墙上安装时，其底边距地面高度宜为 $1.3\sim1.5\mathrm{m}$。

（3）各避难层应每隔 $20\mathrm{m}$ 设置一个消防专用电话分机或电话塞孔。

消防控制室、消防值班室或企业消防站等处，应设置可直接报警的外线电话，保证消防管理人员及时向消防部队传递灭火救援信息，缩短灭火救援时间。

6. 消防控制室图形显示装置及信息传输装置设置

（1）消防控制室图形显示装置的设置要求

消防控制室图形显示装置应设置在消防控制室内，并应符合火灾报警控制器的安装设置要求，保证有足够的操作和检修间距。

消防控制室图形显示装置与火灾报警控制器和消防联动控制器、电气火灾监控设备、可燃气体报警控制器的控制设备连接线，应采用专线连接。

（2）火灾报警传输设备或用户信息传输装置的设置要求

火灾报警传输设备或用户信息传输装置应设置在消防控制室内；没有消防控制室时，应设置在火灾报警控制器附近的明显部位。应保证有足够的操作和检修间距。手动报警装置应设置在易操作的明显部位。

火灾报警传输设备或用户信息传输装置与火灾报警控制器、消防联动控制器等设备应采用专线连接。

7. 防火门监控器的设置

防火门监控器应设置在消防控制室内，没有消防控制室时应设在有人值班的场所。应符合火灾报警控制器的安装设置要求，保证有足够的操作和检修间距。

电动开门器的手动控制按钮应设置在防火门内侧墙面上，距门不宜超过 $0.5\mathrm{m}$，底边距地面高度宜为 $0.9\sim1.3\mathrm{m}$。

3.4.7 系统布线

1. 导线选择

线路应保证火灾时持续供电时间的要求。火灾自动报警系统的报警总线应选择燃烧性能级别不低于 B2 级的电线或电缆，消防联动总线及控制线路、火灾自动报警控制器（联动型）的总线应选择耐火等级不低于 750℃、90min 的电线或电缆（B 级耐火电缆）。

火灾自动报警系统的传输线路和 50V 以下供电的控制线路，应采用电压等级不低于交流 300/500V 的铜芯绝缘导线或铜芯电缆。采用交流 220/380V 的供电和控制线路应采用电压等级不低于交流 450/750V 的铜芯绝缘导线或铜芯电缆。

为减小系统传输导线线间的耦合电容，降低对传输波形的畸变影响，火灾自动报警系统的各类通信总线及探测总线均应采用双绞多芯铜导线，对于承担系统通信任务的电缆线亦应采用双绞屏蔽电缆，只有电源线或多线制控制线可采用单根多芯铜导线。

传输线路的线芯截面选择，除应满足自动报警装置技术条件的要求外，还应满足机械强度的要求。铜芯绝缘导线和铜芯电缆线芯的最小截面面积不应小于第 2 章表 2-4 的规定。

消防供电、控制、通信和警报线路，考虑到在大火燃烧阶段尚需维持其消防功能的作用，在线芯截面选择时，除了要满足负载电流（尤其要考虑设备的瞬态启动电流）的要求外，在作回路电压损失验算时，应考虑到火灾过程中，由温度上升所引起的导线电阻增加的因素，以免在紧急情况下影响消防设备的功能发挥。

采用无线通信方式时，无线通信模块的设置间距不应大于额定通信距离的 75%，无线通信模块应设置在明显部位，且应有明显标识。

2. 室内线路敷设

火灾自动报警系统的供电线路、消防联动控制线路应采用耐火铜芯电线电缆，以保证火灾时继续工作。报警总线、消防应急广播和消防专用电话等传输线路应采用阻燃或阻燃耐火电线电缆，以避免其在火灾中发生延燃。

火灾自动报警系统的传输线路应采用金属管、可挠（金属）电气导管、B1 级以上的刚性塑料管或封闭式线槽保护。线路暗敷设时，应采用金属管、可挠（金属）电气导管或 B1 级以上的刚性塑料管保护，并应敷设在不燃烧体的结构层内，且保护层厚度不宜小于 30mm；线路明敷设时，应采用金属管、可挠（金属）电气导管或金属封闭线槽保护。矿物绝缘类不燃性电缆可直接明敷。

火灾自动报警系统用的电缆竖井，宜与电力、照明用的低压配电线路电缆竖井分别设置。受条件限制必须合用时，应将火灾自动报警系统用的电缆和电力、照明用的低压配电线路电缆分别布置在竖井的两侧。

不同电压等级的线缆不应穿入同一根保护管内，当合用同一线槽时，线槽内应有隔板分隔。

采用穿管水平敷设时，除报警总线外，不同防火分区的线路不应穿入同一根管内。

从接线盒、线槽等处引到探测器底座盒、控制设备盒、扬声器箱的线路，均应加金属保护管保护。

火灾探测器的传输线路宜选择不同颜色的绝缘导线或电缆。正极"＋"线应为红色，负极"－"线应为蓝色或黑色。同一工程中相同用途导线颜色应一致，接线端子应有标号。

在线槽内成束敷设的导线或电缆，应采用绝缘和护套经阻燃处理的导线或电缆。当采用经阻燃处理的电缆时，可不穿金属管保护，但应敷设在电缆竖井或吊顶内有防火保护措施的封闭式线槽内。

绝缘导线或电缆穿管敷设时，所占总面积不应超过管内截面积的 40%，穿于线槽内的绝缘导线或电缆总面积不应大于线槽截面积的 60%。

3. 总线制传输线路的布线

总线制传输线路布线，按接线方式可分为单支布线（又称链式接线方式）和多支布线（又称树形接线方式）两类，优缺点如表 3-13 所示。

<table>
<tr><td colspan="2" align="center">总线制传输线路的布线类型</td><td colspan="2" align="right">表 3-13</td></tr>
<tr><td colspan="2" align="center">类型</td><td align="center">优　点</td><td align="center">缺　点</td></tr>
<tr><td rowspan="2">单支布线</td><td>串行接法</td><td>传输质量最佳，传输距离最大</td><td>维修跨度大，中间任一环节出错，都会导致系统中断</td></tr>
<tr><td>环行接法</td><td>系统线路中任一处断路，都不会影响系统正常运行</td><td>系统线路较长</td></tr>
<tr><td rowspan="2">分支布线</td><td>鱼骨形</td><td>总线传输质量好，传输距离较远</td><td>二总线主干线两边的分支距离小</td></tr>
<tr><td>小星形</td><td>传输距离长</td><td>分支不能过多，且应在容易检查的位置</td></tr>
</table>

当控制器采用总线工作方式时，应设置总线短路隔离器，每只总线短路隔离器保护的火灾探测器、手动火灾报警按钮和模块等消防设备的总数不应超过 32 点。总线穿越防火分区时，应在穿越处设置总线短路隔离器。

3.5　火灾预警系统

3.5.1　电气火灾监控系统

引发火灾的主要原因有电气故障、违章作业和用火不慎，其中电气故障原因引发的火灾居于首位。发生电气火灾的原因是多方面的，主要包括电缆老化、施工不规范、电气设备故障等。电气火灾一般初起于电气柜、电缆隧道等内部，当火蔓延到设备及电缆表面时，已形成较大火势，往往不容易被控制，错过扑灭电气火灾的最好时机。因此，通过合理设置电气火灾监控系统，可以有效探测供电线路及供电设备故障，在产生一定电气火灾隐患的条件下发出报警，提醒专业人员排除电气火灾隐患，实现电气火灾的早期预防，避免电气火灾的发生。尤其适用于变电站、石油石化、冶金等不能中断供电的重要供电场所。

1. 电气火灾监控系统的组成

电气火灾监控系统（electrical fire monitoring system）：当被保护线路中的被探测参数超过报警设定值时，能发出报警信号、控制信号并能指示报警部位的系统，它由电气火灾监控器、电气火灾监控探测器组成，如图 3-42 所示。

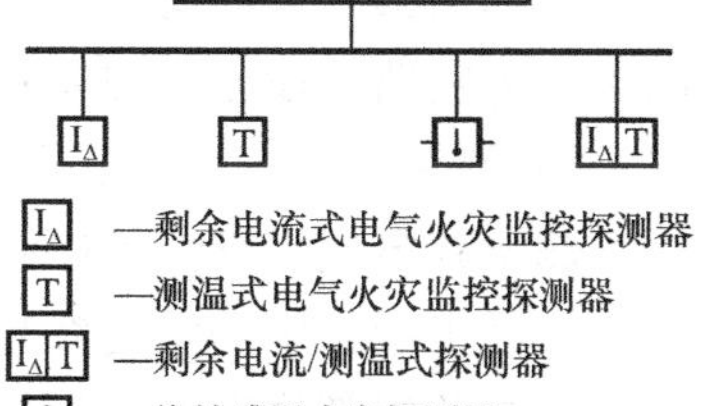

图 3-42　电气火灾监控系统组成

（1）电气火灾监控设备

电气火灾监控设备（electrical fire monitoring equipment）：能接收来自电气火灾监控探测器的报警信号，发出声、光报警信号和控制信号，指示报警部位，记录并保存报警信息的装置。具有监控报警、故障报警、自检、信息显示与查询等功能。

监控报警功能：接收来自电气火灾监控探测器的监控报警信号，在 10s 内发出声、光报警信号，指示报警部位，显示报警时间，并予以保持，直至手动复位；报警声信号手动消除，当再次有报警信号输入时，再次启动；实时接收来自探测器测量的剩余电流值和温度值、并可查询。

故障报警功能：当发生监控设备与探测器之间的连接线断路或短路、接收到探测器发来的故障信号、发生影响监控报警功能的接地、监控设备主电源欠压（如具有备用电源）时，能在 100s 内发出与监控报警信号有明显区别的声、光故障信号，显示故障部位。

故障声信号能手动消除，再有故障信号输入时能再启动；故障光信号保持至故障排除。故障期间，非故障回路的正常工作不应受影响。

自检功能：能对本机进行功能检查（简称自检），在执行自检期间，受控制的外接设备和输出接点均不动作。当自检时间超过 1min 或其不能自动停止自检功能时，其自检不影响非自检部位的报警功能。能手动检查其音响器件和面板上的所有指示灯、显示器的工作状态。

（2）电气火灾监控探测器

电气火灾监控探测器（electrical fire monitoring detector）：探测被保护线路中的剩余电流、温度、故障电弧等电气火灾危险参数变化和由于电气故障引起的烟雾变化及可能引起电气火灾的静电、绝缘参数变化的探测器。

1）剩余电流式电气火灾监控探测器

剩余电流式电气火灾监控探测器（residual current electrical fire monitoring detector）监测被保护线路中的剩余电流值变化的探测器。

当被保护线路剩余电流达到报警设定值时，探测器在 30s 内发出报警信号。探测器报警值在 20～1000mA，报警值与设定值之差不大于设定值±5％。

剩余电流式电气火灾监控探测器按工作方式可分为独立式（具有监控报警功能）和非独立式，按传感器数量分为单传感器式和多传感器组合式。

独立式探测器监控报警功能：探测器在报警时发出声、光报警信号，显示报警时的剩余电流值和传感器部位，并予以保持，直至手动复位。报警条件下，在其音响器件正前方 1m 处的声压级（A 计权）大于 70dB、小于 115dB。具有工作状态指示灯和自检功能。最多可连接 4 路传感器。

探测器具有通信功能：非独立式探测器能将实时的剩余电流值和故障信号传送到配接的电气火灾监控设备，独立式探测器至少有一组通信端口。

2）测温式电气火灾监控探测器

测温式电气火灾监控探测器（temperature sensing electrical fire monitoring detector）探测被保护线路中的温度参数变化的探测器。

当被监视部位温度达到报警设定值时，探测器在 40s 内发出报警信号。报警值设定为 45～140℃，报警值与设定值之差不大于设定值±5％。

测温式电气火灾监控探测器按工作方式分为独立式和非独立式，按探测原理分为接触式和非接触式，按传感器数量分为单传感器式和多传感器组合式。

独立式测温电气火灾探测器的监控报警功能与独立式剩余电流电气火灾探测器的监控报警功能相同。

3）故障电弧探测器

故障电弧探测器（arcing fault detector）：用于探测被保护电气线路中产生故障电弧的探测器。

当被探测线路在 1s 内发生 14 个及其以上半周期的故障电弧时，探测器在 30s 内发出报警信号、点亮报警指示灯并保持至被复位。在正前方 3m 处、照度不超过 500lx 的环境条件下，确认灯点亮时清晰可见。

当被探测线路在 1s 内发生 9 个及其以下半周期的故障电弧时，探测器不报警，但可用其他方式提示。

故障电弧探测器按工作方式分为独立式和非独立式。

除上述几种电气火灾监控探测器外，还有热解粒子式电气火灾监控探测器、限流式电气火灾保护器、无电弧开关、测量静电的电气火灾探测器、测量粉尘的电气火灾探测器、测量电火花的电气火灾探测器等。

热解粒子式电气火灾监控探测器安装在电气柜内，探测导体和设备发热分解出的烟粒子及气体粒子。

限流式电气火灾保护器主要针对直接带负载的末端特定线路，发生短路危险时在极短时间内迅速泄放短路产生的能量，切断线路，避免短路引发的火灾。

2. 电气火灾监控系统设计

（1）一般要求

电气火灾监控系统应根据建筑物的性质及电气火灾危险性设置，并应根据电气线路敷设和用电设备的具体情况，确定电气火灾监控探测器的形式与安装位置。在无消防控制室且电气火灾监控探测器设置数量不超过 8 只时，可采用独立式电气火灾监控探测器。

非独立式电气火灾监控探测器不应接入火灾报警控制器的探测器回路。

设置消防控制室的场所，电气火灾监控器的报警信息和故障信息应在消防控制室图形显示装置或起集中控制功能的火灾报警控制器上显示，且与火灾报警信息显示有区别。

图 3-43 所示为电气火灾监控系统与火灾自动报警系统联网的通信方案。

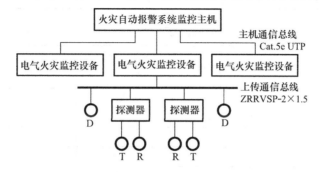

图 3-43　电气火灾监控系统与火灾自动报警系统联网通信方案

D—数字剩余电流互感器；R—模拟剩余电流互感器；

T—温度探测器

电气火灾监控系统的设置不应影响供电系统的正常工作，不宜自动切断供电电源。电气火灾监控探测器一旦报警，表示其监视的保护对象发生了异常，产生一定的电气火灾隐患，容易引发电气火灾，但并不表示已经发生了火灾，因此报警后没有必要自动切断保护对象的供电电源，只要提醒维护人员及时查看电气线路和设备，排除电气火灾隐患即可。

由于线型感温火灾探测器的探测原理与测温式电气火灾监控探测器的探测原理相似，因此工程上可以用线型感温火灾探测器进行电气火灾隐患的探测，这时线型感温火灾探测器的报警信号可接入电气火灾监控器。

（2）电气火灾监控探测器的设置

1）剩余电流式电气火灾监控探测器的设置

剩余电流式电气火灾监控探测器以设置在低压配电系统首端为基本原则，宜设置在第一级配电柜（箱）的出线端。在供电线路泄漏电流大于500mA时宜设置在其下一级配电柜（箱）。

剩余电流式电气火灾监控探测器在无地线的供电线路中不能正确探测，因此不宜设置在IT系统中。

对于消防配电线路，由于本身要求较高，且平时不用，因此没必要设置剩余电流式电气火灾监控探测器。

选择剩余电流式电气火灾监控探测器时，应计及供电系统自然漏流的影响，并应选择参数合适的探测器，探测器报警值宜为300～500mA。

具有探测线路故障电弧功能的电气火灾监控探测器，其保护线路的长度不宜大于100m。

电气线路和设备正常运行时的泄漏电流如表3-14～表3-16所示。

220/380V线路每公里泄漏电流（mA） 表3-14

绝缘材质	截面（mm²）												
	4	6	10	16	25	35	50	70	95	120	150	185	240
聚氯乙烯	52	52	56	62	70	70	79	89	99	109	112	116	127
橡皮	27	32	39	40	45	49	49	55	55	60	60	60	61
聚乙烯	17	20	25	26	29	33	33	33	33	38	38	38	39

电动机泄漏电流（mA） 表3-15

额定功率 \ 运行方式	正常运行	电动机启动	额定功率 \ 运行方式	正常运行	电动机启动
1.5kW	0.15	0.58	22kW	0.72	3.48
2.5kW	0.18	0.79	30kW	0.87	4.58
5.5kW	0.29	1.57	37kW	1.00	5.57
7.5kW	0.38	2.05	45kW	1.09	6.60
11kW	0.50	2.39	55kW	1.22	7.99
15kW	0.57	2.63	75kW	1.48	10.54
18.5kW	0.65	3.03			

荧光灯、家用电器、计算机泄漏电流（mA）　　　　　　表 3-16

设备名称	型式	泄漏电流（mA）
荧光灯	安装在金属构件上	0.1
	安装在木质或混凝土构件上	0.02
家用电器	手握式 Ⅰ 级设备	≤0.75
	固定式 Ⅰ 级设备	≤3.5
	Ⅱ 级设备	≤0.25
	Ⅰ 级电热设备	≤0.75～5
计算机	移动式	1.0
	固定式	3.5
	组合式	15.0

2）测温式电气火灾监控探测器设置

测温式电气火灾监控探测器的设置应以探测电气系统异常时发热为基本原则，宜设置在电缆接头、端子、重点发热部件等部位。

保护对象为 1000V 及以下的配电线路，测温式电气火灾监控探测器应采用接触式布置。

保护对象为 1000V 以上的供电线路，测温式电气火灾监控探测器宜选择光栅光纤测温式或红外测温式电气火灾监控探测器，光栅光纤测温式电气火灾监控探测器应直接设置在保护对象的表面。

若采用线型感温火灾探测器，为便于统一管理，宜将其报警信号接入电气火灾监控器。

3）其他类型电气火灾监控探测器设置

由于配电线路末端直接与负载相连，是电气火灾高发部位，接触不良、绝缘破损等引起电弧放电造成电气火灾，因此故障电弧探测器应设置在末端配电箱进线处。

热解粒子式电气火灾监控探测器的工作原理决定其适用于所有电气火灾危险的场所，既可设置在电气柜、通信柜等电气设备内，也可设置在电缆廊道内。

限流式电气火灾保护器可设置在末端配电箱进线或出线处，最适合电动车充电线路、各类分租式经营摊位、电器经营场所等负荷变化较大且断电后没有损失的场所。

（3）电气火灾监控器的设置

设有消防控制室时，电气火灾监控器应设置在消防控制室内或保护区域附近。设置在保护区域附近时，应将报警信息和故障信息传入消防控制室。

未设消防控制室时，电气火灾监控器应设置在有人值班的场所。

电气火灾监控器的报警信息和故障信息可以接入消防控制室图形显示装置集中显示，但该类信息的显示应与火灾报警信息和可燃气体报警信息显示有明显区别。

电气火灾监控器的安装设置应参照火灾报警控制器的设置要求。

保护区域内有联动要求时，可以由电气火灾监控设备本身控制输出控制，也可由消防联动控制器控制输出控制。

（4）独立式电气火灾监控探测器的设置

设置有火灾自动报警系统时，独立式电气火灾监控探测器的报警信息应接入集中火灾报警控制器或消防控制室图形显示装置显示，但其报警信息显示应与火灾报警信息显示有明显区别。

未设置火灾自动报警系统时，独立式电气火灾监控探测器应将报警信号传至有人值班的场所，配接火灾声光警报器使用，在探测器发出报警信号时，自动启动火灾声光警报器。

图 3-44 所示为配电箱电气火灾监控探测器设置示例。

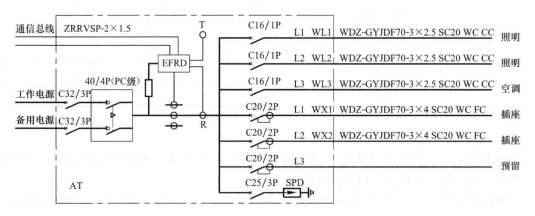

图 3-44　配电箱电气火灾监控探测器设置示例

EFRD—电气火灾监控探测器；R—模拟剩余电流互感器；T—温度探测器

3.5.2　可燃气体探测报警系统设计

1. 可燃气体探测报警系统组成

可燃气体探测报警系统由可燃气体控制器、可燃气体探测器和火灾声光警报器组成，如图 3-45 所示。

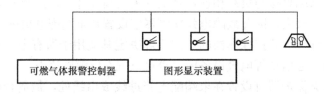

图 3-45　可燃气体探测报警系统组成

（1）可燃气体探测器

按防爆要求分为防爆型和非防爆型；按使用环境条件分为室内使用型和室外使用型。

探测器在被监测区域内的可燃气体浓度达到报警设定值时能发出报警信号。具有低限、高限两个报警设定值时，低限报警设定值为 1%～25%LEL，高限报警设定值为 50%LEL；仅有一个报警设定值时，其报警设定值为 1%～25%LEL。

探测器报警动作值与报警设定值之差不超过 ±3%LEL。具有可燃气体浓度显示功能的探测器，其显示值与真实值之差不超过 ±5%LEL，显示值达到真实值的 90% 时的响应时间（t_{90}）不超过 30s。不具有可燃气体浓度显示功能的探测器，其报警响应时间不超过 30s。

独立式可燃气体探测器具有下述功能：

1）当被监测区域内的可燃气体浓度达到报警设定值时，探测器能发出声、光报警信号，再将探测器置于洁净空气中，30s 内能自动（或手动）恢复到正常监视状态。

2）探测器在传感元件断路或短路时能发出与报警信号有明显区别的声、光故障信号。

3）探测器对声、光警报装置设置手动自检功能。

4）对于有输出控制功能的探测器，当探测器发出报警信号时，能启动输出控制功能。

5）使用电池供电的探测器，在电池电量低时，能发出与报警信号有明显区别的声、光指示信号。其电池性能符合：探测器在指示电池电量低的情况下再工作24h后其报警动作值与报警设定值之差不超过±5%LEL，探测器的电池持续工作时间不少于60d。

（2）可燃气体报警控制器

可燃气体报警控制器（combustible gas alarm control units）按工作方式分为总线制和多线制。

可燃气体报警控制器具有浓度显示、可燃气体报警、故障报警、自检、电源等功能。

1）浓度显示功能

显示所有可燃气体探测器探测的可燃气体浓度值，对于总线制控制器，在不能显示所有浓度值时，能显示探测的浓度最高值，其他探测器的探测浓度值可查。报警状态不影响浓度显示功能，故障状态不影响非故障回路浓度显示功能。

2）报警功能

具有低限或低限、高限两段报警功能，在报警状态下至少有两组控制输出。

直接或间接接收来自可燃气体探测器及其他报警触发器件的报警信号，在10s内发出报警声、光信号，指示报警部位，记录报警时间，并保持至手动复位。报警声信号能手动消除，当再次有报警信号输入时能再次启动。

对来自可燃气体探测器的报警信号可设置不超过1min的报警延时，延时期间有延时光指示，延时设置信息能通过本机操作查询。

显示当前可燃气体报警部位总数，区分最先报警部位，后续报警部位按报警时间顺序连续显示，或顺序循环显示并设手动查询按钮（键）。

手动复位后仍然存在的状态及相关信息能保持或在20s内重新建立。

除复位操作外，对控制器的任何操作均不影响其接收和发出可燃气体报警信号。

3）故障报警功能

设有专用故障总指示灯（器），无论控制器处于何种状态，只要有故障信号存在，该指示灯（器）均点亮。

发生故障时，控制器能在100s内发出与可燃气体报警信号有明显区别的故障声、光信号，声故障信号能手动消除，光故障信号在故障存在期间能保持。故障期间，如非故障回路有可燃气体报警信号输入，控制器能发出报警信号。

指示出部位的故障有：控制器与可燃气体探测器及所连接的报警触发器件间连接线断路、短路（短路时发出可燃气体报警信号除外）和影响可燃气体报警功能的接地；与控制器连接的可燃气体探测器气敏元件脱落（仅适用于气敏元件采用插拔方式连接）。

指示类型的故障有：主电源欠压；给控制器备用电源充电的充电器与备用电源间连接线的断路、短路；控制器与备用电源间连接线的断路。

在主电源断电，备用电源不能保证控制器正常工作时，控制器能发出故障声信号并保持1h以上。

故障信号在故障排除后，可以自动或手动复位。复位后，控制器能在100s内重新显示尚存在的故障。

任一故障均不影响非故障部分的正常工作。

当控制器采用总线工作方式时，设有总线短路隔离器。短路隔离器动作时，控制器能指示出被隔离部件的部位号。当某一总线发生一处短路故障导致短路隔离器动作时，受短路隔离器影响的部件数量不超过 32 个。

2. 可燃气体探测报警系统设计

（1）一般规定

可燃气体探测报警系统应具有独立的系统形式，可燃气体探测器不应接入火灾报警控制器的探测器回路；当可燃气体的报警信号需接入火灾自动报警系统时，应由可燃气体报警控制器接入。

不能将可燃气体探测器接入火灾探测报警系统总线中，主要有以下几方面的原因：

1）目前应用的可燃气体探测器功耗都很大，一般在几十 mA，接入总线后对总线的稳定工作十分不利。

2）现在使用可燃气体探测器的使用寿命一般只有 3、4 年，到寿命后对同一总线配接的火灾探测器的正常工作也会产生不利影响。

3）现在使用可燃气体探测器每年都需要标定，标定期间对同一总线配接的火灾探测器的正常工作也会产生影响。

4）可燃气体报警信号与火灾报警信号的时间与含义均不相同，需要采取的处理方式也不同。

石化行业涉及过程控制的可燃气体探测器，可按现行国标《石油化工可燃气体和有毒气体检测报警设计规范》GB 50493 的有关规定设置，但其报警信号应接入消防控制室，以保证消防救援时能及时获得相关信息。

（2）可燃气体探测器的设置

探测气体密度小于空气密度的可燃气体探测器应设置在被保护空间的顶部；探测气体密度大于空气密度的可燃气体探测器应设置在被保护空间的下部；探测气体密度与空气密度相当时，可燃气体探测器可设置在被保护空间的中间部位或顶部。

可燃气体探测器宜设置在可能产生可燃气体的部位附近。

点型可燃气体探测器的保护半径，应符合现行国标《石油化工可燃气体和有毒气体检测报警设计规范》GB 50493 的有关规定。

线型可燃气体探测器的保护区域长度不宜大于 60m。

（3）可燃气体报警控制器的设置

当有消防控制室时，可燃气体报警控制器可设置在保护区域附近；当无消防控制室时，可燃气体报警控制器应设置在有人值班的场所。

可燃气体报警控制器的报警信息和故障信息应在消防控制室图形显示装置或起集中控制功能的火灾报警控制器上显示，且与火灾报警信息显示有明显区别。

可燃气体报警控制器的安装设置要求参照火灾报警控制器的设置。

可燃气体报警控制器发出报警信号时，应启动保护区域的火灾声光警报器。

可燃气体探测报警系统保护区域内有联动和警报要求时，可以由可燃气体控制器本身实现，也可以由消防联动控制器实现。

3.6 消防设备电源监控系统

3.6.1 消防设备电源监控系统组成

消防设备电源监控系统（power supply monitoring system for fire protection equipments）：用于监控消防设备电源工作状态，在电源发生过压、欠压、过流、缺相等故障时能发出报警信号的监控系统，由消防设备电源状态监控器、电压传感器、电流传感器、电压/电流传感器等部分或全部设备组成。

1. 消防设备电源状态监控器

监控器在下述状况下能在100s内发出故障声、光信号，显示并记录故障的部位、类型和时间：被监控的消防设备供电中断；监控器与连接的外部部件间的连接线断路、短路和影响系统功能的接地；监控器与其分体电源连接线断路、短路和影响功能的接地；给监控器自身备用电源充电的充电器与备用电源间连接线断路、短路；监控器自身主电源欠压。

监控器还可具有过欠压报警功能，在被监控电源电压值大于额定电压的110%或小于额定电压的85%时发出报警信号。也可具有在被监控电源发生缺相、错相、过载等供电异常现象时报警的功能。

故障声信号能手动消除，再有故障信号输入时能再启动；故障光信号保持至故障排除。任一故障期均不影响非故障部位的正常工作。

2. 电压、电流信号传感器

电压、电流信号传感器输出信号不大于12V。对于能连续采集电压、电流值的电压、电流信号传感器，采集误差不大于5%。

3.6.2 消防设备电源监控系统设计

在设有消防控制室的场所，应设置消防设备电源监控系统，监控建筑物内所有为各类消防设备供电的交流或直流电源（包括主电源和备用电源）。

传感器宜设置在最末一级配电箱自动切换装置双电源进线（出线）处，具体设置在以下部位：

（1）建筑物内为消防设备供电的主电源和消防电源的配电柜输入或输出端；

（2）消防电气控制装置（包括水泵控制器、风机控制器等）的双路电源输入或输出端；

（3）各防火分区内的消防设备电源装置（给各类消防设备供电的直流电源）的输出端；

（4）为消防设备供电配电箱的输出端；

（5）消防设备应急电源的输出端；

（6）应急照明配电箱的双路电源输入端或输出端；

（7）集中电源型消防应急灯具专用应急电源的双路电源输入端或输出端；

（8）多路主电源供电的消防设备应监控其各主供电回路输入端。

图3-46所示为某消防设备电源监控系统图。消防设备电源监控器为现场传感器提供DC24V电源，连接64台传感器时电源线可敷设500m。当连接的传感器数量超过64台或供电距离超过500m时，采用区域分机，区域分机可连接64台传感器、电源线可敷设500m。

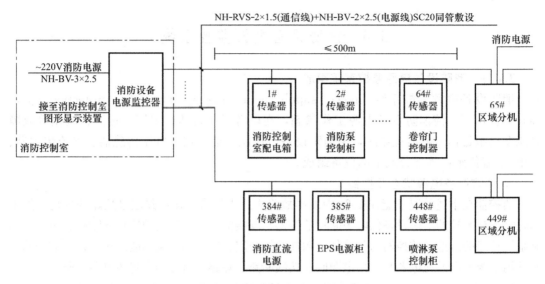

图 3-46　消防设备电源监控系统图

3.7　住宅建筑火灾自动报警系统

3.7.1　系统的类型及选择

住宅建筑火灾自动报警系统根据保护对象的具体情况分为 4 类。

A 类：可由火灾报警控制器、手动火灾报警按钮、家用火灾探测器、火灾声警报器、应急广播等设备组成。

B 类：可由控制中心监控设备、家用火灾报警控制器、家用火灾探测器、火灾声警报器等设备组成。

C 类：可由家用火灾报警控制器、家用火灾探测器、火灾声警报器等设备组成。

D 类：可由独立式火灾探测报警器、火灾声警报器等设备组成。

有物业集中监控管理且设有需联动控制的消防设施的住宅建筑应选用 A 类系统。仅有物业集中监控管理的住宅建筑宜选用 A 类或 B 类系统。没有物业集中监控管理的住宅建筑宜选用 C 类系统。别墅式住宅和已投入使用的住宅建筑可选用 D 类系统。

3.7.2　系统设计

1. A 类系统的设计

对于 A 类系统，居民住宅内设置的家用火灾探测器可接入家用火灾报警控制器，再由家用火灾报警控制器接入火灾报警控制器，或者直接接入火灾报警控制器，实现对户内的火灾早期探测与报警。

该类住宅的公共部位设置的火灾探测器，不能接入住宅内部的家用火灾报警系统，应直接接入火灾报警控制器。

家用火灾报警控制器应将火灾报警信息、故障信息等相关信息传输给相连接的火灾报警控制器。

2. B 类和 C 类系统的设计

住户内设置的家用火灾探测器应接入家用火灾报警控制器。家用火灾报警控制器应能启动设置在公共部位的火灾声警报器。

对于 B 类系统，住宅物业管理中心应设置控制中心监控设备，对居民住宅的报警信号进行集中管理。设置在每户住宅内的家用火灾报警控制器连接到控制中心监控设备，控制中心监控设备在接收到居民住宅的火灾报警信号后，显示发生火灾的住户，启动设置在公共区域的火灾警报器，提醒住宅内的其他居民迅速撤离。

3. D 类系统的设计

有多个起居室的住户，宜采用互连型独立式火灾探测报警器，电池供电时间不少于 3 年。

当 A 类、B 类或 C 类系统由独立式火灾探测报警器以无线方式组成系统时，系统设计应符合相应系统的设计要求。

3.7.3　系统设备的设置

1. 火灾探测器的设置

每间卧室、起居室内应至少设置一只感烟火灾探测器。

在厨房设置可燃气体探测器时，宜选择红外或电化学传感器，并应符合下述要求：

（1）使用天然气的用户应选择甲烷探测器，使用液化气的用户应选择丙烷探测器，使用煤制气的用户应选择一氧化碳探测器。

（2）连接燃气灶具的软管及接头在橱柜内部时，探测器宜设置在橱柜内部。

（3）甲烷探测器应设置在厨房顶部，丙烷探测器应设置在厨房下部，一氧化碳探测器可设置在厨房顶部、也可设置在其他部位。

（4）可燃气体探测器不宜设置在灶具正上方。

（5）宜采用具有联动关断燃气关断阀功能的可燃气体探测器。

（6）探测器联动的关断阀宜为用户可自己复位，且应有胶管脱落自动保护功能。

2. 家用火灾报警控制器的设置

家用火灾报警控制器应独立设置在每户内，且应设置在明显的和便于操作部位。当采用壁挂方式安装时，其底边距地高度宜为 1.3～1.5m。

具有可视对讲功能的家用火灾报警控制器宜设置在进户门附近。

3. 火灾声警报器的设置

住宅建筑公共部位设置的火灾声警报器应具有语音功能，以便有效引导有关人员及时疏散。火灾声警报器应能接受联动控制或由手动火灾报警按钮信号直接控制发出警报。

每台警报器覆盖的楼层不应超过 3 层，一般为本层及其相邻的上下层，且首层明显部位应设置用于直接启动火灾声警报器的手动火灾报警按钮。

4. 应急广播的设置

住宅建筑内设置的应急广播应能接受联动控制或由手动火灾报警按钮信号直接控制进行广播。

每台扬声器覆盖的楼层不应超过 3 层，以保证每户居民都能听到广播。

广播功率放大器应具有消防电话插孔，消防电话插入后应能直接讲话，讲话内容经放大器传给各扬声器。应配有备用电池，电池持续工作不能达到 1h 时，应能向消防控制室或物业值班室发送报警信息。应设置在首层内走道侧面墙上，箱体面板应有防止非专业人员打开的措施。

3.8 性能化防火设计简介

3.8.1 建筑性能化防火设计概述

1. 建筑性能化防火设计的概念

性能化防火设计是以火灾科学和消防安全工程学为理论，以火灾性能为基础的设计方法。考虑火灾本身发生、发展和蔓延的基本规律及火灾燃烧产物的性质与烟气的蔓延规律，火灾中人员的行为特征等，并结合实际火灾中积累的经验，对具体建筑物的功能、性质、使用人员特征及内部可燃物的燃烧特性和分布情况进行具体分析，设定火灾，并对火灾的发展特性进行综合计算和分析，用某些物理参数描述出火灾的发生和发展过程，预设各种可能起火的条件和由此造成的火烟蔓延途径、人员疏散情况，并分析这种火灾对建筑物内人员、财产及建筑物本身的影响程度，以此来确定选择哪一种消防安全措施，并加以评估。从而核准预定的消防安全目的是否已达到，最后再视具体情况对设计方案做出调整和优化。

2. 建筑性能化防火设计的优点

性能化防火设计方法具有以下一些优点：（1）设计方案更加合理，能有效地保证建筑设计达到预期的防火安全目标；（2）设计方法更加灵活，有利于充分发挥设计人员的才能和创造能力；（3）可以在保证相同火灾安全的基础上降低建筑成本；（4）有利于新技术、新材料、新产品的开发、推广和应用；（5）有利于设计规范和标准的国际化。概括起来，性能化设计方法可使建筑物的防火安全目标、火灾损失目标和设计目标实现良好统一。与传统的处理方式设计方法相比，这种设计方法能够大大改进建筑防火设计的科学性和合理性，从而可带来良好的社会效益和经济效益。

3.8.2 建筑性能化防火设计的步骤和内容

建筑防火性能化设计大致包括以下几个步骤。

1. 确定防火目的、功能目标和性能指标

防火目的一般包括四个方面的内容：保证人员的生命安全、保护财产物品、保证设备运行连续性、限制火灾本身与灭火方式对环境造成的不良影响。

功能目标是消防系统必须满足的建筑物在防火、灭火等方面的具体要求。

性能指标更加量化，是指单个消防设备或整个系统的有关技术指标、性能指标所提供的临界值，可以在设计方案中作为计算数据使用。

2. 制定设计目标

设计目标是为满足性能指标要求所采用的具体方法和手段。

从防火目的到设计目标是一个逐步量化、细化、工程概念化的过程。举例如下：

（1）防火目的是保护没有靠近初起火灾处的人员不至丧命。这很容易理解，但很难量化。

（2）为达到上述防火目的，其功能目标之一就是为人们提供足够到达安全地点而不被火灾吞噬的时间。这就提供了更详细的规定，即必须保护人们不受热、热辐射和烟气的侵害。

（3）为达到上述功能目标，其性能要求之一就是限制起火房间的火灾蔓延。若火灾未蔓延到起火房间之外，则起火房间外的人员就不会暴露于热辐射或高温中，受到烟气的影响也会大大减小。

（4）为满足上述性能要求，可制定防止起火房间发生轰燃的性能指标。其依据是火灾蔓延到起火房间之外的情况总是发生在轰燃之后，上层烟气引燃并使火灾前锋开始蔓延之时。

（5）为满足上述性能指标，建立一个设计目标，将上层烟气温度限制在 500℃，该温度以下不大可能发生轰燃。

3. 设定火灾场景、建立设计火灾

火灾场景是对某特定火灾从引燃或者从设定的燃烧到火灾增长到最高峰以及火灾所造成的破坏的描述。火灾场景的设定包括概率因素和确定性因素，即此种火灾发生的可能性有多大，如果真的发生了，那么火灾又是怎样发展和蔓延的。

设定火灾场景应考虑的因素有：建筑物特征和使用性质；火灾发生与发展特征；建筑物内人员特征；周围环境对该建筑的影响，及发生火灾时救援情况等。

发生火灾的可能性分析，主要包括：可燃物分布与性质；重点可能发生火灾的部位；电气火灾发生部位；可接受的火灾自动报警时间；火灾蔓延的方向与速度等。

设计火灾是对某一火灾场景的工程描述，可以用一些参数如热释放速率、火灾增长速率、燃烧产物、物质分解率等或者其他与火灾有关的可以计量或计算的参数来表现其特征。

概括设计火灾特征最常用方法是火灾曲线，是在所设定火灾场景中，火源的热释放速率的变化曲线。

4. 制定设计方案并进行评估、选择最终设计方案

根据多个设计火灾曲线，提出多种设计方案，并进行评估，确定最佳方案。

评估是一个不断反复的过程，依据设计火灾曲线和设计目标进行。设计目标是一个指标，其实质是性能指标能够容忍的最大火灾尺寸，可以用最大热释放速率描述其特征。例如，为达到防止轰燃方式的目标，方法之一是使用自动喷水灭火系统。为保证其有效性，自动喷水灭火系统必须在房间方式轰燃阶段以前启动并控制火灾的增长。

5. 编制技术报告和说明

3.8.3　火灾自动报警系统的性能化设计

1. 基本要求

火灾自动报警系统仅在延迟报警时间可以接受时方可进行性能化设计，性能化设计应仅限于设备选择和系统配置。

探测空间高度超过 12m 的保护对象中火灾自动报警系统的设计宜采用性能化设计，并宜采用两种以上火灾参数的探测器；保护对象中探测高度未超过 12m 的部分，不应采用性能化设计。

2. 可接受报警时间计算

火灾中人员的安全疏散指的是在火灾烟气未达到危害人员生命的状态之前，将建筑物内的所有人员安全地疏散到安全区域的行动。建筑物发生火灾后，其中的人员能否安全疏散主要取决于两个特征时间，一是火灾发展到对人构成危险所需的时间，或称可用安全疏散时间（ASET），一个是人员疏散到达安全区域所需的时间，或称所需安全疏散时间

（RSET）。如果人员能在火灾达到危险状态之前全部疏散到安全区域，便可认为该建筑物的防火安全设计对于火灾中的人员疏散是安全的。

在此过程中，保证建筑物内人员安全疏散的关键是楼内所有人员疏散完毕所需的时间必须小于火灾发展到危险状态的时间。下面结合图 3-47 所示的时间线概念说明这些问题。

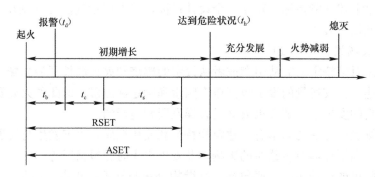

图 3-47　火灾发展及人员疏散时间示意图

在火灾过程中，人员疏散所需的时间大体可以按以下两个阶段来考虑：（1）觉察前阶段。在室内某处刚发生火灾后，人们未必能及时发现，尤其是那些发生在较隐蔽区域或暂时无人的房间内的火灾，只有当火灾增大到一定规模时，才可由火灾探测系统探测到火灾迹象，并发出报警信号（通常是声、光信号等），而此时人们才能有所察觉。觉察到火灾的时刻可以从发出火灾报警信号时刻算起，但一般前者略迟于后者。（2）觉察后阶段。即人们听到火灾报警或发现火灾信号到建筑物内所有人员全部安全疏散出建筑物的阶段。实际上，这一阶段包括确认火灾、行动准备、疏散行动等部分。从起火到探测到火灾并给出报警的时间 t_d 和从发出报警到火灾对人构成危险的时间 t_h 具有重要意义。为了保证人员安全疏散，必须使所有人员疏散完毕的时间小于火灾到达危险状态的时间。可用安全疏散时间 ASET，就是从起火到火灾构成危险状态的时间间隔，即：

$$\mathrm{ASET} = t_d + t_h \tag{3-4}$$

设从起火到室内人员觉察到起火的时间为 t_b，疏散准备所用的时间为 t_c，疏散到达安全地带的时间为 t_s。

因此从起火到人员成功撤离这些危险区域所必需的时间 RSET 为：

$$\mathrm{RSET} = t_b + t_c + t_s \tag{3-5}$$

因而保证人员安全疏散的基本条件是：

$$\mathrm{ASET} > \mathrm{RSET} \tag{3-6}$$

火灾中的人员安全是针对整个建筑物而言的，因此建筑物内每个可能受到火灾威胁的区域都应满足式（3-6）的要求。

可接受报警时间为：

$$t_d < t_b = \mathrm{RSET} - t_c - t_s < \mathrm{ASET} - t_c - t_s \tag{3-7}$$

疏散时间的计算要根据建筑物结构、使用性质和燃烧材料，计算以下几方面的内容来确定：发生火灾的可能部位；引发火灾的可能因素；可能被引燃的燃烧材料，烟气控制设备（设施）对烟气运动的影响，计算并预测火灾蔓延特性和烟气流动特性；火灾蔓延和烟气扩散到消防应急照明和疏散指示标志灯具无法识别的时间；自动消防设施启动的时间；建筑物内不同人员沿可能的疏散通道疏散所需的疏散时间。

3. 设备选择与系统配置

根据火灾可能发生部位和可能的燃烧材料选择适当的火灾探测器，但探测器类型、灵敏度和响应时间应能保证系统在发出警报和/或广播后，疏散时间大于预测疏散时间。

在保证系统稳定性的前提下，宜选择灵敏度较高的火灾探测器。

管路采样吸气式感烟火灾探测器，可以通过减少采样孔数量和缩短采样管路长度的方法提高其灵敏度。

火焰探测器可以通过选择探测距离长、火灾报警响应时间短的探测器，提高报警时间要求和保护面积要求。

同一探测区内设置多个火灾探测器时，可通过选择具有复合判断火灾功能的火灾探测器和火灾报警控制器，提高报警时间要求和报警准确率要求。

防烟和排烟风机、防火卷帘、防护门等涉及人员疏散和烟气控制的自动消防设备（设施）的联动时间和联动控制应最大限度地保证人员疏散和救援。

自动灭火设备（设施），包括起防火分隔作用的防护门、防火卷帘等设备的联动时间和联动控制，应在现场人员疏散后根据建筑火灾情况、救援情况、专业消防队作战情况、预期灭火控制目标等因素确定。

思考题与习题

1. 简述火灾自动报警系统的工作原理。

2. 区域型火灾报警控制器与火灾显示盘有何异同？

3. 解释下列几组名词术语：火灾警报器，火灾报警装置；报警区域，探测区域；手动报警按钮，消火栓按钮；红外火焰探测器，图像型火灾探测器；管路采样吸气式感烟火灾探测器，空气管式感温火灾探测器；响应阈值，灵敏度。

4. 火灾探测器按所装敏感元件类型划分为几大类？

5. 在下列情况或场所应分别选用什么类型的火灾探测器？

饭店、旅馆、办公室、吸烟室、小会议室、有易燃材料的房间、油库、厨房、锅炉房、茶房、地下车库。

6. 什么是保护半径？什么是保护面积？两者之间有什么关系？

7. 一个长 50m、宽 20m 的纺织品仓库（重点保护建筑），其屋顶坡度为 $30°$，房间高度 8m，问：

（1）宜选用什么类型的火灾探测器来保护？

（2）需多少只探测器？

（3）画出探测器布置图。

8. 某高校实验室，长 33.6m，宽 8.4m，柱距 8.4m，梁高 400mm，房间高度 4.4m，问：

（1）宜选用什么类型的火灾探测器来保护？

（2）需多少只探测器？

（3）画出探测器布置图。

9. 一消火栓系统，有两台消防泵（一用一备），说明消防控制室联动控制装置至消防泵控制柜之间、消火栓按钮与联动控制装置之间、消火栓按钮与消防泵控制柜之间的连线关系。

10. 在湿式自动喷水灭火系统中，水流指示器何时动作？其信号有何作用？压力开关何时动作？其信号有何作用？

11. 分析图 3-40 所示风机控制原理。

12. 疏散通道上设置的防火卷帘与仅用作防火分隔的防火卷帘的控制有何区别？

13. 火灾确认后，火灾应急广播系统的动作程序如何？

14. 画出扬声器设有音量调节器时的配线接线原理图。

15. 为什么要将火灾自动报警系统警戒范围划分为若干个报警区域，有什么明确规定？

16. 火灾自动报警系统的导线选择和线路敷设有何要求？

17. 家用火灾报警控制器和家用火灾探测器与公共建筑中使用的火灾报警控制器和火灾探测器有何异同？

18. 什么是疏散照明？什么是疏散指示标志？疏散指示标志能否作疏散照明用？

19. 配电柜中设置电气火灾监控探测器和设置缆式线型感温火灾探测器有何区别？

20. 在设有可燃气体探测的公共建筑中，可燃气体探测器如何接入火灾自动报警系统？

21. 大型建筑群设置消防控制中心时，各建筑物与消防控制中心之间的相关信号如何传输？

22. 性能化防火设计的概念是什么？什么情况下需进行性能化设计？其基本步骤有哪些？

第4章 安全技术防范系统

安全技术防范系统一般由安全管理系统和若干个相关子系统组成。相关子系统通常包括入侵和紧急报警系统、视频安防监控系统、出入口控制系统、电子巡查系统、停车库（场）管理系统及住宅（小区）安全防范系统等。安全技术防范系统的主要任务是根据建筑物的使用功能、规模、性质、安防管理要求及建设标准，构成安全可靠、技术先进、经济适用、灵活有效的安全技术防范体系。

安全技术防范系统通常包括下列设防区域及部位：

周界，包括建筑物、建筑群外层周界、楼外广场、建筑物周边外墙、建筑物地面层、建筑物顶层等；

出入口，包括建筑物、建筑群周界出入口、建筑物地面层出入口、办公室门、建筑物内和楼群间通道出入口、安全出口、疏散出口、停车库（场）出入口等；

通道，包括周界内主要通道、门厅（大堂）、楼内各楼层内部通道、各楼层电梯厅、自动扶梯口等；

公共区域，包括会客厅、商务中心、购物中心、会议厅、酒吧、咖啡厅、功能转换层、避难层、停车库（场）等；

重要部位，包括重要工作室、重要厨房、财务出纳室、集中收款处、建筑设备监控中心、信息机房、重要物品库房、管理中心等。

4.1 视频安防监控系统

4.1.1 系统定义

视频安防监控系统也称闭路电视监控系统。它是一种利用视频探测技术监视设防区域并实时显示、记录现场图像的电子系统或网络。通常和入侵报警系统、出入口控制系统等实现联动。

视频安防监控系统主要应用在以下方面：

1. 用于对大型公共活动场所、重点单位的监控。

2. 用于对自选商场、超市、珠宝店、书店、百货店等商业经营单位的监控，防止商品被盗。

3. 用于旅馆、宾馆或综合楼的视频监控系统，摄像机设置在出入大门、门厅、客房登记处、贵重物品保管室、财务室、地下停车场、电梯轿厢、电梯前室、楼梯口、主要通道、内部商场、歌舞厅和多功能厅等处。

4. 用于博物馆、文物保护单位的视频监控系统，以保护贵重文物和展品。

5. 用于机场、车站、港口、海关等大流量的旅客交通要道处的安全检查监视系统。

6. 用于对医院的急救中心、候诊室、手术室等处的监视。

7. 用于银行、金库、钞票厂等金融系统，利用设置在柜台外侧、现金出纳柜台、营业厅、金库和主要出入口处的摄像机，进行长时间的监视和录像以确保安全。

8. 用于对建筑群、住宅小区红线内的主要道路、十字路口、室内外停车场、小区的出入口、住宅楼入口处、周界和主要活动场所等处进行监视，以确保住宅小区的安全。

9. 用于对工艺生产流程进行监视，统一调度、指挥；对于高温、高压、多尘埃、有爆炸危险，或充满有毒气体、噪声大的场所，实现安全生产监视。

4.1.2 系统构成

视频安防监控系统包括前端设备、传输设备、处理/控制设备和记录/显示设备四部分，如图 4-1 所示。

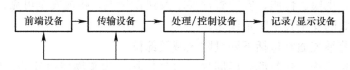

图 4-1　视频安防监控系统构成框图

1. 前端设备

摄像机是获取监控现场图像的重要前端设备，有特殊应用需求时，前端设备中还包括麦克和扩音喇叭，以获取现场音频信号或向现场发出音频信号。常用的摄像机以 CCD 图像传感器为核心部件，外加同步信号生成电路、视频信号处理电路及电源等组成（包括摄像机、镜头、云台、附件等）。CCD 型摄像机目前在市场上占主导地位。但并不排斥利用 CMOS、热传感器件等技术构成的 DPS 和热红外摄像机等。无论何种技术，都要强调设备器材的适用性原则。

2. 传输设备

传输设备在前端设备与控制中心之间进行信号单向或双向传输。信号的主要类型有：由前端设备发送到控制中心的视频（音频）信号；由控制中心发送到前端设备的控制信号；由控制中心发送到前端设备的电源信号（电源集中管理）；由控制中心发送到前端设备的音频信号。

目前监控系统中用视频信号有线传输的常用介质主要有同轴电缆、双绞线、光纤，对应的传输设备分别是同轴视频放大器、双绞线视频传输设备和光端机。

3. 处理/控制设备

系统的处理/控制设备主要完成下列控制功能：一是对摄像机等前端设备进行控制，对图像显示进行编程及手动、自动切换；二是对显示图像叠加摄像机位置编码、时间、日期等信息；三是对图像记录设备的控制，支持必要的联动控制，当报警发生时，对报警现场的图像或声音进行复核，并能自动切换到指定的监视器上显示和自动实时录像；系统还应装备具有视频报警功能的监控设备，使控制系统具备多路报警显示和画面定格功能，并任意设定视频警戒区域。

处理/控制设备主要有视频切换矩阵（有些系统还设有音频矩阵或音视频矩阵）、DVR（NVR）、视频服务器、视频解码器等。

4. 记录、显示设备

记录设备又称录像设备，录像设备具有自动录像功能和报警联动实时录像功能，并可显示日期、时间及摄像机位置编码。早期使用的录像设备是长时间磁带录像机，使用的记录介质是磁带，现在常用的记录设备是数字硬盘录像机。数字硬盘录像机具有同步记录与回放、长时间记录、即时分析、宕机自动恢复等功能。每个视频安防监控系统至少应配备一台录像设备。

显示设备通常有监视器、大屏幕投影设备等。显示设备的功能是把摄像机输出的全电视信号还原成图像信号。专业监视器的功能与电视机基本相同，普通电视机也可以作为显示设备用，但专业监视器的清晰度及连续使用寿命远高于普通电视机。

4.1.3　主要设备及选择

1. 摄像机

摄像机是获取监控现场图像的重要前端设备，它以 CCD 或 CMOS 图像传感器为核心部件，外加同步信号生成电路、视频信号处理电路及电源等组成。

一般说，摄像机是摄像头和镜头的总称，实际上，摄像头与镜头大部分是分开配置的，需要根据目标物体的大小和摄像头与物体的距离，通过计算得到镜头的焦距，按照实际情况配置镜头。

（1）摄像机的分类

视频安防监控系统常用的摄像机种类繁多，型号规格各异，常用的有以下分类方法。

1）依成像色彩划分

彩色摄像机：适用于要求画面逼真、色彩丰富、辨别景物细节，如辨别衣着或景物的颜色等场所。

黑白摄像机：适用于光线不充足地区及夜间无法安装照明设备（尤其是配红外辅助照明）的场所，在仅监视景物的位置或移动时，可选用黑白摄像机。

日夜型摄像机：日夜型摄像机又称彩转黑摄像机。黑白摄像机的低照度效果比彩色摄像机要好，并能感红外光；而彩色摄像机要比黑白摄像机有更丰富的色彩，但低照度效果较差，且不能感红外光。而日夜型摄像机兼备了黑白摄像机与彩色摄像机的优点，在白天光线比较充足的时候是彩色摄像机；当夜晚光线较暗的时候，自动转为黑白摄像机。

因此，如果使用的目的只是监视被摄像物体的位置和移动，一般采用黑白摄像机；如果要分辨被摄像物体的细节，则应选用彩色摄像机。要求较高的场所，应选日夜型摄像机。

2）按 CCD 靶面大小划分

CCD 芯片已经开发出多种尺寸，目前采用的芯片大多数为 1/3″和 1/4″。在购买摄像头时，特别是对摄像角度有比较严格要求的时候，CCD 靶面的大小，CCD 与镜头的配合情况将直接影响视场角的大小和图像的清晰度。

1″：靶面尺寸为宽 12.7mm×高 9.6mm，对角线 16mm。

2/3″：靶面尺寸为宽 8.8mm×高 6.6mm，对角线 11mm。

1/2″：靶面尺寸为宽 6.4mm×高 4.8mm，对角线 8mm。

1/3″：靶面尺寸为宽 4.8mm×高 3.6mm，对角线 6mm。

1/4″：靶面尺寸为宽 3.2mm×高 2.4mm，对角线 4mm。

3）按同步方式划分

内同步：用摄像机内同步信号发生电路产生的同步信号来完成操作。

外同步：使用一个外同步信号发生器，将同步信号送入摄像机的外同步输入端。

功率同步（线性锁定，line lock）：用摄像机 AC 电源完成垂直推动同步。

外 VD 同步：将摄像机信号电缆上的 VD 同步脉冲输入完成外 VD 同步。

多台摄像机外同步：对多台摄像机固定外同步，使每一台摄像机可以在同样的条件下作业。这样即使其中一台摄像机转换到其他景物，同步摄像机的画面亦不会失真。

4）按 CCD 照度划分

普通型：正常工作所需照度 1～3lx；

月光型：正常工作所需照度 0.1lx 左右；

星光型：正常工作所需照度 0.01lx 以下；

红外型：采用红外灯照明，在没有光线的情况下也可以成像。

另外，按结构形式可分成枪式、云台、半球、球机、一体化摄像机（将云台、变焦镜头和摄像机封装在一起）等形式，即使是球机也有不同外形的护罩。

5）按信号输入及传输方式划分

模拟摄像机：采集图像信号，通过视频同轴电缆或光纤向控制中心发送模拟信号。在 2010 年以前，绝大部分电视监控系统采用模拟量摄像机，当时网络摄像机技术还不成熟，价格也很高。模拟摄像机主要采用 CCD 芯片，与网络摄像机相比价格便宜，性能稳定，但图像清晰度及信号传输等方面有着明显的差距。

网络摄像机：采集图像信号，通过网络双绞线或光纤向控制中心发送数字信号。2010年以后，随着网络摄像机技术的不断发展，其清晰度由标清发展到高清，图像清晰的优势越来越显著；组网传输方便，不受地域距离的限制；价格越来越便宜；操作方便，具备相应权限的用户随便在一台电脑终端或手机移动终端，随时随地监看图像信号，并发出控制指令。网络摄像机主要采用 CCD 和 CMOS 芯片，目前还是以 CCD 为主。

（2）CCD 彩色摄像机的主要技术指标

1）CCD 尺寸：亦即摄像机靶面。原多为 1/2″，现在 1/3″的已普及化，1/4″和 1/5″也已商品化。

2）CCD 像素：是 CCD 的主要性能指标，它决定了显示图像的清晰程度。CCD 是由点阵感光元素组成，每一个元素称为像素，像素越多，图像越清晰。商家习惯用像素表达网络摄像机、数码相机的清晰度。

3）水平分辨率：也是体现摄像机清晰度的重要指标，跟像素差不多。

$$像素＝水平线数×垂直线数$$

一般用水平线数来表达模拟摄像机清晰度，也就是水平分辨率。摄像机的典型分辨率是在 320～500 电视线之间，主要有 330 线、380 线、420 线、480 线、520 线、540 线等不同档次。分辨率是用电视线（TV LINES）来表示的，彩色摄像头的分辨率在 330～500 线之间。分辨率与 CCD 和镜头都有关，还与摄像头电路通道的频带宽度直接相关，通常规律是 1MHz 的频带宽度相当于清晰度为 80 线。频带越宽，图像越清晰，线数值相对越大。

4）最小照度：也称为灵敏度。是 CCD 对环境光线的敏感程度，或者说是 CCD 正常成像时所需要的最暗光线。黑白摄像机的灵敏度大约是 0.02～0.5lx，彩色摄像机多在 1lx 以上。0.1lx 的摄像机用于普通的监视场合；在夜间使用或环境光线较弱时，推荐使用 0.02lx 的摄像机，月光型正常工作所需照度 0.1lx 左右，星光型正常工作所需照度 0.01lx 以下。与红外灯配合使用时，也必须使用低照度的黑白或日夜型摄像机。

5）扫描制式：有 PAL 制和 NTSC 制之分。

6）摄像机电源：交流主要有 220V、110V、24V，直流主要有 12V 或 9V。

7）信噪比：典型值为 46dB，若为 50dB，则图像有少量噪声，但图像质量良好；若为 60dB，则图像质量优良，不出现噪声。

8）视频输出：多为 1Vp-p、75Ω，模拟摄像机采用 BNC 接头，网络摄像机采用 RJ45 接头。

9）镜头安装方式：有 C 和 CS 方式，二者间不同之处在于感光距离不同。

2. 镜头

（1）镜头的分类

镜头是电视监控系统中必不可少的部件，镜头与 CCD 摄像机配合，可以将远距离目标成像在摄像机的 CCD 靶面上。常用的镜头种类很多，有多种分类方法，从焦距（Zoom）上分类，可分为短焦距、中焦距、长焦距和变焦距镜头；从视场的大小分类，可分为广角、标准、远摄镜头；从光圈（Iris）及焦距类型组合分类，还可分为固定光圈定焦镜头、手动光圈定焦镜头、自动光圈定焦镜头、手动变焦镜头、自动光圈电动变焦镜头、电动三可变镜头（指光圈、焦距、聚焦这三者均可变）等类型。常用镜头分类如图 4-2 所示。

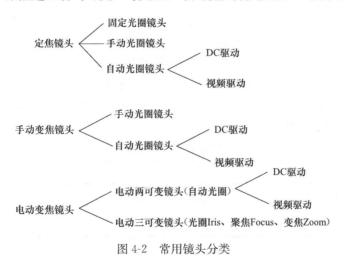

图 4-2　常用镜头分类

固定光圈定焦镜头只有一个可手动调整的对焦调整环（环上标有若干距离参考值），左右旋转该环可以使在 CCD 靶面上的像最为清晰，此时监视器屏幕上得到图像也最为清晰。无光圈调整环，只能改变环境照度来调整光通量。

手动光圈定焦镜头比固定光圈定焦镜头增加了光圈调整环，调整范围一般可以从 F1.2 或 F1.4 到全关闭，能方便适应被摄现场的光照度。一般应用于光照度比较均匀的场合。

自动光圈定焦镜头相当于在手动光圈定焦镜头的光圈调整环上增加一个由齿轮传动的微型电动机，并从其驱动电路上引出了 4 芯的屏蔽线，接到摄像机的自动光圈接口座上。

自动光圈的方式有直流驱动和视频驱动两种。视频驱动是指摄像机将视频信号电平输出到自动光圈镜头的内部，再由其内部的驱动电路输出控制电压使镜头的光圈调整电动机转动。直流驱动是指摄像机内部增加了镜头光圈电动机的驱动电路，可以直接输出直流控制电压到镜头内的光圈电动机并使其转动。直流驱动与视频驱动调节自动光圈的效果差不多，但因视频驱动把驱动电路做在镜头里面，所以价格要比直流驱动的贵，另外体积也比直流驱动的稍大。所以，一般常用的为直流驱动自动光圈镜头。

手动变焦镜头有一个焦距调整环，可以在一定范围内调整镜头的焦距，其变焦比一般为2～3倍，焦距一般在3.0～8.0mm。在实际工程应用中，通过手动调节镜头的变焦环，可以方便地选择被监视现场的视场角。手动变焦镜头分固定、手动及自动光圈的镜头。

自动光圈电动变焦镜头比自动光圈定焦镜头增加了两个微型电动机，其中一个电动机与镜头的变焦环啮合，当其受控而转动时可改变镜头的焦距；另一个电动机与镜头的对焦环啮合，当其受控而转动时可完成镜头的聚焦（Focus）。

电动三可变镜头与电动两可变镜头结构相差不多，只是将对光圈调整电动机的控制由自动控制方式改为由控制器手动来控制，因此它也包含了三个微型电动机引出一组6芯控制线与镜头控制器相连。常见的有6倍、10倍、12倍、16倍等几种规格。变焦镜头的"倍率"是变焦镜头的最长焦距与最短焦距之比，是一个相对值。

（2）镜头的参数

镜头的光学特性主要包括成像尺寸、焦距、相对孔径和视场角等几个重要参数。

1）成像尺寸

镜头一般可分为25.4mm（1in）、16.9mm（2/3in）、12.7mm（1/2in）、8.47mm（1/3in）和6.35mm（1/4in）等几种规格。

分别对应不同的成像尺寸，选镜头时，应使镜头的成像尺寸与摄像机的CCD靶面尺寸大小相吻合（见表4-1），当镜头的成像尺寸大于摄像机靶面，则摄像机图像不可能将视场内图像全部反映出来；当镜头的成像尺寸小于摄像机靶面尺寸，则摄像机图像的周边是一个空白，图像不是满幅。

CCD 靶面尺寸数据　　　　　　　　　　　　　　　　　　　　　　　表 4-1

标称芯片尺寸/CCD感光靶面尺寸	25.4	16.9	12.7	8.47	6.35
对角线	16	11	8	6	4.5
垂直	9.6	6.6	4.8	3.6	2.7
水平	12.7	8.8	6.4	4.8	3.6

2）焦距

在实际应用中，诸如摄像机能看清多远的物体或能拍摄多宽的场景等问题，是由所选用镜头的焦距来决定的，当然还与所用摄像机的分辨率及监视器的分辨率有关。

镜头的焦距应根据视场大小和镜头与监视目标的距离确定，如图4-3所示，焦距 f 为：

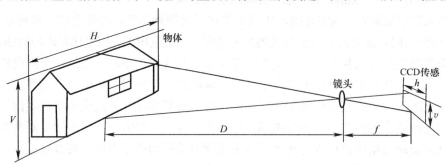

图 4-3　镜头焦距计算示意图

$$f = \frac{h \times D}{H} \tag{4-1}$$

或

$$f = \frac{v \times D}{V} \tag{4-2}$$

式中　f——镜头焦距，mm；

$\qquad D$——镜头中心到被摄物体的距离，mm；

H 和 V——分别为被摄物体的水平尺寸和垂直尺寸，mm；

$\quad h$ 和 v——分别为 CCD 感光靶面水平尺寸和垂直尺寸，mm。

例：已知被摄物体距镜头中心距离 3m，高度为 1.8m，所用摄像机 CCD 靶面为 1/2in。（靶面垂直尺寸为 4.8mm）查得 $f = \frac{v \times D}{V} = 4.8 \times 3000 \div 1800 = 8.02\text{mm}$，应配 8mm 的镜头。

3）相对孔径

为了控制通过镜头的光通量大小，在镜头后部均设置了光阑（俗称光圈），相对孔径 A 为有效孔径 D 与焦距 f 之比

$$A = \frac{D}{f} \tag{4-3}$$

镜头的相对孔径决定被摄像的照度，即像的照度 E 与镜头的相对孔径 A 的平方成正比。一般习惯用相对孔径的倒数来表示镜头光阑的大小。即：

$$F = \frac{f}{D} \tag{4-4}$$

F 一般称为光阑 F 数，标注在镜头光阑调整圈上，其标值为 1.4、2、2.8、4、5.6、8、11、16、22 等序列值。

由于像面照度与相对孔径的平方成正比（与光阑的平方成反比），所以光阑每变化一档，像面亮度就变化一倍。

光阑 F 值越小则相对孔径越大，到达摄像机靶面的光通量就越大。常见镜头所标的 F 值均指该镜头的最小光阑数。有些产品的镜头相对孔径参数为 f/A，A 为上面所说的光阑 F 数。

4）视场角

镜头有一个确定的视野，镜头对这个视野的高度和宽度的张角称为视场角 α。视场角与焦距 f 及摄像机靶面尺寸（水平尺寸 h 及垂直尺寸 v）的大小有关，镜头的水平视场角 α_h 和垂直视场角 α_v 分别为

$$\alpha_h = 2\text{arctg}(h/2f) \tag{4-5}$$

$$\alpha_v = 2\text{arctg}(v/2f) \tag{4-6}$$

由上两式可知，镜头的焦距 f 越短，其视场角越大，或摄像机靶面尺寸 h 或 v 越大，其视场角也越大。

如所选镜头的视场角太小，可能会因出现监视死角而漏监，所选镜头的视场角太大又可能造成被监视的主体画面尺寸太小，难以辨认且画面边缘出现畸变，如图 4-4 所示。所以，应选择合适的视场角。

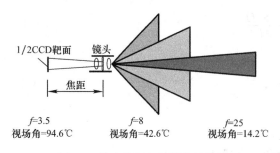

1/2CCD靶面　镜头

焦距

f=3.5
视场角=94.6℃

f=8
视场角=42.6℃

f=25
视场角=14.2℃

图 4-4　镜头焦距与视场角的关系

（3）镜头的选择

合适镜头的选择决定于：再现景物的图像尺寸、摄像机与被摄体间的距离、景物的亮度等。

1）定焦距镜头：焦距是固定的、手动聚焦。常用于监视固定场所。

2）变焦距镜头：焦距是可调的，以电动或手动调焦聚焦。可对所监视场所的视场角及目的物进行变焦距摄取图像。一般配合云台一起使用，以适合大范围远距离观察、搜索和追踪目标，常用于监视移动物体。

3）广角镜头：又称大视角镜头或短焦距镜头，可以摄取广阔的视野。

4）针孔镜头：细长的圆管形镜筒，端部是直径几毫米的小孔，多用在隐蔽监视的环境。

对于相同的成像尺寸，不同焦距长度的镜头的视场角也不同，焦距越短，视场角越大。根据视场角的大小可以划分为 5 种焦距的镜头：长角镜头视场角小于 45°，标准镜头视场角为 45°～50°，广角镜头视场角在 50°以上，超广角镜头视场角可接近 180°，鱼眼镜头视场角大于 180°。长焦距镜头可以得到较大的目标图像，适合于展现近景和特写画面。而短焦距镜头适合于展现全景和远景画面。如果所选择的镜头的视场角太小，可能会因出现监视死角而漏监；而若所选择的镜头的视场角太大，又可能造成被监视的主体画面尺寸太小、难以辨认，且画面边缘出现畸变。因此，只有根据具体的应用环境选择视场角合适的镜头，才能保证既不出现监视死角，又能使被监视的主体画面尽可能大而清晰。

3. 云台和解码器

（1）云台

云台是监控系统前端负责上下和左右转动的步进电机设备，接受解码器或云台控制器发送过来的电平信号，进行转动，包括上下、左右转动。根据应用环境基本上可以分为室内和室外云台两种；按照外形可以分为普通云台和球形云台、顶载云台或侧载云台等。

一般的云台有转动死角，基本可以做到水平 0～355°，然后必须反向旋转；对于高速球机则可以 0～360°全向旋转，主要是高速球机中使用石墨滑环，不受内部线缆连接限制。

一般的云台都是匀速云台，即角速度恒定，但是在观看不同距离场景时，恒速云台可能会造成远处的图像在监视器上转动很快，导致无法清晰监控的情况；同时近处的图像在监视器上转动又很慢，也会发生跟不上被跟踪物体的情况。因此部分高端云台可以支持变速，即角速度可变，这样可以在近景和远景监控时达到最佳的效果。

配电动变焦镜头后，在监控中心的主机上可预置云台摄像机的监视点和巡视路径，平时按设定的路线自动扫描巡视，一旦发生报警，就可控制云台的旋转和俯仰角度，使摄像机迅速对准报警点，进行定点监视和录像，也可在监控中心值班员的直接操纵下跟踪监视对象。

（2）解码器

解码器是视频监控系统由早期多线控制，向目前总线控制方式转化的革命性设备。多线控制系统中，每一个云台及变焦镜头摄像机必须有一路控制线路，每路的控制线由 6～14 芯电缆承担，在没有切换设备的情况下，对应带云台配三可变镜头的摄像机，配相应数量的云台镜头控制器，在一个带云台变焦镜头摄像机较多的视频监控系统中，将会配置大量的控制电缆及云台镜头控制器。

解码器具有编码器的功能，使主机控制信号在总线传输中有了唯一的指向性，主机设备利用 RS-485 总线或曼彻斯特码，通过解码器对摄像机的云台、镜头、雨刷及除雾进行控制。解码器接受主机设备的控制信号，并解码（翻译）后直接控制云台和摄像机的动作。解码器还可以为摄像机及云台提供多种类型的电源。

控制动作包括对云台的上下、左右转动，以及对摄像机镜头的光圈、焦距、聚焦的控制，对室外特殊护罩的除雾、雨刷等的控制。

如果按照使用环境的不同基本可以分为两种，一种为室内解码器，一种为室外解码器，两者的主要区别在于外壳防护等级不同，内部电路设计基本相同。

解码器通过 RS-485 总线接收主机设备控制命令，解码器设备的内部控制协议各厂家产品会不尽相同，考虑到后期项目的兼容性和升级，通常采用通用控制协议的解码器。对应模拟与网络摄像机，解码器分模拟和网络两类。

4. 防护罩

防护罩是保护前端摄像机的防护装置，是摄像机的保护外壳。

根据材质的不同，主要有铸铝、不锈钢、ABS 工程塑料等材料。其中，铸铝材料的防护罩应用较广，在室内、室外均有大量应用；不锈钢材料的防护罩主要应用在工业场所，比如电厂、钢铁厂等对防护要求较高的场所；不锈钢防护罩主要有防爆和防腐的作用，作为一般民用级的应用较少，主要是防护罩本体较重，价格较高；ABS 工程塑料的防护罩主要应用在室内场所，比如宾馆、饭店等对防护等级要求不高的场所，ABS 工程塑料容易成型，外形美观，重量轻，更适合于上述场所使用。有的场所甚至没有安装防护罩，直接将摄像机安装在支架上，这种方式在宾馆内和写字楼内比较常见。

在实际使用过程中，可以根据环境需要进行搭配。如有些室外环境下的室外防护罩需要配置雨刷，但是雨刷需要解码器来进行驱动，因此在选用防护罩的同时要注意选择合适的解码器设备。我国地理位置南北、东西跨度比较大，各地地理环境千差万别，会造成使用情况不同，在配置室外护罩和其他室外设备时，应参照当地现场环境。

5. 球机

球型摄像机是指将摄像机、镜头、云台、解码器等设备组合内置在球型防护罩内的摄像设备，又称为一体化球。按球型防护罩区分，有全球型和半球型两种；按球型摄像机的性能区分为由半球罩、摄像机、定焦镜头组成的小半球型摄像机，球罩、内置摄像机、变焦镜头、云台、解码器等设备的一体化匀速球或智能高速球机等；按安装方式区分有悬吊式、吸顶式、墙装和柱装式等；按应用环境区分为室内型和室外型。

球型摄像机造型美观、安装隐秘、使用方便、功能齐全，特别是一体化高速球机以单一设备集成了传统的摄像机、变焦镜头、快速云台、解码器等设备，在性能价格比上占有很大的优势，成为球型摄像机的主流，因此我们常说的球机一般是指这种高速球机。

需要注意的是一体化高速球机与球形云台摄像机的区别。两者在外观上较相似，均采用球形护罩，但使用功能却大不相同。一体化高速球机可以 360°连续旋转，无监控死角；

球形云台摄像机则一般有 5°的监控死角。一体化高速球机内部的云台还支持变速功能，但球形云台摄像机内置的云台则一般是匀速转动的。

近年来，出现了一些衍生品，如匀速球机，主要特点是内部的云台是匀速转动，不支持变速，但是无监控死角，功能介于球形云台和高速球机之间。但是相对于智能高速球机来说价格便宜，功能较弱，会出现近景比较慢，远景转动比较快，监看困难的情况。

6. 视频矩阵主机

视频矩阵主机是视频安防监控系统中的核心设备，视频矩阵控制器可将前端摄像机的视频信号，按一定的时序分配给特定的监视器进行显示。显示图像可以固定显示某一场景，也可按程序设定的时间间隔对一组摄像机的信号逐个切换显示。当接到报警信号或其他联动信号时，可按程序设定固定显示报警点场景。

在视频矩阵主机的控制下，监视器能够显示任意多的图像信号；也可将单个摄像机摄取的图像可同时送到多台监视器上显示，也可通过主机发出的串行控制数据代码，去控制云台、摄像机镜头等现场设备。对系统内各设备的控制均是从这里发出和控制的。视频矩阵主机的功能主要有：前端摄像机控制、视频分配放大、视频切换、时间地址符号发生、专用电源等。有的视频矩阵主机，采用多媒体计算机作为主体控制设备。

有的视频矩阵主机还带有报警输入接口，可以接收报警探测器发出的报警信号，并通过报警输出接口去控制相关设备，可同时处理多路控制指令，供多个使用者同时使用系统。当主机扫描到报警探头发生了报警时，联动该现场图像的切换，显示在监视器上，同时将报警信号送到其他外设。由系统主机完成报警场面的调看，并控制外部设备如录像机的录像、灯光打开、响警报等。

系统运行时，系统主机中微处理器通过扫描通信端口检查是否有从控制面板、主控键盘、副控键盘、报警接口箱、多媒体计算机传来的控制指令，还会扫描主机本身报警接口板是否有报警输出。当控制面板或控制键盘上有键被按下时，微处理器可正确判断该按键的功能含义，并向相应控制电路发出控制指令信号。例如，向视频矩阵切换器中的多路模拟开关芯片发出 8-4-2-1 选通码使其选通指定通道摄像机的视频信号输入，同时在该路视频信号上叠加字符，然后将该路输入信号在指定的输出口输出、显示。

如系统主机同时含有内置（或外挂）音频矩阵切换器，则同样的控制码还可将选定摄像机外所对应的监听头的声音信号一并选定，并送到与上述视频输出通道编号相同种音频矩阵输出端口，使视频信号与音频信号同步切换。

如果控制键盘发出的是对于前端设备的控制指令（含有地址码信息），则该指令经编码后通过双绞线传送到远端指定地址的解码器，解码器经过通信接口芯片收到系统主机传来的控制指令后对其进行解码，解出主控器的命令，使解码器内的相应继电器吸合，输出相应的控制信号（电压量或开关量）来指定的外接设备，使其做出与主控端指令相符合的动作。这些受控的外接设备包括云台、电动三可变镜头、室外防护罩的雨刷器及除霜器、摄像机的电源、红外灯或其他可控制设备。

视频矩阵的主要功能为对输入视频分组切换输出。当摄像机数量较多，显示及录像设备不足以全实时全画面显示录像时，视频矩阵可实现分时把各组图像进行显示或录像。

7. 视频信号分配器与视频切换器

视频信号分配：即将一路视频信号（或附加音频）分成多路信号，也就是说它可将一台摄像机送出的视频信号供给多台监视器或其他终端设备使用。当一路视频信号送到相距较远的多个监视器时，一般应使用视频分配器，分配出多路幅度为 1V 峰值，阻抗是 75Ω 的视频信号接到多个监视器，各个监视器的输入阻抗开关均拨到 75Ω 上。视频分配器除了有信号分配功能外，还兼有电压放大功能。

视频切换：为了使一个监视器能监视多台摄像机信号，需要采用视频切换器。切换器除了具有扩大监视范围，节省监视器的作用外，有时还可用来产生特技效果，如图像混合、分割画面、特技图案、叠加字幕等处理。

视频切换器相当于选择开关的作用。采用电子开关形式，好处是干扰较少、可靠性强、切换速度快。目前，许多系统都有一种自动顺序切换器，又称时序切换器。

单一功能的视频切换器目前已很少使用，视频切换功能基本融合到视频矩阵、硬盘录像机及视频服务器等中心设备中。

8. 多画面处理器

多画面处理器又称多画面分割器，在多个摄像机的电视监控系统中，为了节省监视器和图像记录设备往往采用多画面处理设备，将多路视频信号合成为一路信号输出到一台监视器显示，使多路图像同时显示在一台监视器上，常用处理方式有：4 画面、9 画面及 16 画面。采用多画面分割器可用一台图像记录设备（例如录像机、硬盘录像机）同时录制多路视频信号。多画面处理器有单工、双工和全双工类型之分。

多画面处理器具有较强时基校正功能，因而不需要原来惯用的同步信号发生器来规范摄像机图形信号的切换、使各摄像机同步，及其他一些有同步要求的图像处理功能。这既简化了系统的构成，又使各信号在快速切换时是在同步状态下进行的。

随着技术的改进，多画面处理器也具备了对摄像机云台镜头的控制功能。硬盘录像机与视频服务器的广泛采用，单一功能的多画面处理器也渐渐退出了市场。

9. 硬盘录像机

硬盘录像机分为数字硬盘录像机（DVR）与网络硬盘录像机（NVR）两类：

（1）数字硬盘录像机（Digital Video Recorder，DVR）能集 CCTV 电视监控系统中的画面分割器、视频切换器、磁带录像机、小型视频矩阵的功能于一体，本身可连接报警探测器、声光报警且兼具报警主机的功能。

数字硬盘录像机根据最多可显示的画面数（最多可连接摄像机的数量），分为 4、8、16、24、32 等多种规格。其主要具备以下功能：

录像功能：硬盘录像机的产生，在录像方式上彻底颠覆了传统的录像理念。采用硬盘录像，可根据录像时间、录像画质、摄像机画面数量等因素，配备相应容量的硬盘。录像方式（报警录像、移动侦测录像、全实时录像）选择方便，回放时段选择便捷；根据要求随意设置画质清晰度；通过软件操作界面，轻松设置录像方式。

控制功能：通过鼠标或操作键对于全方位云台、三可变镜头进行控制。

多画面显示：可进行单画面、多画面、主副画面操作设置。

报警功能：可连接防盗报警探测器，接受报警信号，发出警报，或实现与视频的联动。通过设置，报警后系统会自动开启录像功能，并通过报警输出功能开启相应射灯、警号和联网输出信号。

网络功能：在任何一台经授权的电脑终端，通过局域网或广域网，根据身份授权可以实时监看现场图像，并能进行云台、镜头等各种控制的操作。

安全功能：为防止非法进入，设置密码登录功能，防止未授权者操作以保护隐私，一般分为多级密码授权系统。

工作时间表：可对某一摄像机的某一时间段进行工作时间编程，它可以把节假日、作息时间表的变化全部预排到程序中，可以在一定意义上实现无人值守。

DVR 通过 BNC 接口直接连接模拟摄像机。

（2）网络硬盘录像机（Network Video Recorder，NVR），具备 DVR 所有功能，主要区别在于 NVR 通过网络交换机，利用 RJ45 接口直接连接网络摄像机。

4.1.4 设计要素

1. 系统构成

视频安防监控系统由前端设备、传输设备、处理/控制设备和记录/显示设备四大部分构成。系统常用的两种结构模式是矩阵切换和数字视频网络虚拟交换/切换。

（1）矩阵切换模式：通过控制键盘，将任意一路前端视频输入信号切换到任意一路输出的监视器上，并可编制各种时序切换程序，如图 4-5 所示。

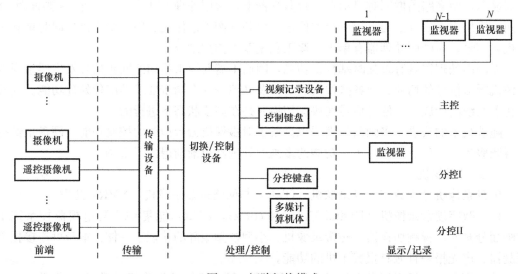

图 4-5　矩阵切换模式

（2）数字视频网络虚拟交换/切换模式：数字视频前端可以是网络摄像机，也可以是模拟摄像机加数字编码设备（见图 4-6）。数字交换传输网络可以是以太网和 DDN、SDH 等传输网络。数字编码设备可采用具有记录功能的 DVR 或视频服务器。数字视频的处理、控制和记录功能可以在前端、传输和显示的任何环节实施。

2. 系统功能要求

（1）系统应根据各类建筑物安全防范管理的需要，对建筑物内（外）的主要公共活动场所、通道、电梯及重要部位等进行视频探测、图像实时监视和有效记录、回放。监视图像信息和声音信息应具有原始完整性。

（2）系统的画面显示能任意编程、自动或手动切换，画面上应有摄像机的编号、部位、地址和时间、日期显示。系统记录的图像信息包含图像编号、地址、记录时的时间和日期。

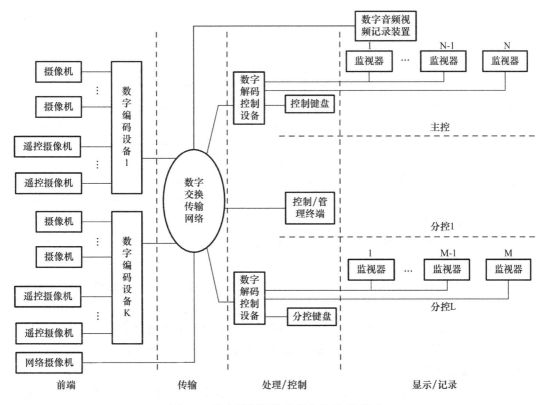

图 4-6　数字视频网络虚拟交换/切换模式

（3）矩阵切换和数字视频网络虚拟交换/切换模式的系统应具有系统信息存储功能，在供电中断或关机后，对所有编程信息和时间信息均应保持。

（4）系统能独立运行，也能与入侵报警系统、出入口控制系统、火灾自动报警系统、电梯控制等系统联动。当发生报警或其他系统向视频系统发出联动信号时，能在 4s 内按预定工作模式切换出相应部位的图像至指定监视器，并能启动视频记录设备。

（5）辅助照明联动应与相应联动摄像机的图像显示协调同步。同时具有音频监控能力的系统宜具有视频音频同步切换的能力。

（6）系统应预留与安全防范管理系统联网的接口，实现安全防范管理系统对视频安防监控系统的智能化管理与控制。

3. 系统性能指标

（1）在正常工作照明条件下模拟复合视频信号应符合以下规定：

视频信号输出幅度 1Vp-p±3dB VBS（VBS，消隐脉冲和同步脉冲组成的全电视信号）；实时显示黑白电视水平清晰度≥400TVL；实时显示彩色电视水平清晰度≥270TVL；回放图像中心水平清晰≥220TVL；黑白电视灰度等级≥8；随机信噪比≥36dB。

（2）在正常工作照明条件下数字信号应符合以下规定：

单路画面像素数量≥352×288（CIF）；单路显示基本帧率≥25fps；数字视频的最终显示清晰度要求与上述相同。

（3）图像质量的主观评价，可采用五级损伤制评定，图像等级应符合表 4-2 的规定。系统在正常工作条件下，监视图像质量不应低于 4 级，回放图像质量不应低于 3 级。在允许的最恶劣工作条件下或应急照明情况下，监视图像质量不应低于3级；在显示屏上应能有效识别目标。

五级损伤制评定图像等级   表 4-2

图像等级	图像质量损伤主观评价
5	不觉察损伤或干扰
4	稍有觉察损伤或干扰，但不令人讨厌
3	有明显损伤或干扰，令人感到讨厌
2	损伤或干扰较严重，令人相当讨厌
1	损伤或干扰极严重，不能观看

4. 摄像机选择与设置

（1）监视目标亮度变化范围大或需逆光摄像时，选用具有自动光圈、自动电子快门和背光补偿的摄像机。

（2）需夜间隐蔽监视时，宜选用黑白摄像机或日夜型摄像机，且带红外光源（或加装红外灯作光源）。

（3）所选摄像机的技术性能宜满足系统最终指标要求；电源变化范围不应大于±10%（必要时可加稳压装置）；温度、湿度适应范围如不能满足现场气候条件的变化时，可采用加有自动调温控制系统的防护罩。

（4）监视目标的最低环境照度应高于摄像机要求最低照度的50倍，设计时应根据各个摄像机安装场所的环境特点，选择不同灵敏度的摄像机。一般摄像机最低照度要求为0.3lx（彩色）和0.1lx（黑白）。

（5）根据安装的现场环境条件给摄像机加装防护外罩，防护罩可防高温、防低温、防雨、防尘，特别场合还要求能有防辐射、防爆、防强振等的功能。在室外使用时，防护罩内宜加有自动调温控制系统和遥控雨刷等。

（6）根据摄像机与移动物体的距离确定摄像机的跟踪速度，高速球摄像机在自动跟踪时的旋转速度一般设定为100°/s。

（7）摄像机应设置在监视目标区域附近不易受外界损伤的位置，不应影响现场设备运行和人员正常活动，同时保证摄像机的视野范围满足监视的要求。应有稳定牢固的支架，室内距地面不宜低于2.5m；室外距地面不宜低于3.5m。室外如采用立杆安装，立杆的强度和稳定度应满足摄像机的使用要求。电梯轿厢内的摄像机应设置在电梯轿厢门侧左或右上角。

（8）摄像机应尽量避免逆光设置，必须逆光设置的场合（如汽车库、门庭），除对摄像机的技术性能进行考虑外，还应设法减小监视区域的明暗对比度，必要时配闪灯压制逆光。

（9）网络摄像机的网络传输方式，主要有以太网络、XDSL模式、ISDN电话模式、有线电视Cable Modem、无线网络、移动电话模式等。根据网络线路的特点，以太网络适用于城市联网传输和大型公共建筑内的传输；XDSL适用于办公室、商店和住宅；电话模式适用于不需要高速传输的地方；移动电话或无线网络适用于远程摄像机。

5. 视频报警器选择与设置

（1）视频报警器具有监视与报警功能，可实时、大视场、远距离的监视报警。激光夜视视频报警器可实现夜晚的监视报警，适用于博物馆、商场、宾馆、仓库、金库等处。

（2）视频报警器对于光线的缓慢变化不会触发报警，能适应时段（早、中、晚等）和气候不同所引起的光线变化。

（3）当监视区域内出现火光或黑烟时，图像的变化同样可触发报警，视频报警器可兼有火灾报警和火情监视功能。

（4）数字式视频报警器可在室内、室外全天候使用。

（5）视频报警器对监视区域里快速的光线变化比较敏感，在架设摄像机时，应避免环境光对镜头的直接照射，并尽量避免在摄像现场内经常开、关的照明光源。

6. 镜头选择与设置

（1）镜头尺寸应与摄像机靶面尺寸一致，视频监控系统所采用的一般为$1''$以下（如$1/2''$、$1/3''$）摄像机。

（2）监视对象为固定目标时（如贵重物品展柜、一般出入口）可选用定焦镜头；监视目标视距较大时可选用长焦镜头，监视目标视距较小而视角较大时（如电梯轿厢内）可选用广角镜头；监视目标的观察视角需要改变和视角范围较大时应选用变焦镜头；监视目标的照度变化范围相差100倍以上，或昼夜使用摄像机的场所，应选用光圈（自动或电动）可调镜头；需要进行遥控监视的（带云台摄像机）应选用可电动聚焦、变焦距、变光圈的遥控镜头。

（3）摄像机需要隐蔽安装时，如天花板内、墙壁内、物品里，镜头可采用小孔镜头、棱镜镜头或微型镜头。

7. 云台选择与设置

（1）所选云台的负荷能力应大于实际负荷的1.2倍并满足力矩的要求。室内云台在承受最大负载时，噪声应不大于50dB。

（2）监视对象为固定目标时，摄像机宜配置手动云台（又称为支架或半固定支架），其水平方向可调$15°\sim30°$，垂直方向可调$\pm45°$。

（3）云台可分为室内或室外云台，应按实际使用环境来选用。要根据回转范围、承载能力和旋转速度三项指标来选择。

（4）云台的输入电压有交流220V、交流24V、直流12V等。选择时要结合控制器的类型和视频监控系统中的其他设备统一考虑。一般应选用带交流电机的云台，恒定转速，水平旋转速度一般为$3°/s\sim10°/s$，垂直转速为$4°/s$；需要在很短时间内移动到指定位置的应选用带预置位的高速球型一体化摄像机。

（5）云台转动停止时，应具有良好的自锁性能，水平和垂直转向回差应不大于$1°$。

（6）云台电缆接口宜位于云台固定不动的位置，在固定部位与转动部位之间的控制线、电源线和视频线应采用软线连接。

8. 防护罩选择与设置

（1）防护罩尺寸规格要与摄像机的大小相配套。

（2）室内防护罩，除具有保护、防尘、防潮湿等功能，有的还起装饰作用，如针孔镜头、半球型玻璃防护罩。

（3）室外防护罩一般应具有全天候防护功能，防晒、防高温（$>35℃$）、防低温（$<0℃$）、防雨、防尘、防风沙、防雪、防结霜等，罩内设有自动调节温度、自动除霜装置，宜采用双重壳体密封结构。

选择防护罩的功能可依实际使用环境的气候条件加以取舍。

（4）特殊环境可选用防爆、防冲击、防腐蚀、防辐射等特殊功能的防护罩。

9.视频切换控制器选择与设置

（1）控制器的容量应根据系统所需视频输入，输出的最低接口路数确定，并留有适当的扩展余量。视频输出接口的最低路数由监视器、录像机等显示与记录设备的配置数量及视频信号外送路数决定。

（2）控制器应能手动或自动编程，并使所有的视频信号在指定的监视器上进行固定的时序显示，对摄像机、电动云台的各种动作（如转向、变焦、聚焦、调制光圈等动作）进行遥控。

（3）控制器应具有存储功能，当市电中断或关机时，对所有编程设置、摄像机号、时间、地址等均可记忆。

（4）控制器应具有与报警控制器（如火警、盗警）的联动接口，报警发生时能切换出相应部位摄像机图像，予以显示与记录。

（5）大型综合安全消防系统需多点或多级控制时，宜采用多媒体技术，使文字信息、图表、图像、系统操作，在一台 PC 机上完成。

10.传输部件选择与设置

（1）应根据图像信号采用的传输方式选择电缆类型。模拟摄像机图像信号采用基带传输时选用 SYV 同轴射频电缆，SYV-75-5 同轴电缆传输距离 300m；采用射频传输时选用 SYWV 同轴射频电缆。网络摄像机一般采用标准网线（4 对双绞线）传输，双绞线传输距离不大于 100m；距离较远时应采用光纤传输。电梯轿箱的视频同轴电缆应选用电梯专用电缆。

（2）采用射频传输方式时，应配置射频调制、解调器、混合器、放大器等。SYWV 同轴射频电缆适用于距离较远、多路模拟视频信号的传输。

（3）采用光纤传输方式时，应配置发送、接收光端机和其他配套附件。光纤适用于远距离、多路视频、音频、数据信号的传输。光缆的传输模式可依传输距离而定，长距离时宜采用单模光缆，距离较短时宜采用多模光缆。光缆的保护层应适合光缆的敷设方式及使用环境要求。

（4）采用电话线传输方式时，电话线路应接入装置内。电话线适用于数量少、对清晰度和实时性要求不太高的系统传输。

11.监视器选择与设置

（1）视频监控系统实行分级监视时，摄像机与监视器之间应有恰当的比例。重点观察的部位不宜大于 2∶1，一般部位不宜大于 10∶1。录像专用监视器宜另行设置。

（2）至少应有两台监视器，一台做固定监视用，另一台做时序监视或多画面监视用。

（3）应根据所用摄像机的清晰度指标，选用高一档清晰度的监视器。一般黑白监视器的水平清晰度不宜小于 600TVL，彩色监视器的水平清晰度不宜小于 300TVL。

（4）根据用户需要可采用电视接收机作为监视器。有特殊要求时可采用背投式大屏幕监视器或投影机。

（5）彩色摄像机应配用彩色监视器，黑白摄像机应配用黑白监视器。

（6）监视者与监视器屏幕之间的距离宜为屏幕对角线的 4～6 倍，监视器屏幕宜为 230～635mm（9″～25″）。

12. 录像机选择与设置

（1）防范要求高的监视点可采用所在区域的摄像机图像全部录像的模式。

（2）数字录像机 DVR（NVR）选用的注意事项如下：

1）综合功能：如画面分割、报警联动、录音功能、动态侦测等指标；

2）储存容量及备份状况，如挂接硬盘的数量，硬盘的工作方式，传输备份等；

3）远程监控一般要求有一定的带宽，如果距离较远，无法铺设宽带网，则采用电信网络进行远程视频监控。

（3）数字录像机的储存容量应按载体的数据量及储存时间确定。载体的数据量可参考表 4-3 数据。

载体数据量参考值　　　　　　　　　　　　　　　　　表 4-3

序号	名称	数据量	15min 平局数据量
1	MS Word 文档	6.5kb/页	100kb（15 页）
2	IP 电话	G729，10kbps	1Mb
3	照片	JPEG，100kb/页	3Mb
4	手机电视	QCIF H. 264，300bps	33 Mb
5	标清电视	SDTV H. 264，2Mbps	222 Mb
6	高清电视	HDTV H. 264，10Mbps	1120 Mb

（4）用户根据应用的实际需求，选择各种类型的录像机产品：

可选择 4、8、16 路，记录格式可选用 CIF，4CIF，D1（标清视频压缩后的 2Mbps 传输率即 D1）等；以 mpeg4/H. 264 为主，可根据需要支持抓拍；实时播放、实时查询、快速下载等；保存容量及记录时间等。

当受投资或控制室空间限制，且监视点较多时，可选用多画面分割处理器。在一台监视器或录像机上同时显示、录制、重放一路或多路图像。

13. 智能视频分析技术的应用

嵌装在一体化球机内的移动报警功能；专门用于分析周界入侵报警状态的分析模块；专门用于与一体化球机配合的移动目标跟踪模块；图像识别等。

14. 系统示意图

系统应根据建筑物的使用功能及安全防范管理要求，对必须进行视频安防监控的场所、部位、通道等进行实时、有效的视频探测，高风险防护对象的视频安防监控系统应有报警复核（声音）功能。现列举常见的两种视频安防监控系统。

（1）如图 4-7 所示，系统为采用数字录像机监控及记录的视频监控系统，数字录像机构成本地局域网，由一台管理主机统一控制。电视墙图像信号直接来自数字录像机的输出。数字录像机构成的本地网络经过一定的安全防护措施，可与其他网络连通，将数字视频信号传送到其他网络终端上去。

（2）如图 4-8 所示，系统是数字视频网络虚拟交换/切换模式的视频监控系统，摄像机采用具有数字视频信号输出的网络摄像机。系统采用集中存储方式，如果采用分布式存储方式时，要求增加具有本地数字视频数据存储的视频服务器或数字录像机。

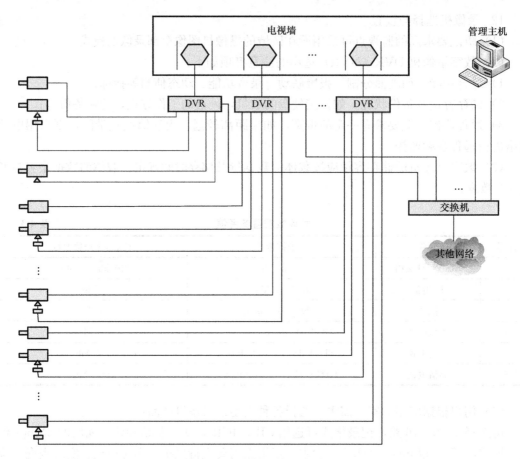

图 4-7　视频监控系统示意图（一）

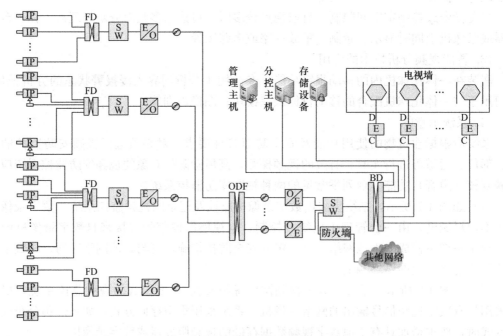

图 4-8　视频监控系统示意图（二）

4.2　入侵和紧急报警系统

4.2.1　系统构成

入侵和紧急报警系统是利用传感器技术和电子信息技术探测并指示非法进入或试图非法进入设防区域的行为、处理报警信息、发出报警信息的电子系统或网络。

系统通常由前端设备（包括探测器和紧急报警装置）、传输设备、处理/控制/管理设备和显示/记录设备四个部分构成。

根据信号传输方式的不同分为：分线制、总线制、无线制、公共网络等四种基本模式。

分线制系统模式：探测器、紧急报警装置通过多芯电缆与报警控制主机之间采用一对一专线相连。

总线制系统模式：探测器、紧急报警装置通过其相应的编址模块与报警控制主机之间采用报警总线（专线）相连。总线制模式如图 4-9 所示。

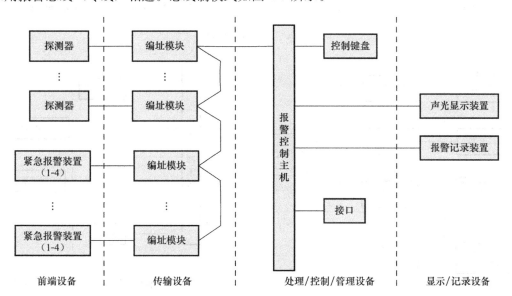

图 4-9　总线制系统模式

无线制系统模式：探测器、紧急报警装置通过其相应的无线设备与报警控制主机通信，其中一个防区内的紧急报警装置不得大于 4 个。无线制模式如图 4-10 所示。

公共网络系统模式：探测器、紧急报警装置通过其相应的无线设备与报警控制主机通信，其中一个防区内的紧急报警装置不得大于 4 个，公共网络系统模式如图 4-11 所示。

4.2.2　主要设备及选择

1. 入侵探测器

入侵探测器通常由传感器和前置信号处理电路两部分组成。根据不同的防范场所，选用不同的信号传感器，如气压、温度、振动、幅度传感器等，来探测和预报各种危险情况。

按传感器种类入侵探测器分为开关型、振动型、声音、超声波、次声、红外、微波、激光、视频运动入侵探测器和多种技术复合入侵探测器。

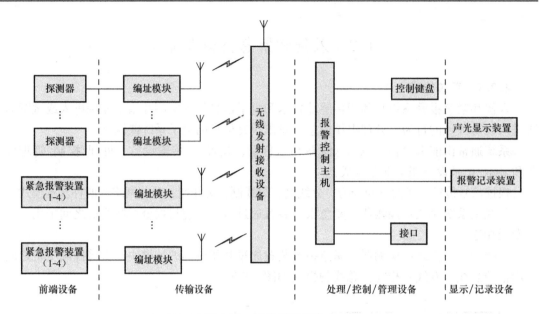

图 4-10　无线制系统模式

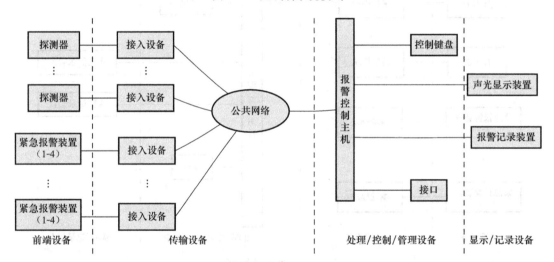

图 4-11　公共网络系统模式

按工作方式分为主动和被动探测报警器。

按警戒范围分为点型、线型、面型、空间型。点型入侵探测器警戒的是某一点，当这一监控点出现危害时发出报警信号。直线型入侵探测器警戒的是一条线，当这条警戒线上出现危害时发出报警信号。面型入侵探测器警戒范围为一个面，当警戒面上出现危害时发出报警信号。空间型入侵探测器警戒的范围是一个空间，当这个空间的任意处出现入侵危害时发出报警信号。

按报警信号传输方式分为有线型和无线型。所有无线探测器无任何外接连线，内置电池均可正常连续工作 2～4 年。

按使用环境分为室内型和室外型。室外型产品主要防范露天空间或平面周界，室内型产品主要防范室内空间区域或平面周界。

按探测模式分为空间型和幕帘型。空间型防范整个立体空间，幕帘型防范一个如同幕帘的平面周界。幕帘型分为单幕帘、双幕帘和四幕帘三种。

（1）点型入侵探测器

对于门窗、柜台、展橱、保险柜等防范范围仅是某特定部位使用的入侵探测器为点型入侵探测器，点型入侵探测器通常有开关型和振动型两种。

开关入侵探测器：开关入侵探测器是由开关型传感器构成的，可以是微动开关、干簧继电器、易断金属导线或压力垫等。不论是常开型或是常闭型，当其状态改变时均可直接向报警控制器发出报警信号，由报警控制器发出声光报警信号。

振动入侵探测器：当入侵者进入防范区域实施犯罪时，总会引起地面、墙壁、门窗、保险柜等发生振动，我们可以采用压电式传感器、电磁感应传感器或其他可感受振动信号的传感器来感受入侵时发生的振动信号，这种探测器我们称为振动入侵探测器。

（2）直线型入侵探测器

直线型入侵探测器是指警戒范围为一条线束的探测器。当在这条警戒线上的警戒状态被破坏时发出报警信号。最常见的直线型报警探测器有红外入侵探测器、激光入侵探测器。

（3）面型入侵探测器

面型入侵探测器的警戒范围为一个面，当警戒面上出现入侵目标时即能发出报警信号。常见的有平行线电场畸变入侵探测器、泄漏电缆电场畸变入侵探测器、振动传感电缆型入侵探测器、电子围栏式入侵探测器、微波墙式入侵探测器等等。

（4）空间入侵探测器

空间入侵探测器是指警戒范围是一个空间的报警器。当这个警戒空间任意处的警戒状态被破坏时，即发生报警信号。

（5）视频探测器

视频探测器是将视频监视技术与报警技术相结合的一种新型安全防范报警设备。它是用电视摄像机来作为遥测传感器，通过检测被监视区域的图像变化从而报警的一种装置。由于是通过检测因移动目标闯入摄像机的监视视野所引起的电视图像的变化，所以又称为视频运动探测器或移动目标探测器。

1）模拟式视频报警控制器：是通过检测被摄景物亮度电平的变化来触发报警的，不足之处是因其参与比较的信息量较少，准确性稍差，且抗干扰能力较差，易发生误报和漏报。模拟式视频报警控制器一般只限于在室内且完全静态或稳定的环境中使用。

2）数字式视频报警控制器：其处理电路将摄像机摄取的正常情况下的图像视频信号进行数字化处理，并加以存储。不断地将摄像机在担任警戒工作中实时摄取的图像信号进行实时数字化图像处理，也不断地将实时摄取的数字化图像信号与原存储的正常数字化图像信号加以比较、分析、处理。当检测到监视区域内有移动目标时，图像信号发生变化，即可发出报警信号。同时还可增加报警现场图像存储、记录和给出报警点的语音提示等多种辅助功能。

（6）双技术探测器

双技术探测器又称为双鉴探测器或复合式探测器。它将两种探测技术结合在一起，只有当两种探测器同时或者相继在短暂的时间内都探测到目标时，才可发出报警信号。

1）微波—被动红外双技术探测器：实际上是将这两种探测技术的探测器封装在一个壳体内，并将两个探测器的输出信号共同送到"与门"电路去触发报警。即只有当两种探测技术的传感器都探测到移动的人体时，才可触发报警。

2）声控—振动型双技术玻璃破碎探测器：是将声控探测与振动探测两种技术组合在一起，只有同时探测到玻璃破碎时发出的高频声音信号和敲击玻璃引起的振动时，才能输出报警信号。与声控型单技术玻璃破碎探测器相比，可以有效地降低误报率，增加探测系统的可靠性。它不会因周围环境中其他声响而发生误报警，因此可全天候地进行防范工作。

3）次声波—玻璃破碎高频声响双技术玻璃破碎探测器：比前一种声控—振动型双技术玻璃破碎探测器的性能又有了进一步的提高，是目前较好的一种玻璃破碎探测器。

2. 入侵报警控制主机

入侵报警控制主机又称入侵报警控制器，设置在控制中心，是报警系统的主控部分，它向报警探测器供电，接收报警探测器送出的报警电信号，并对此电信号进行进一步的处理。报警控制器通常又可称为报警控制/通信主机。报警控制器多采用微机进行控制，用户可以在键盘上完成编程和对报警系统的各种控制操作，功能很强，使用也非常方便。

入侵报警控制器的功能包括可驱动外围设备、系统自检功能、故障报警功能、对系统的编程等。入侵报警控制器能接受的报警输入有：

瞬时入侵：为入侵探测器提供瞬时入侵报警。

紧急报警：接入按钮可提供 24h 的紧急呼救，不受电源开关影响，能保证昼夜工作。

防拆报警：提供 24h 防拆保护，不受电源开关影响，能保证昼夜工作。

延时报警：实现 0～40s 可调进入延迟和 100s 固定外出延迟。

（1）小型报警控制器

对于一般的小用户，其防护的部位很少，如银行的储蓄所，学校的财会、档案室，较小的仓库等，都可采用小型报警控制器。

小型报警控制器一般功能包括：能提供 4～8 路报警信号、4～8 路声控复核信号，扩展后能接收无线传输报警信号；能在任何一路信号报警时，发出声光报警信号，并能显示报警部位、时间；有自动/手动声音复核和电视、录像复核；对系统有自查能力；正常供电时能对备用电源充电，断电时自动切换到备用电源上，保证系统正常工作；具有 5～10min 延迟报警功能；能向区域报警中心发出报警信号；能存入 2～4 个紧急报警电话号码，发生情况时，能自动依次向紧急报警电话发出报警。

（2）区域报警控制器

对于一些相对较大的工程系统，要求防范的区域较大，防范的点也较多，如高层写字楼、高级的住宅小区、大型的仓库、货场等。此时可选用区域性的入侵报警控制器。

区域报警控制器具有小型控制器的所有功能，而且有更多的输入端，如有 16 路、24 路及 32 路的报警输入，24 路的声控复核输入，8～16 路电视摄像复核输入，并具有良好的并网能力。

区域报警控制器的输入信号使用总线制，探测器根据安置的地点统一编码，每路输入总线上可挂接探测器，总线上有短路保护，当某路电路发生故障时，控制中心能自动判断故障部位，而不影响其他各路的工作状态。

当任何部位发出报警信号后，能直接送到控制中心，在报警显示板上发光二极管显示报警部位；同时驱动声光报警电路，及时把报警信号送到外设通信接口，按原先存储的报警电话，向更高一级的集中报警控制器、报警中心或有关主管单位报警。在接收信号的同时，控制器可以向声音复查电路和电视复核电路发出选通信号，通过声音和图像进行核查。

（3）集中报警控制器

在大型和特大型的报警系统中，由集中报警控制器把多个区域报警控制器联系在一起。集中入侵控制器能接收各个区域报警控制器送来的信息，同时也能向各区域报警控制器送去控制指令，直接监控各区域报警控制器监控的防范区域。集中报警控制器又能直接切换出任何一个区域报警控制器送来的声音和图像复核信号，并根据需要，用录像记录下来。

由于集中报警控制器能和多个区域报警控制器连网，因此具有更大的存储容量和更先进的连网功能。

（4）报警控制器的控制

将探测器与报警控制器相连并接通电源，就组成了报警系统。在用户已完成对报警控制器编程的情况下，操作人员即可在键盘上按规定的操作码进行操作。只要输入不同的操作码，就可通过报警控制器对探测器的工作状态进行控制。

系统主要有以下 5 种工作状态：布防，撤防，旁路，24h 监控，系统自检、测试。

1）布防状态：又称设防状态，是指操作人员执行了布防指令后，该系统的探测器开始工作（开机），并进入正常警戒状态。

2）撤防状态：是指操作人员执行了撤防指令后，该系统的探测器不能进入正常警戒工作状态，或从警戒状态下退出，使探测器无效。

3）旁路状态：是指操作人员执行了旁路指令，防区的探测器就会从整个探测器的群体中被旁路掉（失效），而不能进入工作状态，当然它也就不会受到对整个报警系统布防、撤防操作的影响。可以只将其中一个探测器单独旁路，也可以将多个探测器同时旁路掉。

4）24h 监控状态：是指某些防区的探测器处于常布防的全天候工作状态，一天 24h 始终担任着正常警戒（例如：用于火警、匪警、医务救护用的紧急报警按钮、感烟火灾探测器、感温火灾探测器等）。它不会受到布防、撤防操作的影响。

5）系统自检、测试状态：这是在系统撤防时操作人员对报警系统进行自检或测试的工作状态。如可对各防区的探测器进行测试，当某一防区被触发时，键盘会发出声响。

4.2.3　设计要素

1. 入侵探测器的选用

（1）选用入侵探测器应遵循以下基本原则

所选用探测器必须符合国家相关标准的技术要求，进口设备至少应有商检合格证书；在探测器防护区域内，有入侵行为发生时不应产生漏报警，无入侵行为发生时应尽可能避免误报警；根据使用条件（设防部位、环境条件）和防区干扰源情况（气候变化、电磁辐射、小动物出入等）选择探测器的类型；根据防护要求选择具有相应技术性能的探测器。

（2）设置入侵探测器应遵循以下基本原则

在防护区域内，入侵探测器盲区边缘与防护目标间的距离应等于或大于 5m；探测器的作用距离、覆盖面积，一般应留有 25％～30％ 的余量，并能通过灵敏度调整进行调节；设防部位的探测应满足防护区内无盲区、探测灵敏度适当、交叉覆盖时避免相互干扰的要求；重点防护目标或部位宜实施多层次防护，如室外周界、室内空间、重点防护目标或部位本身三层防护；与报警联动的摄像机的防范区域，宜设置与探测同步的照明系统；设计安装时应避免各种可能的干扰。

（3）常见入侵探测器设备性能

常用入侵探测器设备性能如表 4-4 所示。

常用入侵探测器设备技术参数 表 4-4

名称	主要特点	适用场所 安装设计要点	类型	主要技术参数
磁控开关	连接方式：常开或常闭； 开启间距：＞17mm	安装于建筑物的门窗部位	点型探测器	无源输出触点
手动报警按钮	连接方式：常开、常闭	安装在人员方便操作的部位，实现人工报警	点型探测器	工作电压≤250V 工作电流≤300mA
被动红外探测器	报警输出常闭/常开可选；触点容量：60VDC，300mA；防拆开关为常闭，无电压输出；触点容量：28VDC，100mA	用于银行、仓库及住宅等建筑的重要场所的防盗探测	空间型探测器	工作电压：DC9～16V 工作电流：≤20mA（DC12V） 探测距离：6m/10m 可选 探测角度：15° 工作温度：—10～50℃
主动红外探测器	红外光束数：1、2、4 光束（对射式）；防拆开关为常闭，当外壳被移去时打开警报输出；继电器接点输出：1C；接点容量：AC/DC30V0.5mA；响应时间：12～250ms	安装在围墙或栅栏的顶部，根据围墙的形状及长度，选择不同规格一定数量主动红外探测器实现周界防护	线型探测器	电源电压：DC12～24V/AC11～18V 电流：70～110mA 报警周期：2s 工作温度：—25～55℃ 校正角度：水平±90°，垂直±20°
震动探测器	能探测冲击钻、电钻气割、敲击、爆炸等多种破坏手段，可以适合多种应用要求；报警输出负载：12V 300mA	用于银行、重要仓库及住宅等建筑，如金库、贵重物品库、自动取款机等	空间型探测器	工作电压：DC12V（9～14V 有效） 工作电流：18mA 工作温度：—35～70℃ 湿度：95％
玻璃破碎探测器	灵敏度连续可调；抗无线电及电磁波干扰；最高灵敏度时保护范围 9m，警戒 20m² 范围；报警输出为常闭；触点容量：28VDC，0.15A	用于银行、仓库及住宅建筑，警戒入侵者玻璃门窗进入情景，任何大小玻璃均可	空间型探测器	工作电源：9～16VDC17mA 安装位置：天花或墙壁，接近或面对玻璃窗 工作温度：—20～50℃ 工作湿度：5％RH 防拆开关：常闭，被拆除开路，触点容量 28VDC0.15A

续表

名称	主要特点	适用场所 安装设计要点	类型	主要技术参数
脉冲式 电子栅 栏	脉冲间隔时间：1s；脉冲输出电量：≤2.5mC；脉冲输出能量：≤5.0J； 系统功耗：≤5W	安装在围墙顶部，或与栅栏结构集成在一起，实现周界防护	线型探测器	输出电压：5～10kV 低压：700～1000V 输出电流峰值：<10A 脉冲宽度：≤0.1s
红外微波探测器	安装方式：壁挂/墙角；微波红外两种信号触发，可靠性高、误报率低；报警触点 NC，Max100VDC/500mA，＜10VA(W)；报警时间2.2s；预热时间2min	适用于高档家居、写字楼、商场、银行、学校、图书馆、博物馆、仓库等重要场所	空间型探测器	工作电压：9～16VDC 工作电流：<48mA（－12V） RFI 特性：22v/m at 10MHz-1GHz； 工作温度：0～55℃
红外光栅	光源为红外 LED；光束数为8、10、12、16束等；探测方式为相邻两光束遮断检知式；探测距离10～100m；防拆报警为常闭；当外壳移开时，发送报警输出；报警输出开关信号 NO/NC 可选	安装在围墙顶部，或与栅栏结构集成在一起，实现周界防护	面型探测器	感应速度：40m/s 电源电压：DC11～18V 电流：50～90mA（Max） 使用温度范围：－25～55℃ 光轴调整角度：水平 180°，垂直不可调

2. 系统的信号传输

（1）传输方式的选择

1）传输方式必须快捷、准确地传输探测信号，而且性能稳定，受环境影响小，并具有防破坏能力；

2）传输方式的确定取决于报警系统中警戒点分布、传输距离、环境条件、系统性能要求及信息容量等因素；

3）可靠性要求高或布线便利的系统，应优先选用专用线传输方式；布线困难的情况，可考虑采用无线传输方式，但要注意选用抗干扰能力强的设备；

4）报警网的主干线（特别是借用公共电话网构成的区域报警网）及防护级别高的系统如金融、文物单位等，采用以有线传输为主、无线传输为辅的双重报警传输方式。

（2）传输线缆的选择

系统的控制信号电缆可采用铜芯绝缘导线或电缆，其芯线截面积一般不小于 0.50mm^2，当采用多芯电缆，传输距离在 150m 以内时，其芯线截面积最小可放宽至 0.30mm^2。电源线传输距离在 150m 以内时，其芯线截面积最小可放宽至 0.75mm^2。

系统中信号传输电缆，因为信号电流太小，不需计算导线截面，只需考虑机械强度即可。但对于多个探测器共用一条信号线时，仍需要计算。

3. 控制、显示记录设备

系统应显示和记录发生的入侵事件、时间和地点。重要部位报警时，系统应对报警现场进行声音或图像复核；系统能按时间、区域、部位任意编程设防和撤防；在探测器防护区内，发生入侵事件时，系统不应产生漏报警，平时则应避免误报警；同时，系统应具有自检功能及设备防拆报警和故障报警功能；系统的现场报警控制器宜安装在具有安全防护的弱电间内，配备可靠电源。

报警控制器是入侵报警系统的主控部分，接收来自入侵探测器发出的报警信号，发出声光报警并指示出发生报警的部位。声光报警信号应能保持到手动复位，复位后，如果再有入侵报警信号输入时，应能进行再次处理。在出现警情或非正常情况时，即刻启动报警处置预案。另外，报警控制器还能向与该机连接的全部探测器提供直流工作电源。

报警控制器应有较宽的电源电压适应范围，当主电源电压变化±15%时，仍能正常工作。报警控制器应有备用电源。主备电源转换时，控制器仍能正常工作，不产生误报。备用电源应能满足要求，并可连续工作24h。

控制设备应根据系统规模、系统功能、信号传输方式及安全管理要求等选择报警控制设备的类型，设备具有可编程功能，接入公共网络的报警控制设备应满足相应网络的入网接口。系统应具有与其他系统联动、集成、联网的输入、输出接口，系统应支持正常、报警、开路、短路灯线路状态的检测。

4. 无线报警系统

安全技术防范系统工程中，当不宜采用有线传输方式或需要以多种手段进行报警时，可采用无线传输方式。无线报警的发射装置，应具有防拆报警功能和防止人为破坏的实体保护壳体；以无线报警组网方式为主的安防系统，应有自检和对使用信道监视及报警功能。

无线安防报警系统可用作特殊需要场合或作为有线报警系统的一种补充手段。其形式可有多种，如无线报警系统、无线通信机、移动电话等。

无线报警发射装置主要是指采用独立供电和无人值守方式工作的无线探测器。

5. 系统结构设计

系统应能根据被防护对象的使用功能及安全防范管理的要求，对设防区域的非法入侵、盗窃、破坏和抢劫等，进行实时有效的探测与报警。高风险防护对象的入侵报警系统应有报警复核（声音）功能。系统不得有漏报警。分线制入侵报警系统示意图如图4-12所示。

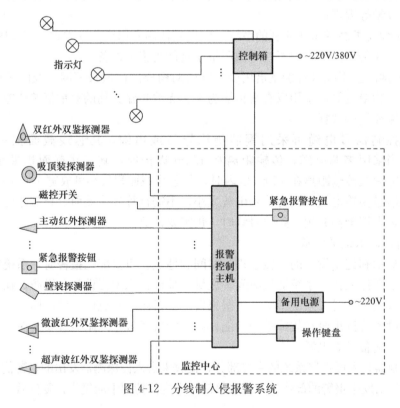

图4-12 分线制入侵报警系统

总线制入侵报警系统示意图如图 4-13 所示。

无源探测器宜采用 2 芯 RVV 线，有源探测器宜采用不少于 4 芯的 RVV 线。探测器数量应小于报警主机容量。备用电源的切换时间应满足报警控制主机的供电要求。

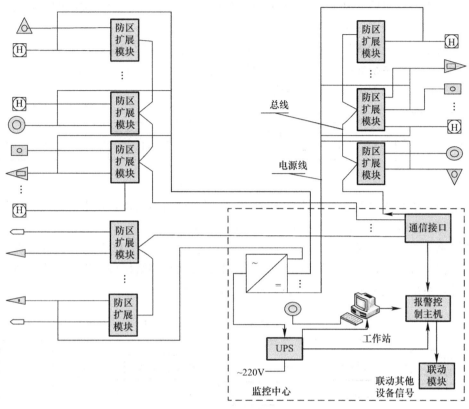

图 4-13 总线制入侵报警系统

4.3 出入口控制系统

4.3.1 系统构成

出入口控制系统属于公共安全管理系统范畴。在建筑物内的主要管理区、出入口、电梯厅、主要设备控制中心机房、贵重物品的库房等重要部位的通道口，安装门磁开关、电控锁及读卡机等装置，由中心控制室监控。系统采用计算机多重任务的处理，能够对各通道口的位置、通行、对象及通行时间等实时进行监控或设定程序控制，适用于银行、综合办公楼、物资库等场所的公共安全管理。

出入口控制系统作用在于管理人员进出管制区域，以用户持卡权限和时间为控制基准，限制未授权人员进出特定区域，并使已授权者在进出上更简便、快捷，以降低风险、提高安全等级。系统可采用磁卡、感应卡、指纹、密码等，作为授权识别工具，通过控制主机编程，记录进出人员身份、时间、地点等数据，并可配合入侵报警及视频监控系统以达到最佳安防管理效果。

出入口控制系统主要由识读部分、传输部分、管理/控制部分和执行部分以及相应的系统软件组成。系统有多种构建模式，可根据系统规模、现场情况、安全管理要求等，合理选择。

出入口控制系统按其硬件构成模式，可分为一体型和分体型。按其管理/控制方式，可分为独立控制型、联网控制型和数据载体传输控制型。按现场设备连接方式，可分为单出入口控制设备（单门控制器）、多出入口控制设备（多门控制器）。按联网模式可分为总线制、环线制；单级网、多级网。

单级网是指系统的现场控制设备与出入口管理中心的显示、编程设备的连接采用单一网络结构。多级网系统如图 4-14 所示，现场控制设备与出入口管理中心的显示、编程设备的连接采用两级以上串联的联网结构。

图 4-14　多级网系统组成

总线制是指系统的现场控制设备通过联网数据总线与出入口管理中心的显示、编程设备相连，每条总线在出入口管理中心只有一个网络接口。

环线制如图 4-15 所示，系统的现场控制设备通过联网数据总线与出入口管理中心的显示、编程设备相连，每条总线在出入口管理中心有两个网络接口，当总线有一处发生断线故障时，系统仍能正常工作，并可探测到故障的地点。

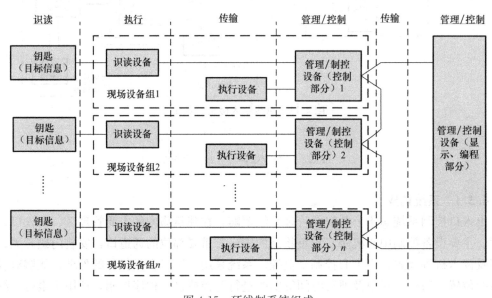

图 4-15　环线制系统组成

紧急疏散和出入口控制是一对矛盾，解决的办法是出入口控制系统与消防报警系统可靠联动，紧急情况时释放相关通道上的门锁，或者选用具有逃生功能的执行机构。

4.3.2　主要设备及选择

1. 编码识读设备

编码识读设备起到对通行人员的身份进行识别和确认的作用，是出入口系统的重要组成部分。识别方式大致分为四种：密码钥匙、卡片识别、生物识别及几种的组合。生物识别的方法较多，有掌形识别、指纹识别、语音识别、虹膜识别、视网膜识别、面部识别等，若再与智能卡组合使用，就能更好解决智能卡被非法使用者利用的问题。

通常应该首先对所有需要安装的出入口点进行安全等级评估，以确定恰当的安全性。安全性分为一般、特殊、重要、要害等几个等级，对于每一种安全级别可以设计一种身份识别的方式。例如，一般场所可以使用进门读卡器、出门按钮方式；特殊场所可以使用进出门均需要刷卡的方式；重要场所可以采用进门刷卡加乱序键盘、出门单刷卡的方式；要害场所可以采用进门刷卡加指纹加乱序键盘、出门单刷卡的方式。这样可以使整个出入口系统更具有合理性和规划性，同时也充分保障了较高的安全性和性价比。常用编码识读设备技术参数如表4-5所示。

常用编码识读设备技术参数　　　　　　表4-5

名　　称	适用场所	主要特点	安装设计要点	适宜工作环境和条件	不适宜工作环境和条件
普通密码键盘	人员出入口，授权目标较少的场所顶、壁挂等	密码易泄露、易被窥视、保密性差，需经常更换	用于人员通道门，宜安装于距门开启边200～300mm，距地面1.2～1.4m处；用于车辆出入口，宜安装于车道左侧距地面高1.2m，距挡车器3.5m处	室内安装；如需室外安装，需选用密封性良好的产品	不易经常更换密码且授权目标较多的场所
乱序密码键盘	人员出入口，授权目标较少的场所	密码易泄露、不易被窥视、保密性较普通型高，需经常更换			
磁卡识读设备	人员出入口，较少用于车辆出入口	磁卡携带方便、便宜，易被复制、磁化，卡片及读卡设备易被磨损，需经常维护			室外可被雨淋；尘土较多的地方；环境磁场较强场所
接触式IC卡读卡器	人员出入口	安全性高，卡片便携，卡片及读卡器易被磨损，需经常维护		室内安装；适合人员通道	室外可被雨淋；静电较多的场所；尘土较多的地方
接触式TM卡（纽扣式）读卡器	人员出入口	安全性高，卡片携带方便，不易被磨损		可安装在室内外；适合人员通道	
条码识读设备	用于临时车辆出入口	介质一次性使用，易被复制，易损坏	宜装在出口收费亭内，由操作员使用	停车场收费岗亭内	非临时目标出入口
非接触只读式读卡器	人员出入口，停车场出入口	安全性较高，卡片携带方便，不易被磨损，全密封的产品具有较高的防水、防尘能力	用于人员通道门，宜安装于距门开启边200～300m，距地面1.2～1.4m处；用于车辆出入口，宜安装于车道左侧距地面高1.2m，距挡车器3.5m处；用于车辆出入口超远距离的有源读卡器（读卡距离>5m），安装位置应避免尾随车辆读卡	可安装在室内外；近距离读卡器（读卡距离＜500m）适合人员通道；远距离读卡器（读卡距离＞500m）适合车辆出入口	电磁干扰较强的场所；较厚的金属表面；工作在900MHz频段下的人员出入口；无防冲撞机制（冲撞：读卡器同时读取多个卡信息，无法判断信息归属），读卡距离>1m的人员出入口
非接触可写、不加密式读卡器	人员出入口，消费系统一卡通应用的场所	安全性不高，卡片携带方便，易被复制，不易被磨损，全密封的产品具有较高的防水、防尘能力			
非接触可写、加密式读卡器	人员出入口，消费系统一卡通应用场所	安全性较高，卡便携，不易磨损，全密封产品有较高防水、防尘能力			

2. 人体生物特征识别设备

所谓生物识别技术（Biometric Identification Technology）是指通过计算机利用人体所固有的生理特征或行为特征来进行个人身份鉴定的技术。它源于生物学数据，被用于对安全性有较高要求的场所。

人体所固有的生理特征包括手形、指纹、脸形、虹膜、视网膜、脉搏、耳廓等。行为特征包括走路姿势、签字、声音、按键力度等。由于这些生理特征一般具有唯一性（与他人不同），不易被模仿，可以用作辨识身份。目前基于这些生理特征或行为的生物识别技术有指纹识别、掌形识别、面部识别、虹膜识别、声音识别、签字识别等。它们被发展来弥补卡、标签或者标记共有的问题，比如丢失、偷窃或者个人识别密码（PIN）被窥视等。

人身体或行为特征的某些方面对每个人而言是独特的，这便是该技术的基础。

优点：对于希望获得进入的许可人的真实性进行自动验证。别的系统都不能提供这种验证。除了提供独特的个人特征外，不需要额外的信息进入。

缺点：成本高。验证需要的时间多于其他大多数的系统，准确程度必须仔细校准。

生物识别技术要完成处理的各个阶段是：登记、建立模板、比对。

登记——个人特征的相关信息被存储。

建立模板——成为日后输入的个人特征信息比对的基础。

比对——验证接受或验证拒绝的标准。以读取的生物特征产生一个算法来决定比较的准确性。具有级别选择器的客户可选择一种准确性级别，按此级别，验证根据下面的形式进行。

类型1：拒真——这是表征拒绝授权允许进入通道者的程度，能设定一个低阈值，这样在100 000个授权者中只有一个会被拒绝进入。

类型2：认假——这是表征非授权者允许进入通道的情况。为了获得高安全性，要选择高的阈值。它阻止了未授权者的进入，但是也意味着确实有授权者被拒绝进入，这会给授权者带来巨大影响。

人体生物特征识读设备技术参数见表4-6。

人体生物特征识读设备技术参数　　　　　　　　　　　　　　　表4-6

名　称	主要特点	安装设计要点	适宜工作环境和条件	不适宜工作环境和条件
指纹识读设备	指纹头设备易于小型化，识别速度很快；识别方便；需要人体配合的程度高	用于人员通道门，易装于适合人手配合操作，距地面1.2～1.4m处；当识读设备的人体生物特征信息存储在目标携带的介质内时，应考虑该介质如被伪造而带来的安全性影响	室内安装；使用环境应满足产品选用的不同传感器所要求的使用环境要求	操作时需人体接触识读设备，不适宜安装在医院等容易引起交叉感染的场所
掌形识读设备	识别速度较快；需人体配合的程度较高			
虹膜识别设备	虹膜被损伤、修饰的可能性很小，且不易留下可能被复制的痕迹；需人体配合的程度很高，需要培训才能使用	用于人员通道门，宜安装于适合人眼部配合操作，距地面1.5～1.7m处	环境亮度适宜、变化不大的场所	环境亮度变化大的场所，背光较强的地方
面部识别设备	需人体配合的程度较低，易用性好，适于隐蔽地进行面部图像采集、对比	位置应便于摄取面部图像，设备能以最大面积、最小失真地获得人脸正面图像		

3. 执行单元设备

执行单元部分主要包括各种电子锁具、挡车器等控制设备，这些设备应具有动作灵敏、执行可靠、良好的防潮、防腐性能，并具有足够的机械强度和防破坏的能力。

电子锁具按工作原理的差异，具体可以分为电插锁（阳极锁）、磁力锁、电锁口（阴极锁）和剪力锁等，可以满足各种木门、玻璃门、金属门的安装需要。每种电子锁具在安全性、方便性和可靠性上各有差异，也有自己的特点，需要根据具体的实际情况来选择合适的电子锁具。

电子锁具的选配首先需考虑门的情况，双开（可内开也可外开）玻璃门最好用电插锁，公司内部的单开（只能内开或者只能外开）木门最好是用磁力锁。磁力锁也称电磁锁，虽然其锁体安装在门框上部，不是隐藏安装，不甚美观，但磁力锁的实际使用要多于电插锁，磁力锁的稳定性也要高于电插锁，不过电插锁的安全性要更高一些。电锁口是安装在门侧和球形锁等机械锁配合使用的，安全性要低很多，而且布线不方便，不过价格便宜。住宅小区用户最好是选用磁力锁和电控锁，电控锁噪声比较大，一般楼宇对讲系统配备的都是电控锁，但现在也有一种静音电控锁可以选用。但不管用什么锁具都要注意防雨、防生锈。

金属锁面光泽，待机电流一般 300mA 左右，动作电流一般要低于 900mA，长时间通电后，表面略热，但不至于烫手。电插锁弹起的力度要充分，压下去后锁头能自动弹起而有力。

一般多线的电插锁是带单片机控制的，电锁的运行电流受单片机智能控制，锁体不会太热，而且具备延时控制功能和门磁监控功能。延时控制功能可以适用于地弹簧不好的门使用，门磁监控功能可以为控制器提供门开闭状态的实时监控功能。虽然这些功能未必用到，但是有单片机控制的电锁和无单片机控制的电锁品质和稳定性的差别很大。两线的电插锁，内部结构非常简单，工作电流大，发热严重到一定时候会损坏电锁，较少采用。

磁力锁外观要精致，表面无明显划伤或者锈迹。磁力锁的关键是耐拉力，需要专业设备才能测量出来，但安装好后以突然用力的方式用手拉一拉，拉不开视为正常，但是要注意安装磁力锁锁体吸合要吻合，吸铁不要安装得过紧，否则会影响耐拉力。此外，锁具运行机制的选择非常重要。

断电关门（送电开门）（Fail-Secure）机制，正常闭门情形下，锁体并未通电而呈现"锁门"状态，由外接的控制系统（例如刷卡机、读卡机）对锁通电时，内部的机体动作，完成"开门"的状态，如阴极锁。这种断电关门机制适用于诸如银行、机房等机要部门，使失电时锁具处于锁住状态以确保财产和设备的安全，等待来电时开门或者需用钥匙开门。

断电开门（送电关门）（Fail-Safe）机制，正常闭门情形下，锁体持续通电，而呈现"锁门"状态，经由外接的控制系统（例如刷卡机、读卡机）对锁进行断电时，内部的机体动作，而完成"开门"的状态，如磁力锁。对于诸如电影院等公共场合，应设计成断电时可逃生的出入机制，以保障人员的逃生安全。常用执行设备技术参数如表 4-7 所示。

常用执行设备技术参数　　　　　　　　　　　　　　　　　　表 4-7

序号	应用场所	执行设备名称	安装设计要点
1	单向开启、平开木门（含带木框的复合材料门）	阴极电控锁	适用于单扇门；安装位置距地面 900～1100mm 门边框处；可与普通单舌机械锁配合使用
		电控撞锁、一体化电子锁	适用于单扇门；安装于门体靠近开启边，距地面 900～1100mm 处；配件安装在边门框上
		磁力锁、阳极电控锁	安装于上门框；靠近门开启边，配合件安装于门体上；磁力锁的锁体不应暴露在防护面（门外）；应有防夹措施
		自动平开门机	安装于上门框；应选用带闭锁装置的设备或另加电控锁；外挂式门机不应暴露在防护面（门外）；应有防夹措施
2	单向开启、平开镶玻璃门（不含带木框门）	阳极电控锁	适用于单扇门；安装位置距地面 900～1100mm 边门框处；可与普通单舌机械锁配合用
		磁力锁	安装于上门框，靠近门开启边；配合件安装于门体上；磁力锁的锁体不应暴露在防护面（门外）
		自动平开门机	安装于上门框；应选用带闭锁装置的设备或另加电控锁；外挂式门机不应暴露在防护面（门外）；应有防夹措施
3	单向开启、平开玻璃门	带专用玻璃门夹的阳极电控锁	安装位置同本表第 1 条相关；玻璃门夹的作用面不应安装在防护面（门外）；无框（单玻璃框）门的锁引线应有防护措施
		带专门玻璃门夹的磁力锁	
		玻璃门夹电控锁	
4	双向开启、平开玻璃门	带专用玻璃门夹的阳极电控锁	同本表第 3 项相关内容
		玻璃门夹电控锁	
5	单扇、推拉门	阳极电控锁	同本表第 1、3 项相关内容
		磁力锁	安装于边门框；配合件安装于门体上；不应暴露在防护面（门外）
		推拉门专用电控挂钩锁	根据锁体结构不同，可安装于上门框或边门框；配合件安装于门体上；不应暴露在防护面（门外）
		自动推拉门机	安装于上门框；应选带闭锁装置的设备或另加电控锁；有防夹措施
6	双扇、推拉门	阳极电控锁	同本表第 1、3 项相关内容
		推拉门专用电控挂钩锁	应选用安装于上门框或边门框；配合件安装于门体上；不应暴露在防护面（门外）
		自动推拉门机	同本表第 5 项相关内容
7	金属防盗门	电控撞锁、磁力锁、自动门机	同本表第 1 项、第 5 项相关内容
		电机驱动锁舌电控锁	根据锁体结构不同，可安装于门框或门体上
8	防尾随人员快速通道	电控三辊闸、自动启闭速通门	应与地面有牢固的连接；常与非接触式读卡器配合使用；自动启闭速通门应有防夹措施
9	小区大门、院门等（人员、车辆混行通道）	电动伸缩栅栏门	固定端与地面应牢固连接；滑轨应水平铺设；门口方向应在值班室一侧；启闭时应有声、光指示并有防夹措施
		电动栅栏式栏杆机	应与地面有牢固的连接，适用于不限高的场所，不宜选用闭合时间小于 3s 的产品，应有防砸措施

续表

序号	应用场所	执行设备名称	安装设计要点
10	一般车辆出入口	电动道闸	应与地面有牢固的连接，用于有限高的场所时，栏杆应有曲臂装置；应有防砸措施
11	防闯车辆出入口	电动升降式地挡	应与地面有牢固的连接；地挡落下时，应与地面在同一水平面上；应有防止车辆通过时，地挡顶车的措施

4.3.3　设计要素

1. 系统基本功能与性能设计

出入口控制系统应独立组网运行，并应具有与入侵报警系统、火灾自动报警系统、视频安防监控系统、电子巡查系统等集成或联动的功能。

出入口控制系统只有和入侵报警系统、视频安防监控系统和火灾自动报警系统联动，才能真正有效地构成综合安全防范体系。紧急疏散和出入口控制是一对矛盾，解决的办法是出入口控制系统与消防报警系统可靠联动，紧急情况时释放相关通道上的门锁，或者选用具有逃生功能的执行机构。

（1）系统识别方式

出入口控制系统的识别方式大致分为四种：密码钥匙、卡片识别、生物识别及前边几种的组合。生物识别的方法较多，有掌形识别、指纹识别、语音识别、虹膜识别、视网膜识别等，若再与智能卡组合使用，就可能更好解决智能卡被非法使用者利用的问题。系统前端识读装置与执行机构，应保证操作的有效性和可靠性，宜具有防尾随、防返传措施。防尾随指的是防胁迫尾随和防大意尾随；防返传指的是防止有效识别卡通过回递的方式，被其他人员重复使用。防尾随可利用"缓冲式电控联动门"等方式实现。

不同的出入口，应设定不同的出入权限。系统应对设防区域的位置、通行对象及通行时间等进行实时控制和多级程序控制。

系统管理主机不仅能监视门的开关状态，同时还可控制门的开关。系统可通过管理主机设置每张识别卡的进出权限、通行时间范围，并可设置各通道门锁的开关时间等。

（2）系统容量及响应方式

这是出入口控制系统比较重要的设计目标。系统容量是指系统可连接和控制前端设备的能力。即可控制门的数量和可授权的特征载体的数量。它与系统的可扩展性有关。响应方式主要是指出入口控制系统对非法请求的响应。根据系统的防护要求，通常有以下三种响应方式：

1）拒绝：拒绝非法请求，但不采取任何反应，对于一般安全要求的系统，多用此式。

2）报警：系统反应非法请求，发出报警并记录相关的信息。

3）启动联动装置。

系统应具有对强行开门、长时间门不关、通信中断、设备故障等非正常情况，实时报警。高安全要求的系统在对非法请求发出报警的同时，对非法请求进行识别，启动联动装置，加固系统的抗冲击性和争取制服入侵者不同的响应方式将导致不同的系统设计：是单体的还是联网的，是独立的还与其他系统集成的。

另外，系统的安全性指标也是设计应考虑的，安全性除了对选用设备提出性能要求外，一般从系统物理的防破坏能力、系统技术防破坏能力和系统管理的保密性来评价。

物理的防破坏能力可以表示为物理装置的抗冲击力或延迟时间，延迟时间是系统的一个主要指标，也应作为一个重要的设计目标。

技术防破坏能力可从用系统特征识别方式和密钥量、系统的加固措施来评价。系统管理的保密性包括操作系统的密码、口令、权限管理及工作日志等。

（3）系统性能指标

在单级网络的情况下，现场报警信息传输到出入口管理中心的响应时间应不大于 2s。现场事件信息经非公共网络传输到出入口管理中心的响应时间应不大于 5s。

系统计时、校时应符合下列规定：

1）非网络型系统的计时精度＜5s/d；网络型系统的中央管理主机的计时精度＜5s/d，其他的与事件记录、显示及识别信息有关的各计时部件的计时精度＜10s/d。

2）系统与事件记录、显示及识别信息有关的计时部件应有校时功能；在网络型系统中，运行于中央管理主机的系统管理软件每天宜设置向其他的与事件记录、显示及识别信息有关的各计时部件校时功能。

2. 系统结构设计

（1）总线制出入口控制系统示意图如图 4-16 所示。

图 4-16 中，总线与系统管理主机之间通过通信器连接，控制器与控制器之间通过 RS-485 总线连接。通信器的通信端口数量根据所连接的总线数量确定。

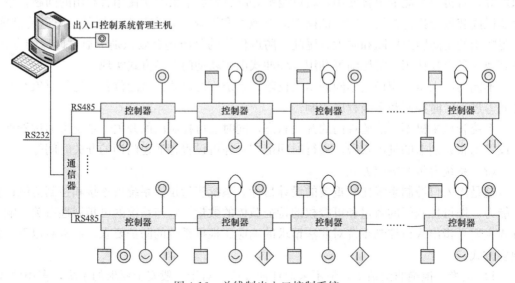

图 4-16　总线制出入口控制系统

（2）联网出入口控制系统示意图如图 4-17 所示。

图 4-17 中，系统服务器与各子网之间通过网络连接，控制器与控制器之间通过 RS-485 总线连接。通信器的通信端口数量根据所连接的总线数量决定。

所有前端设备的选用和选型由工程设计确定。

3. 一卡通系统设计

（1）功能要求

1）一卡通宜具有出入口控制、电子巡查、停车场管理、考勤管理、消费管理等功能；

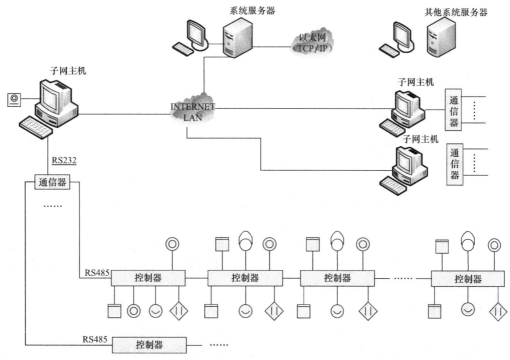

图 4-17　联网出入口控制系统

2）一卡通系统由"一卡、一库、一网"组成。"一卡"，在一张卡片上实现开门、考勤、消费等多种功能；"一库"，在同一个软件平台上，实现卡的发行、挂失、充值、资料查询等管理，系统共用一个数据库；"一网"，各系统终端接入局域网进行数据传输和信息交换。

通常，一卡通系统是根据建设方物业信息管理部门要求设置的。设计应用时，消费系统应严格按照银行、财务信息规定执行，高风险安防系统不宜介入。

（2）系统设计及设备选择

1）在要求不高的场合，可选用一卡多库的方案。各个应用系统各配备一台计算机，一套管理软件。

2）一卡通系统应选用智能型非接触式 IC 卡。一张 IC 卡能分成多个独立的区域，每个区域都有自己的密码并能读和写。

3）感应式 IC 卡与读卡器的读写距离越大价格越高，通常读写距离为 100～300mm，在停车库（场）管理系统中，一般为 400～700mm，较理想的读写距离为 30～150mm。在小型工程中，为了降低投资，停车库（场）管理系统单独使用一张读写距离较大的感应式 IC 卡，不纳入该工程中的一卡通系统。

4）用于银行储蓄和支出的一卡通系统，卡片选双面卡，正面为感应式，背面为接触式。

5）一卡通系统的软件：出入口控制软件、考勤软件、公所收费管理软件、售餐管理软件、企事业"一卡通"软件（出入口控制/考勤/会议报到/售餐消费）、小区"一卡通"软件（出入口控制/考勤/电子巡查/会所消费）、校园"一卡通"软件（食堂/图书馆/机房/宿舍门禁）、其他特殊要求的软件等。

4.4 访客对讲系统

4.4.1 系统构成

访客对讲系统采用（可视）对讲方式确认访客，对建筑物（群）出入口进行访客控制与管理的电子系统，又称楼宇对讲系统。系统主要由前端、识读部分、执行部分、传输部分、管理/控制部分、显示以及相应的系统软件组成。系统有多种构建模式，可根据系统规模、现场情况、安全管理要求等合理选择。

访客对讲系统按其硬件构成模式划分，分为可视型和非可视型；按组网模式划分，分为独立式和联网式。访客对讲系统除具备交流电源外，还要配备不间断电源装置。

住宅入口处主机安装方式一般有两种：防护门上安装及单元门垛墙壁上挂装或墙壁上嵌装。墙壁上安装时，室外主机安装在单元门开启的一侧，同时考虑室外主机电源及控制缆线进出方便。访客对讲系统的室外设备，应能适应当地的气温条件，并要与所处的安装环境相适应（如尽量避开阳光的直射等）。

4.4.2 功能要求

1. 访客对讲系统适用于智能化住宅小区、住宅楼和单元式公寓。

2. 访客对讲系统对来访客人与主人之间提供双向通话或可视通话，并由主人遥控防盗门的开启及向安防监控中心进行紧急报警。

3. 管理主机应能控制一定数量的门口机和多个副管理机。

4. 住户分机应具有免挂机功能，分机没挂好不影响呼叫。

5. 管理主机应具有优先功能。

6. 门口机宜具有密码开锁功能。

4.4.3 系统设计及设备选择

1. 根据设计要求选择对讲型或可视对讲型系统。系统的传输线路宜按可视对讲型系统设计。

2. 住宅小区应选用联网式访客对讲（可视）系统。

3. 可视对讲系统应保证夜间来访者图像显示质量达到验收指标。

4. 对于每一户需要多个门口机和多台可视对讲分机的联网系统，应选择满足系统要求的相应设备。

5. AC220V电源线与信号线、视频线应分管敷设。

6. 系统应具有线路故障报警功能和蓄电池低压检测报警功能。

4.5 电子巡查系统

4.5.1 系统构成与功能

电子巡查系统主要由前端设备、传输部分、管理/控制部分、显示/记录设备以及相应的系统软件组成，可分为在线式和离线式。电子巡查系统有两个重要作用：一个是作为技防的有力补充，通过警卫人员不同的巡查路线、巡查站点、巡查时间达到无规律、全面、有针对性的安全检查；另一个作用是监督巡查人员忠于职守、按计划行事。

巡查站点一般设置在建筑物出入口、楼梯前室、电梯前室、停车库（场）、重点防范部位附近、主要通道及其他需要设置的地方。巡查站点设置的数量应根据现场情况确定。

电子巡查系统主要核对三点：巡查时间与要求的时间是否一致；所持卡是否有效；巡查路线正确与否。

巡查线路的设置应根据建筑性质、规模、层数及巡查站点设置特点，结合巡查人员的配备、行走的科学性来确定。也可以把各巡查站点的要害程度、实际路线、距离、每两处巡查站点所需时间间隔等情况输入计算机，经过计算机优化组合成多条巡查路线，保存在巡查管理计算机数据库内。每天具体的巡查路线由计算机随机确定，防止被人掌握规律或内外勾结犯罪。巡查站点识读器的安装位置宜隐蔽，安装高度距地宜为 1.3～1.5m。

在线式电子巡查系统，应具有在巡查过程发生意外情况及时报警的功能。在线式电子巡查系统应独立设置，可作为出入口控制系统或入侵报警系统的内置功能模块而与其联合设置，配合识读器或钥匙开关，达到实时巡查的目的。

在线式电子巡查系统也称岗位巡检仪。它将巡查者不同时间到达不同地点的信息通过线路实时传到管理主机并存储记录。系统不但具有异常情况自诊断功能，还可以接受来自现场的巡查报警。管理者利用特定软件将巡查记录实时显示，并可打印列表，掌握巡查者是否尽职或现场出现异常情况否，从而达到严格管理及实时掌握巡查现场情况的目的。这种系统的管线安装虽有些不便，但其具有的实时效果和双工功能是离线式无法相比的。

在线式电子巡查系统在硬件上有多种配置方式，主要有独立布线系统、借用出入口控制系统、入侵报警系统、楼宇自控系统。

目前大部分在线式电子巡查系统都与出入口控制系统或入侵报警系统结合在一起工作，允许标记门禁读卡机作为巡查读卡机，也允许标记 I/O 接口板的输入端点作为巡查信息点。用读卡机作为巡查点时巡查人员使用卡片；用输入端点作为巡查信息点时，巡查人员使用专门的巡查钥匙。除此以外，硬件配置与出入口控制系统或入侵报警系统相同。

独立设置的在线式电子巡查系统，应与安全管理系统联网，并接受安全管理系统的管理与控制。

离线式电子巡查系统由巡查站点（信息钮扣）、信息采集器（巡棒）、信息传输器、计算机及专用软件五部分组成。离线式电子巡查系统通常采用信息识读器或其他方式，对巡查行动、状态进行监督和记录。巡查人员配备可靠的通信工具或紧急报警装置。巡查者将巡查过程中的特定时间、地点信息采集并输入电脑，即可查阅或打印巡查报告。管理者用专业软件查阅或打印巡查记录，便于及时发现和解决问题，达到人防与技防的全效结合，为安全防范分析提供参考资料。

巡查管理主机配备应用软件，实现对巡查路线的设置、更改等管理，并对未巡查、未按规定路线巡查、未按时巡查等情况进行记录、报警。

4.5.2 系统设计要素

电子巡查系统可独立设置，也可与出入口控制系统或入侵报警系统联合设置。系统应能编制保安人员巡查软件，在预先设定的巡查图中，用读卡器或其他方式，对巡查保安人员的行动、状态进行监督和记录。在线式巡查系统的保安人员在巡查发生意外情况时，可以及时向安防监控中心报警。

系统设计时应注意以下方面：

（1）对于新建的智能建筑，可根据实际情况选用在线式或离线式巡查系统；

（2）对于住宅小区，宜选用离线式巡查系统；

（3）对于已建的建筑物宜选用离线式巡查系统；

（4）对实时性要求高的场所宜选用在线式巡查系统；

（5）巡查点宜设置于楼梯口、楼梯间、电梯前室、门厅、走廊、拐弯处、地下停车场、重点保护房间附近及室外重点部位；

（6）巡查点安装高度宜为底边距地 1.4m。

4.6　停车场管理系统

4.6.1　系统构成

停车场（库）管理系统是出入口控制系统的一部分。停车场（库）管理系统从收费角度可分为两类：收费（公共）和非收费（内部）。作为出入口管理系统的延伸，停车场（库）管理系统是一个以非接触式 IC 卡为车辆出入停车场（库）凭证（或和车牌图像识别设备）、用计算机对车辆的收费、车位检索、安全防范等进行全方位智能管理的系统。

停车场（库）管理系统由入口部分、场（库）区部分、出口部分、中央管理部分组成，简单的系统可不设置场（库）区部分，如图 4-18 所示。

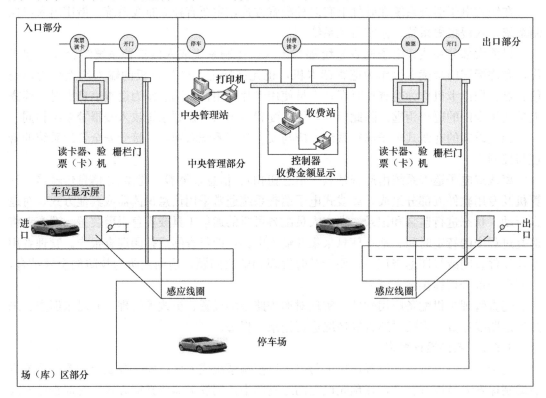

图 4-18　停车场（库）管理系统组成

入口部分主要由识读（车位显示屏、感应线圈或光电收发装置、车辆识别装置、出票卡机、摄影机）、控制、执行（挡车器）这三部分组成。可根据安全与管理的需要扩充自动出卡设备、图像获取设备，对讲设备等。

场（库）区部分由车辆引导装置、场（库）区监控系统、车位识别装置等组成。

出口部分的设备组成与入口部分基本相同，也主要由识读（感应线圈或光电收发装置、车辆识别装置、验票卡机、摄影机）、控制、执行（挡车器）这三部分组成。但其扩充设备不同，主要有自动收卡设备、收费指示装置、图像获取设备、对讲设备等。

中央管理部分由中央管理单元、数据库系统、中央管理执行设备（车辆身份编码信息授权设备、通信控制设备、声光设备、打印机）等组成。

基本的停车场（库）管理系统有入口子系统、车辆停放引导子系统、出口子系统、视频监控子系统和收费管理子系统 5 部分组成。

一般根据停车场（库）的规模和实际需要，对上述子系统进行拆减，但至少要有入口子系统、出口子系统和收费管理子系统 3 个子系统。通常包括中央控制计算机、自动识别装置、临时车票发放及检验装置、挡车器、车辆检测器、监控摄像机、车位提示牌等设备。停车场（库）入口子系统主要由内含感应式 IC 卡读卡器（或车牌图像识别装置）、出卡机、车辆感应器、入口控制板、对讲分机的入口票箱，自动路闸、车辆检测线圈、彩色摄像机组成。

停车场（库）内每个停车位各安装一个超声波车位检测器（或车位图像识别设备），当有车辆驶入该车位时，检测器检测到车辆后发出一组控制信号，送入口处安装的车位模拟显示牌。

停车场（库）主要通道安装定焦彩色黑白自动转换摄像机，在白天为彩色，夜晚照度不足时自动转为黑白，以对所有停车位进行监视，并应考虑逆光补偿功能。

停车场（库）出口子系统主要由内含感应式 IC 卡读写器（或车牌图像识别装置）、车辆感应器、出口控制板、对讲分机的出口票箱、自动路闸、车辆检测线圈、彩色摄像机组成。

收费管理子系统由内配图像捕捉卡收费管理电脑、IC 卡台式读写器、报表打印机、对讲主机系统、收费显示屏组成。

依据国家相关标准规范的规定，系统应根据安全技术防范管理的需要及用户的实际需求，合理配置以下功能：

1. 入口处车位信息显示、出口收费显示；

2. 自动控制出入挡车器；

3. 车辆出入识别与控制；

4. 自动计费与收费管理；

5. 出入口及场内通道行车指示；

6. 泊位显示与调度控制；

7. 保安对讲、报警；

8. 视频安防监控；

9. 车牌和车型自动识别、认定；

10. 多个出入口的联网与综合管理；

11. 分层（区）的车辆统计与车位显示；

12. 500 辆及以上的停车场（库）分层（区）的车辆查询服务。

其中 1～4 款为基本配置，其他为可选配置。

如前所述，系统一般由入口、出口及收费管理三部分组成。若停车场的出口、入口在一起，则在停车场出入口车道中央设置一个安全岛，岛上安装出入口管理设备及岗亭，车道边设置管理室。

若停车场的出口、入口不在一起，则在停车场进口车道边安装入口管理设备，在停车场出口车道边安装出口管理设备，设置出口管理室。多出入口时可设置中央收费管理室。

长期停车用户应使用特定的卡进出停车场，不必有其他中间环节；临时停车用户可采用发放临时卡进场、出场交费（还卡）放行方式。

读卡器宜与出票（卡）机和验票（卡）机合放在一起，安装在车辆出入口安全岛上，距栅栏门（挡车器）距离不宜小于 2.2m，距地面高度宜为 1.2～1.4m。

停车场（库）内所设置的视频安防监控或入侵报警系统，除在收费管理室控制外，还应在安防控制中心（机房）进行集中管理、联网监控。摄像机宜安装在车辆行驶的正前方偏左的位置，摄像机距地面高度宜为 2.0～2.5m，距读卡器的距离宜为 3～5m。

有快速进出停车库（场）要求时，宜采用远距离感应读卡装置。有一卡通要求时应与一卡通系统联网设计。

系统还应具有"一卡一车"功能，即一张卡只能停一辆车，卡被某辆车使用的时候，其他车辆无法使用这张卡，避免一卡多用的情况发生。

车辆检测地感线圈宜为防水密封感应线圈，其他线路不得与地感线圈相交，并应与其保持不少于 0.5m 的距离。

自动收费管理系统可根据停车数量及出入口设置等具体情况，采用出口处收费或库（场）内收费两种模式。并应具有对人工干预、手动开闸等违规行为的记录和报警功能。

停车库（场）管理系统宜独立运行，亦可与安全管理系统联网。控制器宜具有脱机功能，即收费管理主机故障或关机时，持卡车辆可以照常读卡进出停车场。

4.6.2 系统功能要求

停车场（库）管理系统是通过对停车场出入口的控制，完成对车辆进出及收费的有效管理。设计时，可根据使用者的实际情况和功能需求选择合理配置。车辆进、出停车场（库）管理系统流程示意图如图 4-19 所示。

1. 入口处车位显示

入口处显示整个停车场（库）有无停车位，为驾驶车辆人员提供正确的导向。适于商业停车场，固定业主的小区停车场可不设置。

2. 出入口及场内通道的行车指示

在停车场（库）的出入口及停车场内行车通道上，标出规定的行车方向路线，以引导车辆的正确行驶。

3. 车位引导

通过车位引导装置，实现场（库）内剩余车位数或满位指示，或实现分区域车位数指示引导，或实现每个车位的指示引导。适于商业停车场，固定业主的小区停车场可不设置。

车位引导的工作原理：当车辆进入车库时，入口处的感应线圈将探测到的信息传送到停车库中央管理单元。中央管理单元根据车库内现有车位占用情况，计算出一个最佳可停泊车辆的车位号，并将计算出的信息传送给车位引导显示屏，显示出最佳空车位及行车路

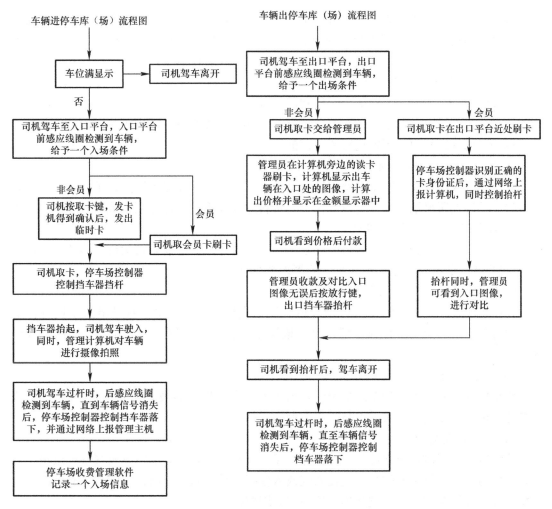

图 4-19　停车场（库）管理系统流程示意图

线。驾驶员在车位引导显示屏和引导标志的引导下，将车辆停泊在指定的车位上。安装在这个车位处的车位探测器将该车位已被占用的信息发送给中央管理单元。当车辆离开车位出车库时，安装在这个车位处的车位探测器探测到该车位已无车辆停泊，将信息发送给中央管理单元进行实时处理，车位引导显示屏实时显示最佳出库行车路线。车位探测器可选用超声波、红外线、感应线圈或压电橡胶等类型的探测器。

4. 车辆自动识别

在停车场（库）的入口、出口处设置摄像机，对出入停车场（库）的车辆进行拍照，包括车辆的车牌、车型和颜色等。当车辆驶出停车场（库）时，管理人员或系统对比进出图像，如不一致系统禁止该车驶出。商业停车场可记录入场时间，根据出口识别确定停车时间，以便收费。

5. 读卡识别

读卡识别系统可以辨认出入的车辆，并且可以自动记录。记录的内容包括：识别卡上的车主姓名、车型、车牌号码、停车位置编号、出入停车场（库）的时间、车辆照片等信息。每辆车进入停车场（库）后，系统自动关闭该卡的入场权限，同时赋予该卡出场权限，即只有车辆驶入后才能驶出。对已驶出的车辆，没有再驶出的权限，有效防止一卡多用。对于商业停车场，应配备自动出卡设备及自动计费设备。

6. 出入口挡车器的自动控制

通过停车场（库）入口区的出票机和出口区的验票机的确认，系统可自动控制出入挡车器，对车辆的进出进行控制。在紧急情况下，如火灾发生时，系统可将入口改为出口，及时将停车场（库）内的车辆进行紧急疏散。

7. 自动计费及收费金额显示

收费站或收款机应可根据收费程序自动计费，计费结果在显示屏上显示，驾驶车辆人员根据显示屏上所显示的金额付费，付费后资料进入计算机管理控制系统。

8. 多个出入口的联网与管理

当停车场（库）有多个出入口时，各出入口的管理设备应能联网运行，即整个停车场（库）各出入口的管理设备在一个统一的管理系统下工作。

9. 分层停车场（库）的车辆统计与车位显示

在停车场（库）各层的出入口设置感应线圈或红外收发装置，对进出的车辆进行统计。通过各层入口处的车位显示屏，显示该层车位有无停车位，为驾驶人员提供正确的导向。

10. 报警功能

停车场（库）发生下列意外情况时发出报警：出入挡车器被破坏（有非法闯入）；非法打开收银箱；无效卡出入；卡与进出车辆的车牌和车型不一致。

11. 安全防范要求

系统应自成网络，独立运行，可在停车场（库）内设置独立的视频监视系统或报警系统，也可与安全防范系统的视频监控系统或入侵报警系统联动。所设置的视频监视系统或报警系统，应能在监控中心进行集中管理与联网监控。

4.6.3 系统设备选择与设置

1. 车位显示屏：在停车场（库）的入口处和各层入口处设置车位显示屏，车位显示屏可以显示停车场和各层停车位情况。

2. 挡车器：在出入口处设置挡车器，挡车器可自动控制开启，并具有防砸车功能。挡车器的安装必须留有挡杆上下摆动的空间。如受空间限制，可设置折臂式挡车器。

3. 感应线圈或光电收发装置：在出入口处的挡车器两侧及各层出入口设置感应线圈或光电收发装置。

4. 出票（卡）机：在停车场（库）的入口区驾驶员侧设置出票（卡）机。

5. 验票（卡）机：在停车场（库）的出口区驾驶员侧设置验票（卡）机。

6. 读卡器：读卡器通常安装在入口的出票（卡）机和出口的验票（卡）机内。读卡器宜与出票（卡）机和验票（卡）机合装于出入口平台内，距栅栏门的距离不小于 2.2m，距地面高度宜为 1.3～1.4m。或采用车牌图像识别装置。

7. 识别卡：识别卡分成 IC 卡和 ID 卡，当读卡距离要求在 0.1～0.7m 范围内时采用 IC 卡，当读卡距离要求大于 1m 时采用 ID 卡。

8. 收费设备：收费设备包括收费站或收款机。当停车场（库）采用人工收费管理时，需配置收费设备。

9. 图像识别设备：包括设置在出入口处的摄像机和管理室内的计算机，能对出入停车场（库）的车辆进行拍照、记录、比较。摄像机通常安装于车辆行驶的正前方偏左的地方，摄像机距地面高度宜为 2.2m，距读卡器、出票（卡）机和验票（卡）机的距离宜为 4~6m。

10. 在停车场（库）出入口处的车道两侧墙上，距地 1m 的位置预留与停车场入口设备、出口设备、收费设备连接的接线箱。并从该接线箱将管线引至管理室，在管理室内墙上，距地 0.3m 预留接线箱。

11. 控制器：应具有国际标准通信协议、抵抗强电干扰及其他各类电磁干扰的能力。

12. 管理软件功能：能实现对停车场（库）管理系统的参数设置、卡的登录管理、实时事件记录等；登录、删除车主姓名、卡号、车号、车型及颜色等个人资料；报警；设置卡的有效期（根据车主缴费情况）；根据收费程序自动计费；各种资料报表打印；管理员权限分级：系统对管理员权限进行分级管理；所有管理人员进入系统均在系统记录中存档，每个管理员进入系统均使用自己的口令；管理员退出系统时（换班等）强制备份；可随时调用任何时间、任何持卡车辆的进出车库的详细资料。

4.7 安全技术防范系统集成与综合管理

4.7.1 系统集成模式

安全防范系统一般由安全管理系统和若干个相关子系统组成。安全技术防范系统的集成宜包括子系统集成和安全管理系统集成。也就是说，安全防范系统的集成设计包括子系统的集成设计、总系统的集成设计，必要时还应考虑总系统与上一级管理系统的集成设计。

安全防范系统的结构按其规模大小、复杂程度可有多种构建模式。按照系统集成度的高低，安全防范系统分为集成式、组合式、分散式三种模式。各相关子系统的基本配置，包括前端、传输、信息处理/控制/管理、显示/记录四大单元。不同（功能）的子系统，其各单元的具体内容有所不同。现阶段较常用的子系统主要包括：入侵和紧急报警系统、视频安防监控系统、出入口控制系统、电子巡查系统、停车库（场）管理系统以及以防爆安全检查系统为代表的特殊子系统等。

1. 集成式安全防范系统的安全管理系统

（1）安全管理系统应设置在禁区内（监控中心），应能通过统一的通信平台和管理软件将监控中心设备与各子系统设备联网，实现由监控中心对各子系统的自动化管理与监控。安全管理系统的故障应不影响各子系统的运行；某一子系统的故障应不影响其他子系统的运行。

（2）应能对各子系统的运行状态进行监测和控制，应能对系统运行状况和报警信息数据等进行记录和显示。应设置足够容量的数据库。

（3）应建立以有线传输为主、无线传输为辅的信息传输系统。应能对信息传输系统进行检测，并能与所有重要部位进行有线和/或无线通信联络。

（4）应设置紧急报警装置。应留有向接处警中心联网的通信接口。

（5）应留有多个数据输入、输出接口，应能连接各子系统的主机，应能连接上位管理计算机，以实现更大规模的系统集成。

2. 组合式安全防范系统的安全管理系统

（1）安全管理系统应设置在禁区内（监控中心）。应能通过统一的管理软件实现监控中心对各子系统的联动管理与控制。安全管理系统的故障应不影响各子系统的运行；某一子系统的故障应不影响其他子系统的运行。

（2）应能对各子系统的运行状态进行监测和控制，应能对系统运行状况和报警信息数据等进行记录和显示。可设置必要的数据库。

（3）应能对信息传输系统进行检测，并能与所有重要部位进行有线和/或无线通信联络。

（4）应设置紧急报警装置。应留有向接处警中心联网的通信接口。

（5）应留有多个数据输入、输出接口，应能连接各子系统的主机。

3. 分散式安全防范系统的安全管理系统

（1）相关子系统独立设置，独立运行。系统主机应设置在禁区内（值班室），系统应设置联动接口，以实现与其他子系统的联动。

（2）各子系统应能单独对其运行状态进行监测和控制，并能提供可靠的监测数据和管理所需要的报警信息。

（3）各子系统应能对其运行状况和重要报警信息进行记录，并能向管理部门提供决策所需的主要信息。

（4）应设置紧急报警装置，应留有向接处警中心报警的通信接口。

4.7.2 系统集成原则

1. 入侵和紧急报警系统宜与视频安防监控系统联动或集成。当发生报警时，视频安防监控系统应立即启动摄像、录音、辅助照明等装置，并自动进入实时录像状态。联动或集成有两个优点：一是摄像机及辅助照明不必连续工作，尤其在一些保密场合；二是可大量节省图像记录设备存储介质的容量。

目前常用的系统控制设备有两种输出接口可供联动设计选用。一种是报警联动输出端口直接联动控制方式，报警系统主机、带报警功能的视频切换矩阵、多画面处理器、多媒体视频安防监控系统等都带有报警输出接口。另一种输出口是能与计算机通信的 RS-232 接口或以太网口，通过计算机强大的软件处理能力，实现对系统联动设备的联动控制及系统集成。

2. 出入口控制系统应与火灾自动报警系统联动。在火灾等紧急情况下，立即打开相关疏散通道的安全门或预先设定的门。同时，应防止利用火警误触发而导致出入口控制系统开启不该开启的门，火警应有确认联动机制。

3. 在线式电子巡查系统及入侵和紧急报警系统与出入口控制系统联动，当警情发生时，系统可立即封锁相关通道的门。

4. 视频安防监控系统与火灾自动报警系统联动，在火灾情况下，可自动将监视图像切换至现场画面，监视火灾趋势，向消防人员提供必要信息。

5. 安全技术防范系统的各子系统可通过子系统集成自成垂直管理体系，也可通过统一的通信平台和管理软件等将各子系统联网，组成一个相对完整的综合安全管理系统，即集成式安全技术防范系统。实际应用中，安全技术防范系统的集成设计可有多种模式，如以某一子系统为主进行集成；或某一子系统自成垂直管理体系，即子系统集成；还可以平行、无级差地进行系统总集成；甚至可以在上一级管理系统下进行系统集成设计。集成不是目的，更优的安全策略、更好的信息融合和快速响应才是主要目的。

6. 安全技术防范系统的集成，宜在通用标准的软硬件平台上，实现互操作、资源共享及综合管理。

7. 当综合安全管理系统发生故障时，各子系统应能单独运行。某子系统出现故障，不应影响其他子系统的正常工作。

4.7.3　综合管理系统集成

安全防范系统的安全管理系统由多媒体计算机及相应的应用软件构成，以实现对系统的管理和监控。安全管理系统的应用软件应先进、成熟，能在人机交互的操作系统环境下运行；应使用简体中文图形界面；应使操作尽可能简化；在操作过程中不应出现死机现象。如果安全管理系统一旦发生故障，各子系统应仍能单独运行；如果某子系统出现故障，不应影响其他子系统的正常工作。应用软件应至少具有以下功能：

1. 对系统操作员的管理。设定操作员的姓名和操作密码，划分操作级别和控制权限等。

2. 系统状态显示。以声光和/或文字图形显示系统自检、电源状况（断电、欠压等）、受控出入口人员通行情况（姓名、时间、地点、行为等）、设防和撤防的区域、报警和故障信息（时间、部位等）及图像状况等。

3. 系统控制。视频图像的切换、处理、存储、检索和回放，云台、镜头等的预置和遥控。对防护目标的设防与撤防，执行机构及其他设备的控制等。

4. 处警预案。入侵报警时入侵部位、图像和/或声音应自动同时显示，并显示可能的对策或处警预案。

5. 事件记录和查询。操作员的管理、系统状态的显示等应有记录，需要时能简单快速地检索和/或回放。

6. 报表生成。可生成和打印各种类型的报表。报警时能实时自动打印报警报告（包括报警发生的时间、地点、警情类别、值班员的姓名、接处警情况等）。

4.7.4　入侵和紧急报警系统集成

1. 入侵和紧急报警系统应根据各类建筑物（群）和构筑物（群）安全防范的管理要求和环境条件，根据总体纵深防护和局部纵深防护的原则，分别或综合设置建筑物（群）和构筑物（群）周界防护、内（外）区域或空间防护、重点实物目标防护系统。

2. 系统能独立运行。有输出接口，可用手动、自动操作以有线或无线方式报警。系统除能本地报警外，还能异地报警。系统应能与视频安防监控系统、出入口控制系统等联动。

集成式安全防范系统的入侵和紧急报警系统应能与安全防范系统的安全管理系统联网，实现安全管理系统对入侵和紧急报警系统的自动化管理与控制。

组合式安全防范系统的入侵和紧急报警系统应能与安全防范系统的安全管理系统连接，实现安全管理系统对入侵和紧急报警系统的联动管理与控制。

分散式安全防范系统的入侵和紧急报警系统，应能向管理部门提供决策所需的主要信息。

3. 系统的前端应按需要选择、安装各类入侵探测设备，构成点、线、面、空间或其组合的综合防护系统。

4. 能按时间、区域、部位任意编程设防和撤防。

5. 能对设备运行状态和信号传输线路进行检测，对故障能及时报警。

6. 具有防破坏报警功能。

7. 能显示和记录报警部位和有关警情数据，并提供与其他子系统联动的控制接口信号。

8. 在重要区域和重要部位发出报警的同时，应能对报警现场进行声音复核。

4.7.5 视频安防监控系统集成

1. 应根据各类建筑物安全防范管理的需要，对建筑物内（外）的主要公共活动场所、通道、电梯及重要部位和场所等进行视频探测、图像实时监视和有效记录、回放。对高风险的防护对象，显示、记录、回放的图像质量及信息保存时间应满足管理要求。

2. 系统的画面显示应能任意编程，能自动或手动切换，画面上应有摄像机的编号、部位、地址和时间、日期显示。

3. 系统应能独立运行，应能与入侵和紧急报警系统、出入口控制系统等联动。当与报警系统联动时，能自动对报警现场进行图像复核，能将现场图像自动切换到指定的监视器上显示并自动录像。

集成式安全防范系统的视频安防监控系统应能与安全防范系统的安全管理系统联网，实现安全管理系统对视频安防监控系统的自动化管理与控制。

组合式安全防范系统的视频安防监控系统应能与安全防范系统的安全管理系统连接，实现安全管理系统对视频安防监控系统的联动管理与控制。

分散式安全防范系统的视频安防监控系统，应能向管理部门提供决策所需的主要信息。

4.7.6 出入口控制系统集成

1. 应根据安全防范管理的需要，在楼内（外）通行门、出入口、通道、重要办公室门等处设置出入口控制装置。系统应对受控区域的位置、通行对象及通行时间等进行实时控制，并设定多级程序控制。系统应有报警功能。

2. 系统的识别装置和执行机构应保证操作的有效性和可靠性，宜有防尾随措施。

3. 系统的信息处理装置应能对系统中的有关信息自动记录、打印、存储，并有防篡改和防销毁等措施。应有防止同类设备非法复制的密码系统，密码系统应能在授权的情况下修改。

4. 系统能独立运行。能与电子巡查系统、入侵报警系统、视频安防监控系统等联动。

集成式安全防范系统的出入口控制系统应能与安全防范系统的安全管理系统联网，实现安全管理系统对出入口控制系统的自动化管理与控制。

组合式安全防范系统的出入口控制系统应能与安全防范系统的安全管理系统连接，实现安全管理系统对出入口控制系统的联动管理与控制。

分散式安全防范系统的出入口控制系统，应能向管理部门提供决策所需的主要信息。

5. 系统必须满足紧急逃生时人员疏散的相关要求。疏散出口的门均应设为向疏散方向开启。人员集中场所应采用平推外开门。配有门锁的出入口，在紧急逃生时，应不需要钥匙或其他工具，亦不需要专门的知识或费力便可从建筑物内开启。其他应急疏散门，可采用内推闩加声光报警模式。

4.7.7 安全技术防范各子系统间的联动

1. 出入口控制子系统与视频安防监控子系统的联动

门禁报警信息与现场相关区域摄像机间联动控制，如非法闯入、打开门时间过长、无效卡刷卡等通过软件联动的设置，应驱动电视监控子系统的对应摄像头进行联动监控。视频联动采用本地网络的软件联动，实现视频和出入口控制系统共用出入口控制系统软件控制。由出入口控制系统软件提供报警联动设置，视频系统执行，从而实现视频和出入口控制的 CCTV 联动。

2. 出入口控制系统与入侵和紧急报警系统的联动

当入侵报警信息上传到管理中心通过门禁管理软件联动门禁控制子系统的电控锁，封锁报警区域。

3. 出入口控制系统与消防系统的联动

消防联动采用各楼层消防火警告警信号直接控制该楼层锁电源断电方式，实现发生火情时自动开锁并向中心报警的功能。系统采用各楼层锁电源和控制电源分离，并使用不同的电压等级（控制部分为 24VDC 和锁电源为 12VDC），消防控制设备的火警信号接入继电器控制回路中，由继电器控制接触器，并发送火警信号到安防系统中心门禁控制器主机报警，由接触器立即切断锁电源，便于人员的逃生；同时，该消防门锁接入控制器的控制回路，必要时可由授权人通过中心软件远程开锁，利于大宗货物的运输，而不影响消防设备。

4. 安防系统与建筑设备监控系统的联动控制

出入口控制管理软件已为大部分建筑设备监控系统开放了协议，建筑设备监控系统可把这部分开放协议作为模块集成到自己的管理软件中。当有警情发生时，出入口控制管理软件会把入侵报警系统的输出信号传送到建筑设备监控系统，进而开启相关区域的灯光照明，与闭路电视监控系统联动录像。

5. 出入口控制系统与电梯控制的接口

出入口控制管理软件具备与电梯控制的接口，授权用户可通过刷卡方式进出，非授权用户无法进入特定楼层，保证这些区域未经授权其他人无法进入，保证该区域人员安全。

4.7.8 安全防范系统的集成控制

安全防范系统的集成有三个层面，一是单个安防子系统内各个环节的集成，二是安防三大子系统（视频监控、入侵报警、出入口控制）的集成，三是安防系统与智能建筑其他系统间的融合。从技术水平而言，也有仅实现联动的初级集成、能实现系统整合的中级集成、可实现业务融合的高级集成三个层次。安防系统的集成必需具备的条件，一是被集成系统间要有硬件接口，二是要有可供集成的软件平台。

安全防范系统的构成主要分为防盗报警、闭路电视监控和出入口管理三个功能模块。就传统的安防系统的系统构成而言，这三个功能模块具有极大的独立性，各自具有中央控制器和控制显示器，彼此间的数据交换通过各功能模块间的硬件接口实现。同时，相对于中央管理系统的系统集成，各个功能模块同时通过各自与中央管理系统的硬件接口实现信息上传和数据下载。为确保通信的安全性和稳定性，必须对上述的通信网关进行热备份冗余设计，因此系统的配置和管理比较复杂和繁琐，系统的效费比相对较高。

各子系统间的联动或组合的一般规定如下：

根据安全管理的要求；出入口控制系统必须考虑与消防报警系统的联动，保证火灾情况下的紧急逃生。根据实际需要，电子巡查系统可与出入口控制系统或入侵和紧急报警系统进行联动或组合，出入口控制系统可与入侵和紧急报警系统或/和视频安防监控系统联动或组合，入侵和紧急报警系统可与视频安防监控系统或/和出入口控制系统联动或组合等。

4.7.9　系统的总集成设计规定

1. 一个完整的安全防范系统，通常都是一个集成系统。

2. 安全防范系统的集成设计，主要是指其安全管理系统的设计。

3. 安全管理系统的设计可有多种模式，可以采用某一子系统为主（如视频安防监控系统）进行系统总集成设计，也可采用其他模式进行系统总集成设计。不论采用何种模式，其安全管理系统的设计除应符合国家标准规范的条文规定外，还应满足下列要求：

（1）有相应的信息处理能力和控制/管理能力；有相应容量的数据库。

（2）通信协议和接口应符合国家现行有关标准的规定。

（3）系统应具有可靠性、容错性和维修性。

（4）应具有系统时钟同步。

（5）系统应能与上一级管理系统进行更高一级的集成。

4.8　住宅小区安全防范系统

住宅小区的安全防范工程，根据建筑面积、建设投资、系统规模、系统功能和安全管理要求等因素，由低至高分为基本型、提高型、先进型三种类型。

住宅小区安全防范工程的设计，遵从人防、物防、技防有机结合的原则，在设置物防、技防设施时，应考虑人防的功能和作用。小区安全防范工程的设计，必须纳入住宅小区开发建设的总体规划中，统筹规划，统一设计，同步施工。

4.8.1　基本型安全防范系统

1. 周界防护

沿小区周界设置实体防护设施（围栏、围墙等）或周界电子防护系统。

实体防护设施沿小区周界封闭设置，高度不应低于1.8m。围栏的竖杆间距不应大于15cm。围栏1m以下不应有横撑。

周界电子防护系统沿小区周界封闭设置（小区出入口除外），能在监控中心通过电子地图或模拟地形图显示周界报警的具体位置，有声、光指示，具备防拆和断路报警功能。

2. 公共区域防护

公共区域宜安装电子巡查系统。

3. 家庭安全防护

家庭安全防护应符合下列规定：

住宅一层宜安装内置式防护窗或高强度防护玻璃窗。

安装访客对讲系统，并配置不间断电源装置。访客对讲系统主机安装在单元防护门上或墙体主机预埋盒内，应具有与分机对讲的功能。分机设置在住户室内，应具有门控功能，宜具有报警输出接口。访客对讲系统应与消防系统互联，当发生火警时，（单元门口的）防盗门锁能自动打开。

宜在住户室内安装至少一处以上的紧急求助报警装置。紧急求助报警装置具有防拆卸、防破坏报警功能，且有防误触发措施；安装位置应考虑老年人和未成年人的使用要求，选用触发件接触面大、机械部件灵活、可靠的产品。求助信号应能及时报至监控中心（在设防状态下）。

4. 监控中心

监控中心宜设在小区地理位置的中心，避开噪声、污染、振动和较强电磁场干扰的地方。可与住宅小区管理中心合建，使用面积应根据设备容量确定。监控中心设在一层时，应设内置式防护窗（或高强度防护玻璃窗）及防盗门。

各安防子系统可单独设置，但由监控中心统一接收、处理来自各子系统的报警信息。

监控中心应留有与接处警中心联网的接口。配置可靠的通信工具，发生警情时，能及时向接处警中心报警。

基本型安防系统的配置标准见表 4-8 的规定。

基本型安防系统配置标准   表 4-8

序 号	系统名称	安防设施	基本设置标准
1	周界防护系统	实体周界防护系统	两项中应设置一项
		电子周界防护系统	
2	公共区域安全防范系统	电子巡查系统	宜设置
3	家庭安全防范系统	内置式防护窗（或高强度防护玻璃窗）	一层设置
		访客对讲系统	设置
		紧急求助报警装置	宜设置
4	监控中心	安全管理系统	各子系统可单独设置
		有线通信工具	设置

4.8.2 提高型安全防范系统

1. 周界防护

沿小区周界设置实体防护设施（围栏、围墙等）和周界电子防护系统，符合基本型安防工程设计的相关规定。小区出入口应设置视频安防监控系统。

2. 公共区域防护

安装电子巡查系统，在重要部位和区域设置视频安防监控系统，宜设置停车库（场）管理系统。

3. 家庭安全防护

应符合基本型安防工程设计的相关规定。应安装联网型访客对讲系统，并符合基本型安防工程设计的相关规定。可根据用户需要安装入侵报警系统，家庭报警控制器应与监控中心联网。

4. 监控中心

应符合基本型安防工程设计的相关规定。各子系统宜联动设置，由监控中心统一接收、处理来自各子系统的报警信息等。

提高型安防系统的配置标准见表 4-9 的规定。

提高型安防系统的配置标准　　　　　　　　　　　表 4-9

序　号	系统名称	安防设施	基本设置标准
1	周界防护系统	实体周界防护系统	设置
		电子周界防护系统	设置
2	公共区域安全防范系统	电子巡查系统	设置
		视频安防监控系统	小区出入口、重要部位或区域设置
		停车库（场）管理系统	宜设置
3	家庭安全防范系统	内置式防护窗（或高强度防护玻璃窗）	一层设置
		紧急求助报警装置	设置
		联网型访客对讲系统	设置
		入侵报警系统	可设置
4	监控中心	安全管理系统	各子系统宜联动设置
		有线通信工具	设置

4.8.3　先进型安全防范系统

1. 周界防护

应符合基本型安防系统的配置标准。住宅小区周界宜安装视频安防监控系统。

2. 公共区域防护

安装在线式电子巡查系统。在重要部位、重要区域、小区主要通道、停车库（场）及电梯轿厢等部位设置视频安防监控系统。设置停车库（场）管理系统，并宜与监控中心联网。

3. 家庭安全防护

应符合基本型安防系统有关规定。

安装访客可视对讲系统，可视对讲主机的内置摄像机宜具有逆光补偿功能或配置环境亮度处理装置，并应符合提高型安防系统设计的相关规定。

宜在户门及阳台、外窗安装入侵报警系统，并符合提高型安防系统设计的相关规定。

在户内安装可燃气体泄漏自动报警装置。

4. 监控中心

应符合基本型安防系统设计的相关规定。安全管理系统通过统一的管理软件实现监控中心对各子系统的联动管理与控制，统一接收、处理来自各子系统的报警信息等，且直接与小区综合管理系统联网。

先进型安防系统的配置标准见表 4-10。

先进型安防系统配置标准　　　　　　　　　　　表 4-10

序号	系统名称	安防设施	基本设置标准
1	周界防护系统	实体周界防护系统	设置
		电子周界防护系统	设置

续表

序号	系统名称	安防设施	基本设置标准
2	公共区域安全防范系统	在线式电子巡查系统	设置
		视频安防监控系统	小区出入口、重要部位或区域、通道、电梯轿厢等处设置
		停车库（场）管理系统	设置
3	家庭安全防范系统	内置式防护窗（或高强度防护玻璃窗）	一层设置
		紧急求助报警装置	至少设置两处
		访客可视对讲系统	设置
		入侵报警系统	设置
		可燃气体泄漏自动报警装置	设置
4	监控中心	安全管理系统	各子系统宜联动设置
		有线通信工具	设置

思考题与习题

1. 变焦镜头的"倍率"与焦距是一回事吗？

2. 简述不同种类镜头的应用范围。

3. 如何选择正确的方法使用摄像机？

4. 视频安防监控系统的系统主机的主要任务是什么？

5. 视频安防监控系统的系统主机中键盘的作用是什么？

6. 单幕帘探测器与空间型探测器的使用有何不同？

7. 常用的开关式探测器是如何应用的？

8. 为防止光束遮挡型探测器，如主动式红外探测器、激光探测器的误报，在实施时要采取何种措施？

9. 被动式红外探测器的主要特点及安装使用要点有哪些？

10. 为什么要用微波—被动红外双技术探测器？

11. 玻璃破碎探测器的主要特点及安装使用要点有哪些？

12. 振动探测器的主要特点及安装使用要点有哪些？

13. 如何加强 IC 卡系统的安全技术？

14. 建立一个出入口控制系统需要的出入门管理法则有哪些？

15. 独立型出入口系统是如何组成的？有何特点？

16. 大型网络化出入口系统是如何组成的？有何特点？

17. 某单位设想在办公楼的某处设一监控点，要求摄像机能监视 20m 远处 30m 宽的楼前停车场及 50m 远处 5m 宽的大门，停车场与大门在不同的轴线上，试选择合适的前端摄像机类型，并计算摄像机镜头的焦距范围多大合适。

18. 为学生提供 1 栋 5000～8000m^2 办公楼或写字楼建筑图，进行视频监控、防盗报警及门禁系统的设计。

第 5 章　应急响应系统

应急响应系统（emergency response system）涵盖了建筑应急响应系统和城市应急联动系统的范畴。建筑应急响应系统是公共建筑、综合体建筑、具有承担地域性安全管理职能的各类管理机构有效地应对各种安全突发事件的综合防范保障。城市应急联动系统（city emergency response system）是在城市应急管理中，实现各联动单位的互联互通，整合各种应急资源，接报紧急事件和突发事件信息，统一指挥多部门、多层次的应急处置，及时、有序、高效地协同行动的集成技术系统。

本章首先概述建筑应急响应系统的主要功能与系统构成，以及火灾自动报警系统与建筑设备管理系统的联动、火灾自动报警系统与安全技术防范系统的联动等内容。其次，简要介绍了城市应急联动系统的功能与结构，城市消防远程监控系统、城市监控报警联网系统的功能和结构体系。

5.1　建筑应急响应系统

5.1.1　建筑应急响应系统的功能与构成

1. 建筑应急响应系统的功能

建筑应急响应系统作为公共建筑、综合体建筑、具有承担地域性安全管理职能的各类管理机构有效地应对各种安全突发事件的综合防范保障，应具有以下功能：

（1）对各类危及公共安全的事件进行就地实时报警。

（2）采取多种通信方式对自然灾害、重大安全事故、公共卫生事件和社会安全事件实现本地报警和异地报警。

（3）管辖范围内的应急指挥调度。

（4）紧急疏散与逃生紧急呼叫和导引。

（5）事故现场紧急处置等。

建筑应急响应系统宜具有以下功能：

（1）接受上级应急指挥系统各类指令信息。

（2）采集事故现场信息。

（3）多媒体信息显示。

（4）建立各类安全事故的应急处理预案。

2. 建筑应急响应系统的构成

建筑应急响应系统以火灾自动报警系统、安全技术防范系统为基础构建，基本配置包括：

（1）有线/无线通信、指挥和调度系统。

（2）紧急报警系统。

（3）火灾自动报警系统与安全技术防范系统的联动设施。

（4）火灾自动报警系统与建筑设备管理系统的联动设施。

（5）紧急广播系统与信息发布与疏散导引系统的联动设施。

应急响应系统还可配置下列系统：

（1）基于建筑信息模型（BIM）的分析决策支持系统。

（2）视频会议系统。

（3）信息发布系统等。

应急响应系统宜配置总控室、决策会议室、操作室、维护室和设备间等工作用房。

应急响应系统应纳入建筑物所在区域的应急管理体系。

应急响应中心是应急指挥体系处置公共安全事件的核心，在处置公共安全应急事件时，应急响应中心的机房设施需向在指挥场所内参与指挥的指挥者与专家提供多种方式的通信与信息服务，监测并分析预测事件进展，为决策提供依据和支持。按照国家有关规划，应急响应指挥系统节点将拓展至县级行政系统，建立必要的移动应急指挥平台，以实现对各级各类突发公共事件应急管理的统一协调指挥，实现公共安全应急数据及时准确、信息资源共享、指挥决策高效。同时，随着信息化建设的不断推进，公共安全事件应急响应指挥系统作为重要的公共安全业务应用系统，将在与各地区域信息平台互联，实现与上一级信息系统、监督信息系统、人防信息系统的互联互通和信息共享等方面发挥重要的作用。因此，应急响应系统是对消防、安全技术防范等建筑智能化系统基础信息关联、资源整合共享、功能互动合成，形成更有效的提升各类建筑安全防范功效和强化系统化安全管理的技术方式之一。

5.1.2　火灾自动报警系统与建筑设备管理系统的联动

火灾自动报警系统与建筑设备管理系统的联动包括：火灾自动报警系统与消防设备的联动、火灾自动报警系统与非消防设备及系统的联动。其中，火灾自动报警系统与消防设备的联动在第 3 章已有详细介绍，本节不再赘述。

火灾自动报警系统与非消防设备及系统的联动主要涉及非消防电源的切除、与空调及通风系统的联动、与建筑设备监控系统的联动等，其中，非消防电源的切除亦已在第 3 章叙述。

1. 火灾自动报警系统与空调及通风系统的联动

由同一防烟分区内两个及以上独立的火灾探测器或一个火灾探测器及一个手动报警按钮等设备的报警信号，作为排烟口或排烟阀的开启联动触发信号，由消防联动控制器联动控制排烟口或排烟阀的开启，同时停止该防烟分区的空气调节系统。

设于空调通风管道出口的防火阀，应采用定温保护装置，并应在风温达到 70℃时直接动作阀门关闭。关闭信号应反馈至消防控制室，并应停止相关部位空调机。

2. 火灾自动报警系统与建筑设备监控系统（BAS）的联动

BAS 控制的设备与消防联动时，可在 BAS 与消防联动控制间建立一种由硬件构成的"与"关系，无火警时使启动电路的消防开关常闭，由 BAS 控制设备的启/停；发生火警时按消防指令的需要关闭相应设备，程序启/停失效，如图 5-1 所示。

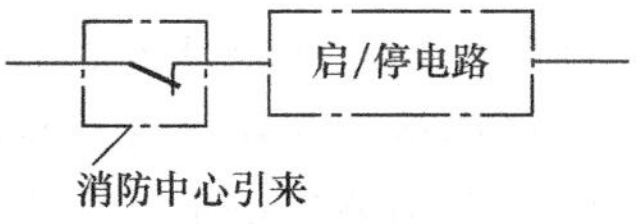

图 5-1　BAS 与消防控制的"与"关系

新风机、空调机组监控：当发生火灾时，应接受消防联动控制信号连锁停机。

电梯：BAS 与火灾信号连锁控制，当系统接收火灾信号后，应将全部客梯迫降至首层。

5.1.3 火灾自动报警系统与安全技术防范系统的联动

火灾报警后，执行以下操作：

（1）自动打开涉及疏散的电动栅杆。

（2）开启相关区域安全技术防范系统的摄像机监视火灾现场。

火灾确认后，执行以下操作：

（1）自动打开疏散通道上由出入口控制系统控制的门；应自动开启门厅的电动旋转门和打开庭院的电动大门。

（2）自动打开汽车场（库）出入口的电动栅杆。

5.1.4 紧急广播系统及信息发布与疏散导引系统的联动

消防应急照明和疏散引导系统是为人员疏散、消防作业提供照明和疏散指示的系统，由各类消防应急灯具及相关装置组成。由火灾报警控制器或消防联动控制器启动应急照明控制器来实现。

紧急广播系统的联动控制信号由消防联动控制器发出。当确认火灾后，同时向全楼进行广播，使每个人都能在第一时间得知发生火灾，并避免由于错时疏散而导致的在疏散通道和出口处出现人员拥堵现象。同时，由发生火灾的报警区域开始，顺序启动全楼疏散通道的消防应急照明和疏散指示引导系统，系统全部投入应急状态的启动时间不大于 5s。

5.2 城市应急联动系统概述

5.2.1 城市应急联动系统功能与结构

1. 城市应急联动系统的功能

城市应急联动系统既能适应自然灾害、事故灾难、公共卫生事件、社会安全事件等突发事件的报警求助信息（语音信息和数据信息）的接报、处置，也能适应单灾种专项突发事件报警求助信息（语音信息和数据信息）的接报、处置；既适用单部门、单警种报警求助特服电话号码的接报、处置，也适用多部门、多警种"统一接报、统一处置"或"统一接报、分级联动处置"等模式；既可进行突发事件、紧急报警求助事件的接报、处置，又可进行非应急事件报警求助的接报、处置。

系统可根据需要与各级政府部门、突发事件处置部门、重点企事业单位、居民小区和同级军队应急平台的相关系统互联互通、资源共享，以便联合处置各类突发事件。

城市应急联动系统的基本功能包括监测防控、预警预报、信息接报、事件处置、预案管理、决策分析、评估、模拟演练等，满足事前预警、事中处置、事后分析的需要。

监测防控：动态监控辖区内的防护目标、重大危险源、关键基础设施等监控目标，掌握其空间分布和运行状况信息。查询或筛选监测的相关信息，对其中一些数据进行特征识别、判读信息内涵或其标志的状态，进行风险评估分析。

预警预报：在对事件信息进行分析的基础上，调用有关突发事件预警预测模型，进行事件的综合预警和衍生、次生灾害后果分析，实现事件的早期预警、趋势预测。

信息接报：通过语音、数据、图像等多种接报方式，实现事件信息接收、审核、办理、跟踪、反馈、情况综合、分析和信息报告、发布。根据处置预案，将接收的信息及时分发给相关处置的职能单位，在事发后规定的时间内向上一级应急联动系统报送特别重大、重大突发事件信息。

预案管理：控制和管理应急预案的编制、备案、审批、发布等环节，实现预案的增加、删除、修改、存储、查询、关联等相关功能。

管理模式可分为集权模式、协同模式、授权模式和代理模式等 4 种。集权模式由城市应急中心统一接报、统一处置。协同模式是平时分散接报、分散处置，在发生重大事件时由政府指挥中心统一联动指挥。授权模式是在发生重大事件时授权某部门（如公安 110）统一联动指挥。代理模式为一级接报、分级联动处置。

2. 城市应急联动系统的体系结构与应用流程

（1）体系结构

城市应急联动系统的框架结构可以用图 5-2 表示。系统整体采用模块化组合的方式，用户可以根据需要进行各类既有系统资源的动态调整。考虑到系统的稳定性，系统的设计采用了冗余控制-集群车

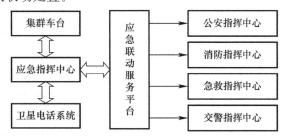

图 5-2 城市应急联动系统框架结构图

台和卫星电话系统，一旦发生地震等重大应急事件，在公网和专网均遭到破坏的情况下，启用集群车台应急系统进行应急指挥。在车台不到位的情况下，仍然可以采用卫星电话系统确保通信畅通。

城市一级的应急联动系统，作为国家应急管理体系中重要的组成部分，应与各级联动部门的系统上下贯通、左右衔接，体系结构如图 5-3 所示。

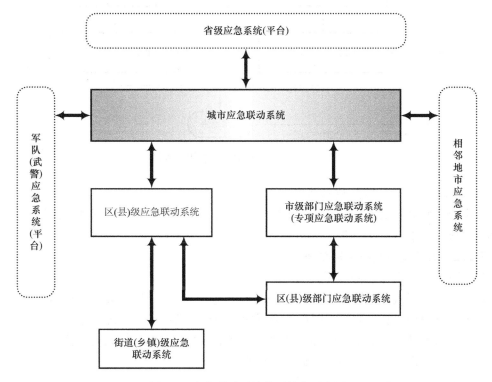

图 5-3 应急联动系统体系结构示意图

（2）应用流程

城市应急联动系统是城市应急管理信息的汇聚中心，负责信息的接报、上传下达和处置，符合多个相关的政府应急联动职能部门在系统上协调工作的业务需求，应用流程如图 5-4 所示。

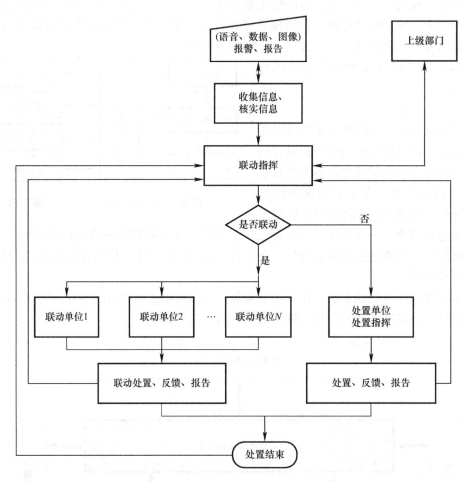

图 5-4　城市应急联动系统应用流程图

3. 城市应急联动系统的技术结构

城市应急联动系统主要由业务应用层、数据层、技术支撑层和标准规范体系、安全保障体系组成，技术结构如图 5-5 所示。

5.2.2　城市消防远程监控系统

1. 城市消防远程监控系统的定义与功能

城市消防远程监控系统（remote-monitoring system for urban fire protection）是对联网用户的火灾报警信息、建筑消防设施运行状态信息、消防安全管理信息进行接收、处理和管理，向城市消防通信指挥中心或其他接处警中心发送经确认的火灾报警信息，为公安消防部门提供查询，并为联网用户提供信息服务的系统。

城市消防远程监控系统应具有下列功能：

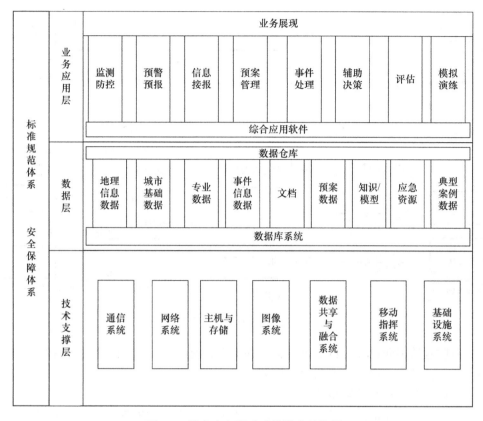

图 5-5　城市应急联动系统技术结构图

（1）接收联网用户的火灾报警信息，向城市消防通信指挥中心或其他接处警中心传送经确认的火灾报警信息。

（2）接收联网用户发送的建筑消防设施运行状态信息。

（3）为公安消防部门提供查询联网用户的火灾报警信息、建筑消防设施运行状态信息及消防安全管理信息。

（4）为联网用户提供自身的火灾报警信息、建筑消防设施运行状态信息查询和消防安全管理信息。

（5）对联网用户发送的建筑消防设施运行状态和消防安全管理信息进行数据实时更新。

2. 城市消防远程监控系统构成

城市消防远程监控系统由用户信息传输装置、报警传输网络、报警受理系统、信息查询系统、用户服务系统及相关终端和接口构成，如图 5-6 所示。其中，报警受理系统、信息查询系统、用户服务系统设置在监控中心。

（1）用户信息传输装置

用户信息传输装置（user information transmission device）指设置在联网用户端，通过报警传输网络与监控中心进行信息传输的装置。

用户信息传输装置应具有下列功能：

1）接收联网用户的火灾报警信息，并将信息通过报警传输网络发送给监控中心。

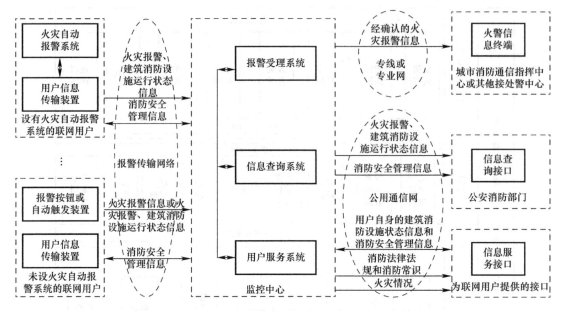

图 5-6　城市消防远程监控系统构成

2）接收建筑消防设施运行状态信息，并将信息通过报警传输网络发送给监控中心。

3）优先传送火灾报警信息和手动报警信息。

4）具有设备自检和故障报警功能。

5）具有主、备用电源自动转换功能，备用电源的容量应能保证用户信息传输装置连续正常工作时间不小于 8h。

（2）报警受理系统

报警受理系统（alarm receiving and handling system）指设置在监控中心，接收、处理联网用户按规定协议发送的火灾报警信息、建筑消防设施运行状态信息，并能向城市消防通信指挥中心或其他接处警中心发送火灾报警信息的系统。

报警受理系统应具有下列功能：

1）接收、处理用户信息传输装置发送的火灾报警信息。

2）显示报警联网用户的报警时间、名称、地址、联系电话、内部报警点位置、地理信息等。

3）对火灾报警信息进行核实和确认，确认后应将报警联网用户的名称、地址、联系电话、内部报警点位置、监控中心接警员等信息向城市消防通信指挥中心或其他接处警中心的火警信息终端传送，并显示火警信息终端的应答信息。

4）接收、存储用户信息传输装置发送的建筑消防设施运行状态信息，对建筑消防设施的故障信息进行跟踪、记录、查询和统计，并发送至相应联网用户。

5）自动或人工对用户信息传输装置进行巡检测试，并显示巡检测试结果。

6）显示、查询报警信息的历史记录和相关信息。

7）与联网用户进行语音、数据或图像通信。

8）实时记录报警受理的语音及相应时间，且原始记录信息不能被修改。

9）具有系统自检及故障报警功能。

10）具有系统启、停时间的记录和查询功能。

11）具有消防地理信息系统基本功能。

（3）信息查询系统

信息查询系统（information inquiry system）指为公安消防部门提供信息查询的系统。信息查询系统应具有下列功能：

1）查询联网用户的火灾报警信息。

2）按表 5-1 所列内容查询联网用户的建筑消防设施运行状态信息。

3）按表 5-2 所列内容查询联网用户的消防安全管理信息。

4）查询联网用户的日常值班、在岗等信息。

5）对上述信息，能按日期、单位名称、单位类型、建筑物类型、建筑消防设施类型、信息类型等检索项进行检索和统计。

建筑消防设施运行状态信息表　　　　　　　　　　　　　表 5-1

设施名称		内　容
火灾探测报警系统		火灾报警信息、可燃气体探测报警信息、电气火灾监控报警信息、屏蔽信息、故障信息
消防联动控制系统	消防联动控制器	动作状态、屏蔽信息、故障信息
	消火栓系统	消防水泵电源的工作状态，消防水泵的启、停状态和故障状态，消防水箱（池）水位、管网压力报警信息及消火栓按钮的报警信息
	自动喷水灭火系统、水喷雾（细水雾）灭火系统（泵供水方式）	喷淋泵电源工作状态，喷淋泵的启、停状态和故障状态，水流指示器、信号阀、报警阀、压力开关的正常工作状态和动作状态
	气体灭火系统、细水雾灭火系统（压力容器供水方式）	系统的手动、自动工作状态及故障状态，阀驱动装置的正常工作状态和动作状态，防护区域中的防火门（窗）、防火阀、通风空调等设备的正常工作状态和动作状态，系统的启、停信息，紧急停止信号和管网压力信号
	泡沫灭火系统	消防水泵、泡沫液泵电源的工作状态，系统的手动、自动工作状态及故障状态，消防水泵、泡沫液泵的正常工作状态和动作状态
	干粉灭火系统	系统的手动、自动工作状态及故障状态，阀驱动装置的正常工作状态和动作状态，系统的启、停信息，紧急停止信号和管网压力信号
	防烟排烟系统	系统的手动、自动工作状态，防烟排烟风机电源的工作状态，风机、电动防火阀、电动排烟防火阀、常闭送风口、排烟阀（口）、电动排烟窗、电动挡烟垂壁的正常工作状态和动作状态
	防火门及卷帘系统	防火卷帘控制器、防火门控制器的工作状态和故障状态，卷帘门的工作状态，具有反馈信号的各类防火门、疏散门的工作状态和故障状态等动态信息
	消防电梯	消防电梯的停用和故障状态
	消防应急广播	消防应急广播的启动、停止和故障状态
	消防应急照明和疏散指示系统	消防应急照明和疏散指示系统的故障状态和应急工作状态信息
	消防电源	系统内各消防用电设备的供电电源和备用电源工作状态信息、欠压报警信息

消防安全管理信息表　　　　　　　　　　　　　　　　表 5-2

序　号	名　称	内　容
1	基本情况	单位名称、编号、类别、地址、联系电话、邮政编码，消防控制室电话；单位职工人数、成立时间、上级主管（或管辖）单位名称、占地面积、总建筑面积、单位总平面图（含消防车道、毗邻建筑）等；单位法人代表、消防安全责任人、消防安全管理人及专兼职消防管理人的姓名、身份证号码、电话

续表

序　号	名　称		内　容
2	主要建构筑物等信息	建（构）筑物	建（构）筑物名称、编号、使用性质、耐火等级、结构类型、建筑高度、地上层数及建筑面积、地下层数及建筑面积、隧道高度及长度等，建造日期、主要储存物名称及数量、建筑物内最大容纳人数、建筑立面图及消防设施平面布置图；消防控制室位置，安全出口的数量、位置及形式（指疏散楼梯）；毗邻建筑的使用性质、结构类型、建筑高度、与本建筑的间距
		堆　场	堆场名称、主要堆放物品名称、总储量、最大堆高、堆场平面图（含消防车道、防火间距）
		储　罐	储罐区名称、储罐类型（指地上、地下、立式、卧式、浮顶、固定顶等）、总容积、最大单罐容积及高度、储存物名称、性质和形态、储罐区平面图（含消防车道、防火间距）
		装　置	装置区名称、占地面积、最大高度、设计日产量、主要原料、主要产品、装置区平面图（含消防车道、防火间距）
3	单位（场所）内消防安全重点部位信息		重点部位名称、所在位置、使用性质、建筑面积、耐火等级、有无消防设施、责任人姓名、身份证号码及电话
4	室内外消防设施信息	火灾自动报警系统	设置部位、系统形式、维保单位名称、联系电话；控制器（含火灾报警、消防联动、可燃气体报警、电气火灾监控等）、探测器（含火灾探测、可燃气体探测、电气火灾探测等）、手动报警按钮、消防电气控制装置等的类型、型号、数量、制造商；火灾自动报警系统图
		消防水源	市政给水管网形式（指环状、支状）及管径、市政管网向建（构）筑物供水的进水管数量及管径、消防水池位置及容量、屋顶水箱位置及容量、其他水源形式及供水量、消防泵房设置位置及水泵数量、消防给水系统平面布置图
		室外消火栓	室外消火栓管网形式（指环状、支状）及管径、消火栓数量、室外消火栓平面布置图
		室内消火栓系统	室内消火栓管网形式（指环状、支状）及管径、消火栓数量、水泵接合器位置及数量、有无与本系统相连的屋顶消防水箱
		自动喷水灭火系统（含雨淋、水幕）	设置部位、系统形式（指湿式、干式、预作用、开式、闭式等）、报警阀位置及数量、水泵接合器位置及数量、有无与本系统相连的屋顶消防水箱、自动喷水灭火系统图
		水喷雾（细水雾）灭火系统	设置部位、报警阀位置及数量、水喷雾（细水雾）灭火系统图
		气体灭火系统	系统形式（指有管网、无管网，组合分配、独立式，高压、低压等）、系统保护的防护区数量及位置、手动控制装置的位置、钢瓶间位置、灭火剂类型、气体灭火系统图
		泡沫灭火系统	设置部位、泡沫种类（指低倍、中倍、高倍、抗溶、氟蛋白等）、系统形式（指液上、液下、固定、半固定等）、泡沫灭火系统图
		干粉灭火系统	设置部位、干粉储罐位置、干粉灭火系统图
		防烟排烟系统	设置部位、风机安装位置、风机数量、风机类型、防烟排烟系统图
		防火门及卷帘	设置部位、数量
		消防应急广播	设置部位、数量、消防应急广播系统图
		应急照明和疏散指示系统	设置部位、数量、应急照明和疏散指示系统图
		消防电源	设置部位、消防主电源在配电室是否有独立配电柜供电、备用电源形式（市电、发电机、EPS等）
		灭火器	设置部位、配置类型（指手提式、推车式等）、数量、生产日期、更换药剂日期

续表

序　号	名　称		内　容
5	消防设施定期检查及维护保养信息		检查人姓名、检查日期、检查类别（指日检、月检、季检、年检等）、检查内容（指各类消防设施相关技术规范规定的内容）及处理结果，维护保养日期、内容
6	日常防火巡查记录	基本信息	值班人员姓名、每日巡查次数、巡查时间、巡查部位
		用火、用电	用火、用电、用气有无违章情况
		疏散通道	安全出口、疏散通道、疏散楼梯是否畅通，是否堆放可燃物；疏散走道、疏散楼梯、顶棚装修材料是否合格
		防火门、防火卷帘	常闭防火门是否处于正常状态，是否被锁闭；防火卷帘是否处于正常状态，防火卷帘下方是否堆放物品影响使用
		消防设施	疏散指示标志、应急照明是否处于正常完好状态；火灾自动报警系统探测器是否处于正常完好状态；自动喷水灭火系统喷头、末端放（试）水装置、报警阀是否处于正常完好状态；室内室外消火系统是否处于正常完好状态；灭火器是否处于正常完好状态
7	火灾信息		起火时间、起火部位、起火原因、报警方式（指自动、人工等）、灭火方式（指气体、喷水、水喷雾、泡沫、干粉灭火系统，灭火器，消防队等）

（4）用户服务系统

用户服务系统（user service system）指为联网用户提供信息服务的系统。

用户服务系统应具有下列功能：

1）为联网用户提供查询其自身的火灾报警、建筑消防设施运行状态信息及消防安全管理信息的服务平台。

2）对联网用户的建筑消防设施日常维护保养情况进行管理。

3）为联网用户提供消防安全管理信息的数据录入、编辑服务。

4）通过随机查岗，实现联网用户的消防安全负责人对值班人员日常值班工作的远程监督。

5）为联网用户提供使用权限。

6）为联网用户提供消防法律法规、消防常识和火灾情况等信息。

（5）火警信息终端

火警信息终端应具有下列功能：

1）接收监控中心发送的联网用户火灾报警信息，向其反馈接收确认信号，并发出明显的声、光提示信号。

2）显示报警联网用户的名称、地址、联系电话、内部报警点位置、监控中心接警员、火警信息终端警情接收时间等信息。

3）具有设备自检及故障报警功能。

3. 远程监控系统报警传输网络与信息传输

（1）报警传输网络

信息传输可采用有线通信或无线通信方式。

报警传输网络可采用公用通信网或专用通信网构建。

远程监控系统采用有线通信方式传输时的接入方式有：

1）用户信息传输装置和报警受理系统通过电话用户线或电话中继线接入公用电话网；

2）用户信息传输装置和报警受理系统通过电话用户线或光纤接入公用宽带网；

3）用户信息传输装置和报警受理系统通过模拟专线或数据专线接入专用通信网。

远程监控系统采用无线通信方式传输时的接入方式有：

1）用户信息传输装置和报警受理系统通过移动通信模块接入公用移动网。

2）用户信息传输装置和报警受理系统通过无线电收发设备接入无线专用通信网络。

3）用户信息传输装置和报警受理系统通过集群语音通路或数据通路接入无线电集群专用通信网络。

（2）系统连接与信息传输

联网用户的火灾报警和建筑消防设施运行状态信息的传输应符合下列要求：

1）设有火灾自动报警系统的联网用户应采用火灾自动报警系统向用户信息传输装置提供火灾报警和建筑消防设施运行状态信息。

2）未设火灾自动报警系统的联网用户应采用报警按钮向用户信息传输装置提供火灾报警信息，或通过自动触发装置向用户信息传输装置提供火灾报警和建筑消防设施运行状态信息。

3）用户信息传输装置与监控中心的信息传输应通过报警监控传输网络进行。

联网用户的消防安全管理信息宜通过报警监控传输网络或公用通信网与监控中心进行信息传输。

火警信息终端应设置在城市消防通信指挥中心或其他接处警中心，并应通过专线（网）与监控中心进行信息传输。

监控中心与信息查询接口、信息服务接口的火灾报警、建筑消防设施运行状态信息和消防安全管理信息传输应通过公用通信网进行。

5.2.3　城市监控报警联网系统

1. 城市监控报警联网系统的定义与总体结构

城市监控报警联网系统（city area monitoring and alarming network system）是以维护社会公共安全为目的，综合运用安全防范、通信、计算机网络、系统集成等技术，在城市范围内构建具有信息采集/传输/控制/显示/存储/处理等功能的能够实现不同设备及系统间互联/互通和互控的综合网络系统。利用该系统，可对城市范围内需要防范和监控的目标实施有效的视频监控、报警处置，并可为城市应急体系建设提供相应的信息平台。

（1）应用结构

城市监控报警联网系统构成主体可分成监控资源、传输网络、监控中心和用户终端四个部分，网络系统应用结构如图5-7所示。

1）监控资源

监控资源指为联网系统提供监控信息的各种设备和系统，主要包括前端设备和区域监控报警系统。监控信息包括图像、声音、报警信号、业务数据等。监控资源分为公安监控资源和社会监控资源。社会监控资源可直接接入公安监控中心，也可先汇入社会监控中心后再接入公安监控中心。

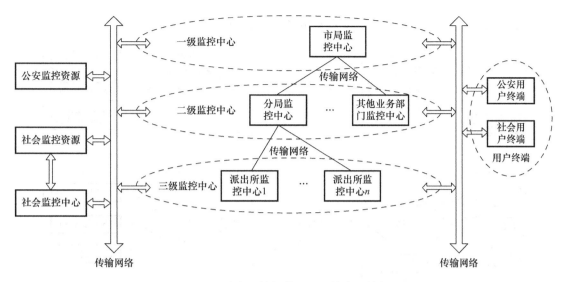

图 5-7　城市监控报警联网系统应用结构

区域监控报警系统由前端、传输/变换、控制/管理、显示/存储/处理四个部分组成，通常是一个相对独立的系统，实际应用中可由入侵报警系统、视频安防监控系统、出入口控制系统、电子巡查系统、停车场管理系统等子系统根据需要进行组合或集成。

2）传输网络

传输网络可分为公安专网、公共通信网络和专为联网系统建设的独立网络等，其网络结构分为 IP 网络或/和非 IP 网络；传输方式由有线传输或/和无线传输构成。优先选择公安专网。

3）监控中心

公安监控中心分级设置：市局为一级，分局和交警、消防业务部门为二级，派出所为三级。

根据公安业务和社会公共安全管理的相关规定，社会监控中心通过相应的接口向公安监控中心提供本区域内的特定的图像、报警及相关信息。

4）用户终端

用户终端包括公安用户终端和社会用户终端，可分为固定终端和移动终端。用户通过用户终端实现对监控资源的访问和控制，用户终端的行为受到监控中心的管理和授权。

（2）互联结构

联网系统内的设备、系统（包括监控中心之间、监控中心与前端设备/用户终端之间）通过 IP 网络互联的结构如图 5-8 所示。

联网用户的互联是基于 IP 网络、在应用层上实现的，包括对基于 SIP 的监控网络和非 SIP 监控网络的互联。基于 SIP 的监控网络指具有 SIP 服务器，且其中的监控资源、用户终端、监控中心等支持城市监控报警联网系统要求的 SIP 协议的监控网络。非基于 SIP 的监控网络是指其中的监控资源、用户终端、监控中心等不支持城市监控报警联网系统要求的 SIP 协议的监控网络。基于 SIP 的监控网络可以直接连接到联网系统，非 SIP 的监控网络则需通过 SIP 网关连接到联网系统。

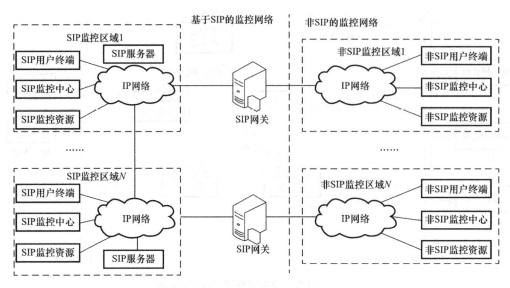

图 5-8　城市监控报警联网系统互联结构

2. 组网模式

根据联网系统的功能要求，结合现有区域监控报警系统的结构模式和联网要求，联网系统有数字型监控系统和模数混合型监控系统 2 种形式，接入方式又分数字接入和模拟接入 2 种。

数字型监控系统（digital surveillance system）：只存在数字信号控制和处理方式的监控系统。

模数混合型监控系统（analog and digital surveillance system）：同时存在模拟、数字两种信号控制和处理方式的监控系统。

数字接入（digital access）：前端设备或区域监控报警系统通过数字传输通道将数字视音频信号传送到监控中心的接入方式，包括前端模拟摄像机的模拟视音频信号通过 DVR、DVS 等转码设备转为数字视音频信号后通过数字传输通道传送到监控中心的接入方式。

模拟接入（analog access）：前端设备或区域监控报警系统通过模拟传输通道将模拟视音频信号传送到监控中心的接入方式。

（1）数字接入方式的数字型监控系统

如图 5-9 所示，监控中心对数字视频信号进行传输、存储和管理，视频解码设备将数字视频解码后送显示设备显示。对于前端模拟摄像机的模拟视音频信号，通过放置在靠近前端设备处的视频编码设备，将模拟视频信号进行数字化、编码压缩，转换为可以在网络上传输的数据包（或直接使用网络摄像机），通过 IP 网络（有线/无线方式）传送到监控中心。

本模式要求在监控点和监控中心之间有较高网络带宽，新建监控系统采用此模式。

（2）数字接入方式的模数混合型监控系统

如图 5-10 所示，监控中心同时存在模拟、数字两种控制和处理设备，监控中心本地对视频图像的切换、控制通过视频切换设备完成，监控管理平台实现对数字视音频等数据的网络传输和管理。

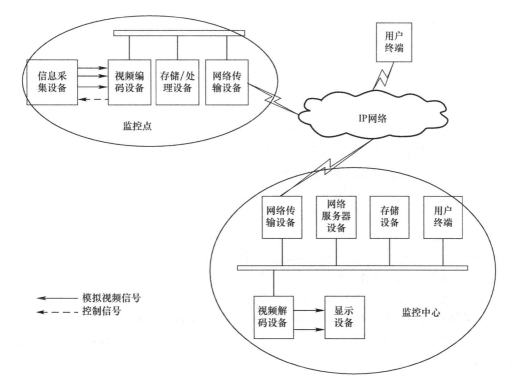

图 5-9　数字接入方式的数字型监控系统

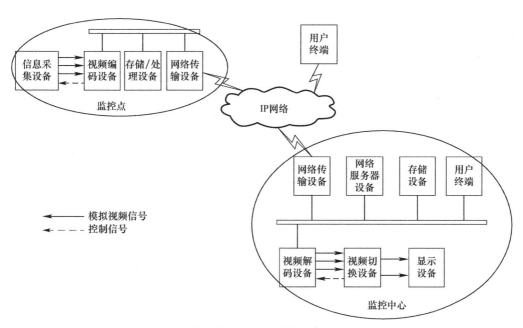

图 5-10　数字接入方式的模数混合型监控系统

　　视频编码设备放置在靠近前端设备处，将若干路模拟视频信号进行数字化、编码压缩，转换为可以在网络上传输的数据包（或直接使用网络摄像机），通过 IP 网络（有线/无线方式）传送到监控中心。在监控中心内，视频解码设备将数字视频信号转换成模拟视频信号接入视频切换设备。

思考题与习题

1. 试简要说明火灾自动报警系统如何实现与空调及通风系统的联动。

2. 智能建筑应急联动系统应具有哪些主要功能？

3. 火灾报警及消防联动系统设计应遵循的国家及行业规范有哪几个？

4. 高层建筑消防联动系统设计应注意的几个问题？

5. 《城市消防远程监控系统》系列国家标准包括哪6个部分？

6. 简述"城市消防远程监控系统"的概念。

7. 城市应急联动业务系统的五个层次及其主要内容是什么？

8. 试对比分析现有区域监控报警系统的结构模式的特点。

9. 可将城市群应急联动组织体系划分为哪几个层次？

10. 简述建设城市群应急联动机制的基本原则。

11. 举例对比国际上发达国家与我国的城市（群）应急联动系统存在的异同。

12. 试述智慧城市的建设将会对城市（群）应急联动系统产生怎样的影响并提出哪些新的要求。

第6章 公共安全系统机房、供配电、防雷与接地

6.1 公共安全系统机房

6.1.1 公共安全系统机房

1. 机房位置选择的一般要求

（1）宜设在建筑物首层及以上层，当地下为多层时，也可设在地下一层。

（2）宜靠近电信间，方便各种线路进出。

（3）应远离强电磁场干扰场所，不应与变配电室及电梯机房贴邻布置。

（4）宜远离振动源和噪声源的场所；当不能避免时，应采取隔振、消声和隔声措施。

（5）设备（机柜、发电机、UPS、专用空调等）吊装、运输方便。

（6）应远离粉尘、油烟、有害气体以及生产或储存具有腐蚀性、易燃、易爆物品的场所。

（7）不应设在水泵房、厕所和浴室等潮湿场所的贴邻位置。

（8）应采取防水、降噪、隔音、抗震等措施。

2. 机房设备布置

机房设备应根据系统配置及管理需要分区布置，合用机房时应按功能分区布置。

视频监控系统和有线电视系统电视墙前面的距离，应满足观看视距的要求，电视墙与值班人员之间的距离，应大于主监视器画面对角线长度的5倍。设备布置应防止在显示屏上出现反射眩光。

设备的通道净宽不应小于1.2m，并排布置的设备总长度大于4m时，两侧均应设置通道。设备的间距和高度要求如表6-1所示。

设备（机架）各种排列方式的间距　　　　表6-1

序　号	名　　称	净距离（m）	
		消防控制室（控制中心）	安防控制室（监控中心）
1	机柜正面相对排列	≥2	≥1.5
2	背后开门的设备，背面离墙	≥1	≥0.8
3	正面距墙	≥1.5	≥1.2
4	侧面距墙或其他设备	≥1.5（主通道），≥0.8（次通道）	
5	墙挂式设备	中心距地1.5m，侧面距墙≥0.5	
6	相邻机列背对背排列的距离	≥1.0	

3. 机房土建及环境条件

机房土建及建筑设备要求如表 6-2 所示。

机房土建及建筑设备要求 表 6-2

序　号	项　目	消防控制室（控制中心）	安防控制室（监控中心）
1	室内净高 （梁下或风管下）	≥2.5m	
2	楼、地面等效均 布活荷载	≥4.5kN/m²	
3	地面材料	防静电材料	
4	顶棚、墙面	涂不起灰、浅色无光涂料	涂不起灰、浅色无光涂料，不燃烧材料
5	门及宽度	外开双扇甲级防火门 1.2～1.5m	外开双扇防火门 1.2～1.5m，高 2.1m， 自动关闭，能从室内开启
6	窗	良好防尘	
7	温度	18～28℃	
8	相对湿度	30%～75%	
9	照度	300lx	
10	交流电源	消防电源	可靠电源
11	应急照明	设置	设置

机房内敷设活动地板时，敷设高度应按实际需求确定，宜为 200～350mm。

机房空气含尘浓度，在静态条件下测试，每升空气中灰尘颗粒最大直径大于或等于 0.5μm 时的灰尘颗粒数，应小于 1.8×10^4 粒。

机房内的噪声，在系统停机状况下，在操作员位置测量应小于 68dB（A）。

机房的电磁环境，在干扰频率为 0.1～30MHz 时，电磁场强度限值为 10V/m；干扰频率为 30～300MHz 时，电磁场强度限值为 5V/m；干扰频率为 300MHz～300GHz 时，电磁场强度限值为 $10\mu W/cm^2$。当机房的电磁环境不符合系统的安全运行标准和信息涉密管理规定时，应采取屏蔽措施。

照明灯具应采用无眩光荧光灯具及节能灯具。

6.1.2 消防控制室（中心）

1. 消防控制室（中心）的设置与设备布置

仅有火灾自动报警系统且无消防联动控制功能时，可设消防值班室。消防值班室宜设在首层主要出入口附近，可与经常有人值班的部门合并设置。

设有火灾自动报警和消防联动控制系统的建筑物，应设消防控制室。

消防系统规模大，需要集中管理的建筑群及建筑高度超过100m的高层民用建筑，应设消防控制中心，消防控制中心宜与主体建筑的消防控制室结合。

当建筑物内设置有消防炮灭火系统时，其消防控制室应满足现行国标《固定消防炮灭火系统设计规范》GB 50338 的有关规定。

消防系统也可与建筑设备监控系统、安全防范系统合用控制室。

消防控制室设备面盘前的操作距离，单列布置时不应小于 1.5m；双列布置时不应小于 2m。在值班人员经常工作的一面，设备面盘至墙的距离不应小于 3m。设备面盘后的维修距离不宜小于1m。设备面盘排列长度大于4m时，其两端应设置宽度不小于lm的通道。

与建筑其他弱电系统合用的消防控制室内，消防设备应集中设置，并应与其他设备间有明显间隔。

2. 消防控制室（中心）的位置选择

消防控制室（中心）的位置选择除应符合上述6.1.1的要求外，还应满足：

（1）消防控制室应设置在建筑物的首层或地下一层，并宜布置在靠外墙部位。

（2）疏散门应直通室外或安全出口。直通室外指进出消防控制室不需要经过其他房间或使用空间而直接到达建筑外，开设在建筑首层门厅大门附近的疏散门可以视为直通室外；直通安全出口指消防控制室的门通过疏散走道直接连通到进入疏散楼梯的门，不需要经过其他空间。当设在首层时，应有直通室外的安全出口；当设置在地下一层时，距通往室外安全出入口不应大于20m，且均应有明显标志。

（3）不应设置在电磁场干扰较强及其他可能影响消防控制设备正常工作的房间附近。

（4）应设在交通方便和消防人员容易找到并可以接近的部位。

（5）应设在发生火灾时不易延燃的部位。

（6）宜与防灾监控、广播、通信设施等用房相邻近。

3. 消防控制室（中心）的土建和环境条件

消防控制室（中心）的土建和环境条件除符合上述6.1.1的要求外，还要求消防控制室的门应向疏散方向开启，且控制室入口处应设置明显的标志。

消防控制室严禁与之无关的电气线路和管路穿过。

消防控制室的送、回风管在其穿墙处应设防火阀。

消防控制室应采取防水淹的技术措施。

6.1.3 安全防范系统监控中心

1. 安全防范系统监控中心的设置

安全防范系统监控中心应设置为禁区。应有保证自身安全的防护措施和进行内外联络的通信手段。应设置紧急报警装置和留有向上一级接处警中心报警的通信接口。

2. 安全防范系统监控中心的位置选择

安全技术防范系统监控中心的位置选择应符合上述6.1.1的要求，宜设置在建筑物一层，可与消防、建筑设备监控系统等控制室合用或毗邻，合用时应有专用工作区。监控中心宜位于防护体系的中心区域。

3. 安全防范系统监控中心的土建和环境条件

安全技术防范系统监控中心的土建和环境条件应符合上述6.1.1的要求。

监控中心的使用面积应与安防系统的规模相适应，不宜小于$20m^2$。与值班室合并设置时，其专用工作区面积不宜小于$12m^2$。宜设置值班人员卫生间。

监控中心出入口应设置出入口控制装置。监控中心出入口及中心内应设置视频监控装置，监控出入口外部及中心内人员情况。

6.1.4 城市消防远程监控中心

监控中心应设置在耐火等级为一、二级的建筑中，并宜设置在火灾危险性较小的部位。监控中心周围不应设置电磁场干扰较强或其他影响监控中心正常工作的设备。

用户信息传输装置应设置在联网用户的消防控制室内。联网用户未设置消防控制室时，用户信息传输装置宜设置在有人值班的部位。

6.1.5 城市监控报警联网监控中心

1. 机房场地选择

城市监控报警联网系统机房场地选择除满足 6.1.1 的一般要求外，还应满足：

（1）防雷要求：避开落雷区域。

（2）防地震、水灾要求：避开有地震、水灾危害的区域。

（3）防公众干扰要求：避免靠近公共区域，如运输通道、停车场或餐厅等。

2. 土建及环境条件

（1）机房内部安全防护

机房只设一个出入口，另设若干紧急疏散出口，标明疏散线路和方向。

机房内部应分区管理，一般分为主机区、操作区、辅助区等。

设置机房电子门禁系统。

（2）机房防火

机房和重要的记录介质存放间建筑材料为符合 GB 50045 规定的一级耐火等级，机房相关的其余工作房间和辅助房建筑材料不低于 GB 50016 规定的二级耐火等级。

设置火灾自动报警与消防联动控制系统，自动启动事先固定安装好的灭火设备进行自动灭火。

机房布局应将脆弱区和危险区进行隔离，防止外部火灾进入机房，特别是重要设备地区，应安装防火门、使用阻燃材料装修等。

（3）机房防水与防潮

水管安装不得穿过屋顶和活动地板下，穿过墙壁和楼板的水管应使用套管，并采取可靠的密封措施。

采取一定措施，防止雨水通过屋顶和墙壁渗透、室内水蒸气结露和地下积水的转移与渗透。

安装对水敏感的检测仪表或元件，对机房进行防水检测，发现水害，及时报警。

机房应设有排水口，并安装水泵，以便迅速排出积水。

（4）设备的防盗和防毁

利用视频监控系统对监控中心的各重要部位进行监视，并有专人值守，防止夜间从门窗进入的盗窃行为。

6.2 公共安全系统供配电

6.2.1 火灾自动报警系统供配电

1. 系统供电的一般要求

火灾自动报警系统应设有交流电源和蓄电池备用电源。

火灾自动报警系统的交流电源应采用消防电源，备用电源可采用火灾报警控制器和消防联动控制器自带的蓄电池电源或消防设备应急电源。当备用电源采用消防设备应急电源时，火灾报警控制器和消防联动控制器应采用单独的供电回路，并应保证在系统处于最大负载状态下不影响火灾报警控制器和消防联动控制器的正常工作。

消防控制室图形显示装置、消防通信设备等的电源，宜由 UPS 电源装置或消防设备应急电源供电。

火灾自动报警系统主电源不应设置剩余电流动作保护和过负荷保护装置。

消防设备应急电源输出功率应大于火灾自动报警及联动控制系统全负荷功率的 120%，蓄电池组的容量应保证火灾自动报警及联动控制系统在火灾状态同时工作负荷条件下连续工作 3h 以上。

消防用电设备应采用专用的供电回路，其配电设备应设有明显标志。其配电线路和控制回路宜按防火分区划分，以提高消防线路的可靠性。

紧急广播系统备用电源的连续供电时间，必须与消防疏散指示标志照明备用电源的连续供电时间一致。

2. 消防设备应急电源

消防设备应急电源（FEPS，fire equipment emergency power supply）可作为火灾自动报警系统的备用电源，为系统或系统内的设备及相关设施（场所）供电，但为消防设备供电的 FEPS 不能同时为应急照明供电。

为单相供电额定功率大于 30kW、三相供电额定功率大于 120kW 的消防设备供电的 FEPS 不应同时为其他负载供电。

为单相供电额定功率小于 30kW、三相供电额定功率小于 120kW 的消防设备供电的 FEPS 应采用以下方式：

（1）交流输出的 FEPS，一台 FEPS 可为一台设备或多台互投使用的消防设备供电。

（2）直流输出、现场逆变的 FEPS，可以树干式或放射式配带多逆变/变频分机方式为一台设备或多台互投使用的消防设备供电。

（3）有电梯负荷时，按最不利的全负荷同时启动冲击情况下，FEPS 逆变母线电压不应低于额定电压的 80%；无电梯负荷时，FEPS 的母线电压不应低于额定电压的 75%。

FEPS 的蓄电池容量应保证负荷稳定工作后，应急工作时间的要求（在火灾发生期间各类消防用电设备最少持续供电时间见表 6-3）。

火灾发生期间消防用电设备最少持续供电时间	表 6-3
消防用电设备	持续供电时间（min）
火灾自动报警装置	≥180（120）
消火栓、消防泵及水幕泵	≥180（120）
自动喷水系统	≥60
水喷雾和泡沫灭火系统	≥30
CO_2 灭火和干粉灭火系统	≥30
防、排烟设备	≥90、60、30
火灾应急广播	≥90、60、30
消防电梯	≥180（120）

注：1. 防、排烟设备火灾时供电时间应大于等于疏散照明时间。
　　2. 括号中 120min 为针对耐火 2h 的建筑物。

FEPS 的额定逆变功率应不小于最大的单台电动机及设备或成组电动机及设备可能的同时启动的功率，对于直流输出、现场逆变的 FEPS，应考虑逆变母线压降。

3. 线路选择与敷设

消防用电设备的配电线路应满足火灾时连续供电的需要。火灾自动报警系统的报警总线应选择燃烧性能级别不低于 B2 级的电线或电缆，消防联动总线及控制线路、火灾自动报警控制器（联动型）的总线应选择耐火等级不低于 750℃、90min 的电线或电缆（B 级耐火电缆）。

消防控制室、消防泵、消防电梯、水幕泵的供电干线应选用 950℃、180min 矿物绝缘类电缆或母线槽。

防火卷帘和稳压泵可采用不低于 750℃、90min 的耐火电缆（B 级耐火电缆）。

其他消防设备供电干线可采用不低于 950℃、90min 的耐火电缆（A 级耐火电缆）。

消防用电设备应采用专用的供电回路，其配电设备应设有明显标志。其配电线路和控制回路宜按防火分区划分。不同电压等级的线缆不应穿入同一根保护管内，当合用同一线槽时，线槽内应有隔板分隔。

线缆暗敷设时，应穿管并应敷设在不燃烧体结构内且保护层厚度不应小于 30mm；明敷设时（包括敷设在吊顶内、架空地板内），应穿有防火保护的金属管或有防火保护的封闭式金属线槽。

当采用阻燃或耐火电缆时，敷设在电缆井、电缆沟内可不采取防火保护措施。

当采用矿物绝缘类不燃性电缆时，可直接明敷。

消防线路宜与其他配电线路分开敷设在不同的电缆井、沟内；当确有困难需敷设在同一井沟内时，应分别布置在井沟的两侧，且消防配电线路应采用矿物绝缘类不燃性电缆。

6.2.2 安全防范系统供电

1. 系统供电

监控中心应设置专用配电箱，由专用线路直接供电，并宜采用双路电源末端自投方式，宜有两路独立电源供电，并在末端自动切换。

应对系统设备进行分类，统筹考虑系统供电，配置相应的电源设备。系统监控中心和系统重要设备应配备相应的备用电源装置。系统前端设备视工程实际情况，可由监控中心集中供电，也可本地供电。

主电源和备用电源应有足够容量。应根据安全防范系统各子系统等的不同供电消耗和管理要求，按系统额定功率的 1.5 倍设置主电源容量；应根据管理工作对主电源断电后系统防范功能的要求，选择配置持续工作时间符合要求的备用电源。

电源质量应满足下列要求：

（1）稳态电压偏移不大于 ±10%；

（2）稳态频率偏移不大于 ±0.2Hz；

（3）电压波形畸变率不大于 5%；

（4）断电持续时间不大于 4ms；

（5）当不能满足上述要求时，应采用稳频稳压及不间断供电等措施，其输出功率不应小于系统使用功率的 1.5 倍。

重要建筑的安全技术防范系统，应采用在线式不间断电源供电，不间断电源应保证系统正常工作 60min。其他建筑的安全技术防范系统宜采用不间断电源供电。

2. 线路敷设

室内线路布线设计应做到短捷、隐蔽、安全、可靠，减少与其他系统交叉及共用管槽，并应符合下列规定：

(1) 线缆选型应根据各系统不同功能要求采用不同类型及规格的线缆。

(2) 线缆保护管宜采用金属导管、难燃型刚性塑料导管、封闭式金属线槽或难燃型塑料线槽。

(3) 重要线路应选用阻燃型线缆，采用金属导管保护，并应暗敷在非燃烧体结构内。当必须明敷时，应采取防火、防破坏等安全保护措施。

(4) 当与其他弱电系统共用线槽时，宜分类加隔板敷设。

(5) 重要场所的布线槽架，应有防火及槽盖开启限制措施。

交流 220V 供电线路应单独穿导管敷设。

穿导管线缆的总截面积，直段时不应超过导管内截面积的 40%，弯段时不应超过导管内截面积的 30%。敷设在线槽内的线缆总截面积，不应超过线槽净截面积的 50%。

室外线路敷设宜根据现有地形、地貌、地上及地下设施情况，结合安防系统的具体要求，选择导管、排管或电缆隧道等敷设方式，并应符合现行国家通信行业标准《通信管道与通信工程设计规范》YD 5007 的规定。

监控中心内的电缆、控制线的敷设宜设置地槽；不宜设置地槽时，也可敷设在电缆架槽、电缆走廊、墙上槽板内，或采用活动地板。除采用 CMP 等级阻燃线缆外，活动地板下引至各设备的线缆，应敷设在封闭式金属线槽中。

6.2.3　城市消防远程监控系统电源

监控中心的电源应按所在建筑物的最高等级配置，且不应低于二级负荷，并应保证不间断供电。

用户信息传输装置的主电源应有明显标识，并应直接与消防电源连接，不应使用电源插头。用户信息传输装置与其外接备用电源之间应直接连接。用户信息传输装置具有主、备用电源自动转换功能，备用电源的容量应能保证用户信息传输装置连续正常工作时间不小于 8h。

6.2.4　城市监控报警联网系统电源

重要监控点应配置备用电源，备用电源应能延长供电不少于 8h。

监控中心配电系统应满足系统运行的要求，并有一定的余量。应将联网系统供电与其他供电分开，并配备应急照明装置。

监控中心应配备用电源，备用电源应能保证对监控中心内报警设备及监控核心设备延长供电不少于 8h。

监控中心内系统宜采用两路独立电源供电，并在末端自动切换。电源质量符合 6.2.2 要求。

采取有效措施，减少机房中电器噪声干扰，保证计算机系统正常运行。

采取有效措施，防止/减少供电中断、异常状态供电（指连续电压过载或低电压）、电压瞬变、噪声（电磁干扰）以及由于雷击等引起的设备突然失效事件。

6.3　公共安全系统防雷与接地

6.3.1　公共安全系统机房等电位连接与接地

公共安全系统机房等电位连接与接地应符合下列要求：

机房应设做电位连接网络，设置等电位连接端子箱，电气和电子设备的金属外壳、机柜、机架、金属管、槽、屏蔽线缆外层、电子设备防静电接地、安全保护接地、浪涌保护器（SPD）接地端等均应以最短的距离与等电位连接网络的接地端子连接。对于工作频率较低（小于30kHz）且设备数量较少的机房，可采用单点（S形）接地方式；对于工作频率较高（大于300kHz）且设备台数较多的机房，可采用多点（M形）接地方式。

机房接地系统的设置应满足人身安全、设备安全及电子信息系统正常运行的要求。

机房交流功能接地、保护接地、直流功能接地、防雷接地等各种接地宜共用接地网，接地电阻按其中最小值确定。

当各系统共用接地网时，宜将各系统分别采用接地导体与接地网连接。

6.3.2　火灾报警及消防远程监控系统防雷与接地

1. 防雷

火灾报警控制系统的报警主机、联动控制盘、火警广播、对讲通信等系统的信号传输线缆宜在线路进出建筑物 LPZ0$_A$ 或 LPZ0$_B$ 与 LPZ1 交界处设置适配的信号线路浪涌保护器。

消防控制中心与本地区或城市"119"报警指挥中心之间联网的进出线路端口应装设适配的信号线路浪涌保护器。

2. 接地

火灾自动报警系统的接地需满足 6.3.1 所述要求。

火灾自动报警及联动控制系统的接地应采用共用接地系统。接地干线应采用截面积不小于16mm^{2}的铜芯绝缘线，并宜穿管敷设接至本楼层（或就近）的等电位接地端子板。采用专用接地装置时，由消防控制室接地板引至各消防电子设备的专用接地线应选用铜芯绝缘导线，其线芯截面面积不应小于4mm^2。

火灾自动报警系统采用共用接地装置时，接地电阻值不应大于1Ω；采用专用接地装置时，接地电阻值不应大于4Ω。

消防控制室内的电气和电子设备的金属外壳、机柜、机架和金属管、槽等，应采用等电位连接。

由消防控制室接地板引至各消防电子设备的专用接地线应选用铜芯绝缘导线，其线芯截面面积不应小于4mm^2。

消防控制室接地板与建筑接地体之间，应采用线芯截面面积不小于25mm^{2}的铜芯绝缘导线连接。

6.3.3　安全防范系统防雷与接地

1. 防雷

前端设备装于旷野、塔顶或高于附近建筑物的电缆端时，应按《建筑物防雷设计规范》GB 50057 的要求设置避雷保护装置。

置于户外摄像机的输出视频接口应设置视频信号线路浪涌保护器。在摄像机信号控制线接口（如 RS485、RS422 等）应设置信号线路浪涌保护器。SPD 应满足设备传输率（带宽）要求，并与被保护设备接口兼容。解码箱处供电线路应设置电源线路浪涌保护器。

系统的电源系统、信号传输线路、天线馈线以及进入监控室的架空电缆入室端均应采取防雷电感应过电压、过电流的保护措施。

主控机、分控机的信号控制线、通信线、各监控器的报警信号线，宜在线路进出建筑物 LPZ0$_A$ 或 LPZ0$_B$ 与 LPZ1 交界处设置适配的线路浪涌保护器。

系统视频、控制信号线路及供电线路的浪涌保护器，应分别根据视频信号线路、解码控制信号线路及摄像机供电线路的性能参数来选择。

2. 接地

安全防范系统接地需满足 6.3.1 所述要求。

主机房应做等电位连接网络，设置接地汇集环或汇集排，汇集环或汇集排宜采用裸铜线，其截面积应不小于 35mm^2。系统接地干线宜采用截面积不小于 16mm^2 的多股铜芯绝缘导线。

系统的户外供电线路、视频信号线路、控制信号线路应有金属屏蔽层并穿钢管埋地敷设，屏蔽层及钢管两端应接地。视频信号线应单端接地，钢管应两端接地。信号线与供电线路应分开敷设。不得在建筑物屋顶上敷设电缆，必须敷设时，应穿金属管进行屏蔽。

光缆传输系统中，各光端机外壳应接地。光端加强芯、架空光缆接续护套应接地。

系统应采用共用接地系统，接地母线应采用铜质线，接地端子应有地线符号标记。不得与强电的电网零线相接。

系统接地电阻不得大于 4Ω；建造在野外的安全防范系统，其接地电阻不得大于 10Ω；在高山岩石的土壤电阻率大于 2000Ω·m 时，系统接地电阻不得大于 20Ω。

6.3.4 城市监控报警联网系统防雷与接地

联网系统防雷接地见 6.3.3。机房防雷与接地的措施还有：

1. 机房防静电

接地与屏蔽：采取必要的措施，使联网系统有一套合理的防静电接地与屏蔽系统。

温、湿度防静电：控制机房温、湿度，使其保持在不易产生静电的范围内。

地板防静电：机房地板从表面到接地系统的阻值，应在不易产生静电的范围。

材料防静电：机房中使用的各种家具，工作台、柜等，应选择产生静电小的材料。

2. 机房接地与防雷击

去耦、滤波要求：设置信号地与直流电源地，并注意不造成额外耦合，保障去耦、滤波等的良好效果。

防护地与屏蔽地要求：设置安全防护地与屏蔽地，采用阻抗尽可能小的良导体的粗线，以减少各种地之间的电位差；应采用焊接方法。

3. 机房电磁防护

接地防干扰：采用接地的方法，防止外界电磁和设备寄生耦合对计算机系统的干扰。

屏蔽防干扰：采用屏蔽方法，减少外部电器设备对联网系统的瞬间干扰。

距离防干扰：采用距离防护的方法，将机房的位置选在外界电磁干扰小的地方和远离可能接收辐射信号的地方。

电磁泄漏发射防护：应采取必要措施，防止联网系统设备产生的电磁泄漏发射造成信息泄露。

机房屏蔽：采用屏蔽方法，对机房进行电磁屏蔽，防止外部电磁场对系统设备的干扰，防止电磁信号泄漏造成的信息泄露。

思考题与习题

1. 消防控制室（中心）的位置选择有哪些要求？面积如何确定？

2. 安全防范系统监控中心与建筑设备监控系统控制室合用时位置选择有什么要求？当与消防控制室（中心）合用时位置选择有什么要求？

3. 如何保证消防用电设备的供电可靠性？消防应急照明配电系统如何设置？

4. 什么是耐火电缆？什么是阻燃电缆？消防用电设备配电线路如何敷设？

5. 何谓等电位连接？机房内等电位连接有何要求？

6. 电子信息系统机房接地有几种？具体要求有哪些？

7. 浪涌保护器的作用是什么？公共安全系统中浪涌保护器的配置有何要求？

主要参考文献

[1] 《火灾自动报警系统设计》编委会编著. 火灾自动报警系统设计. 成都：西南交通大学出版社，2014.

[2] 孙兰，汪浩. 住宅建筑火灾自动报警系统设计：解读《〈火灾自动报警系统设计规范〉图示》[J]. 建筑电气，2014，（第9期）.

[3] 龚延风，张九根，孙文全主编. 建筑消防技术（第二版）. 北京：科学出版社，2009.

[4] 张亮编著. 现代安全防范技术与应用. 北京：电子工业出版社，2012.

[5] 高福友著. 安全防范新技术及其应用. 郑州：郑州大学出版社，2012.

[6] 张佰成，谭伟贤主编. 城市应急联动系统建设与应用. 北京：科学出版社，2005.

[7] 迟长春，黄民德，陈建辉主编. 建筑消防. 天津：天津大学出版社，2007.

[8] 吴龙标，方俊，谢君源编著. 火灾探测与信息处理. 北京：化学工业出版社，2006.

[9] 丁宏军. 谈谈电气火灾监控系统的应用. 建筑电气，2017（04）.

[10] 王晓敏，王志敏，卫书满，陈经文主编. 传感器检测技术及应用. 北京：北京大学出版社，2011.

[11] 周俊勇等编著. 安全防范工程设计. 武汉：华中科技大学出版社，2012.

[12] 肖运虹，兰慧，胡小波，周非主编. 显示技术. 西安：西安电子科技大学出版社，2011.

[13] 张九根，丁玉林等编著. 智能建筑工程设计. 北京：中国电力出版社，2007.

[14] 段振刚主编. 智能建筑安保与消防. 北京：中国电力出版社，2005.

[15] 李引擎主编. 建筑防火性能化设计. 北京：化学工业出版社，2005.

[16] 李亚峰，张克峰主编. 建筑给水排水工程. 北京：机械工业出版社，2011.

[17] 张凤娥，杜尔登，魏永编著. 建筑给水排水工程. 北京：中国石化出版社，2012.

[18] 杨春丽. 消防设备电源监控系统设计. 建筑电气，2015，（04）：34-39.

[19] 霍然，袁宏永编著. 性能化建筑防火分析与设计. 合肥：安徽科学技术出版社，2003.

[20] 朱耀武. 建筑物性能化防火设计概述. 山西建筑，2005年第22期.

[21] 董春利. 建筑智能化系统工程设计手册. 北京：中国电力出版社，2012.

[22] 孙成群. 建筑工程设计编制实例范本—建筑电气（第二版）. 北京：中国建筑工业出版社，2009.

[23] 中国建筑标准化研究院. 全国民用建筑工程设计技术措施-电气. 北京：中国建筑工业出版社，2009.

[24] 戴瑜兴，黄铁兵，梁志超著. 民用建筑电气设计数据手册（第二版）. 北京：中国建筑工业出版社，2010.

[25] 戴瑜兴，黄铁兵，梁志超主编. 民用建筑电气设计手册（第二版）. 北京：中国建筑工业出版社，2007.

[26] 岳鹏. 中国城市应急联动系统的建设经验、体会及建议. 中国安防，2009（03）.

[27] 蒋珩，余廉. 区域突发公共事件应急联动组织体系研究. 武汉理工大学学报（社会科学版），2007（05）.

[28] 邹逸江. 城市应急联动系统的研究. 灾害学，2007（04）.

[29] 王文俊. 应急联动系统的建设模式. 信息化建设，2005（08）.

[30] 彭婷婷. 我国城市应急联动系统发展研究. 武汉职业技术学院学报，2009（03）.

[31] 胡治宇，刘升. 完善我国城市应急联动管理系统的思考. 太原城市职业技术学院学报，2009（04）.

[32] 孙元明. 国内城市应急联动系统建设的问题与对策建议. 重庆行政，2006（05）.

[33] 王霞，刘岚. 应急联动系统建设模式研究与实践. 商业时代，2010（26）.

[34] 沈蔚，陈云浩，胡德勇，苏伟. 城市应急联动系统的研究与实现. 计算机工程，2006（20）.

[35] 覃峰. 构建城市应急联动系统的构想. 求实，2004（S4）.

[36] 刘静，吴立志. 防火分区对消防联动系统的影响. 消防科学与技术，2005（03）.

[37] 施建昌. 拓展消防部队社会紧急救援功能的探讨. 消防科学与技术，2005（03）.

[38] GBT 50314. 智能建筑设计标准 [S].

[39] GB 50016. 建筑设计防火规范 [S].

[40] JGJ 16. 民用建筑电气设计规范 [S].

[41] GB 50116. 火灾自动报警系统设计规范 [S].

[42] GB 50348. 安全防范工程技术规范 [S].

[43] GB/T 5907. 1. 消防词汇 第 1 部分 通用术语 [S].

[44] GB/T 5907. 2. 消防词汇 第 2 部分 火灾预防 [S].

[45] GB/T 5907. 5. 消防词汇 第 5 部分 消防产品 [S].

[46] GB 50166. 火灾自动报警系统施工及验收规范 [S].

[47] GB 4715. 点型感烟火灾探测器 [S].

[48] GB 4716. 点型感温火灾探测器 [S].

[49] GB 17429. 火灾显示盘 [S].

[50] GB 4717. 火灾报警控制器 [S].

[51] GB 16806. 消防联动控制系统 [S].

[52] GB 25506. 消防控制室通用技术要求 [S].

[53] GB 22370. 家用火灾安全系统 [S].

[54] GB 14287-1. 电气火灾监控系统第 1 部分电气火灾监控设备 [S].

[55] GB 14287-2. 电气火灾监控系统第 2 部分剩余电流式电气火灾监控探测器 [S].

[56] GB 14287-3. 电气火灾监控系统第 3 部分测温式电气火灾监控探测器 [S].

[57] GB 14287-4. 电气火灾监控系统第 4 部分故障电弧探测器 [S].

[58] GB 16808. 可燃气体报警控制器 [S].

[59] GB 15322. 可燃气体探测器 [S].

[60] GB 28184. 消防设备电源监控系统 [S].

[61] GB 50395. 视频安防监控系统设计规范 [S].

[62] GB 17945. 消防应急照明和疏散指示系统 [S].

[63] GB/T 20271. 信息安全技术 信息系统通用安全技术要求 [S].

[64] GA/T 669—1. 城市监控报警联网系统 技术标准 第 1 部分：通用技术要求 [S].

[65] GB 26875. 1. 城市消防远程监控系统 第 1 部分：用户信息传输装置 [S].

[66] GB 50440. 城市消防远程监控系统技术规范 [S].

[67] GB 50174. 数据中心设计规范 [S].

[68] GB 50462. 数据中心基础设施施工及验收规范 [S].

[69] GB 50057. 建筑物防雷设计规范 [S].

[70] GB 50343. 建筑物电子信息系统防雷技术规范 [S].

[71] GB 50093. 自动化仪表工程施工及验收规范 [S].